自然文库
Nature Series

The Hedgehog, the Fox, and the Magister's Pox

Mending the Gap Between Science and the Humanities

刺猬、狐狸与博士的印痕

弥合科学与人文学科间的裂隙

〔美〕斯蒂芬·杰·古尔德 著

杨莎 译

2020年·北京

THE HEDGEHOG, THE FOX, AND THE MAGISTER'S POX:

Mending the Gap Between Science and the Humanities

By Stephen Jay Gould

Printed in the United States of America

This translation published by arrangement with Harmony Books, an imprint of the Crown Publishing Group, a division of Random House LLC

本书献给美国科学促进会（American Association for the Advancement of Science, AAAS），一个真正的模范组织，完美担当了美国及其他地方科学界的“官方”喉舌。感谢允许我在1999—2001年的千禧年之交先后担任其会长和董事会主席。本书肇始于我在2000年的会长就职演讲。按照惯例，演讲全文随后会发表在《科学》（*Science*）杂志上，这是协会的官方杂志，也是美国最好的面向职业科学家的综合性杂志。我曾承诺会遵循这一传统，但后来食言，因为我很快意识到我需要写的长度远远超过了杂志发表所允许的极限，为此我也向编辑唐·肯尼迪（Don Kennedy）致歉，他是我在知识分子界认识的最杰出的人之一。现在，我给出我的会长就职演讲的印刷版（显然扩展了许多，我当时在台上可没有这样滔滔不绝），我将这本书献给AAAS。能够担任这两个职位我备感荣幸和愉悦——这不是客套话，而是肺腑之言；我是一个典型的不喜欢参加社团的人，但真的享受这一工作，且从中所得远多于我所能给出的。

目 录

第三部分 “多”与“一”的传说：真融通的力量与意义

致读者 xi

《刺猬、狐狸与博士的印痕》是斯蒂芬·杰·古尔德与和谐图书公司（Harmony Books）签约写作的七本书中的最后一本。我很荣幸担任他的编辑，也很荣幸应邀为本书写一篇简短的说明。

几年前，我收到一张拍卖目录，拍卖对象是退役的博物馆藏品。我对琥珀和化石很有兴趣，所以一边浏览目录，一边赞叹那些令人惊异的物件，包括三只三叶虫，和其他已灭绝的、在四仰八叉时被冻结的生物，它们看上去就像小狗在以奇怪的史前姿势玩耍一样。在目录中，我看到了一封查尔斯·达尔文（Charles Darwin）写给某位不知名通信人的亲笔信。我对这位伟人仰慕不已——多亏从小到大那些敬业的科学老师的教诲和我多年来对古尔德文章及著作的阅读——但我从未想过这样一件古迹可以被一个外行拥有、凝视。我必须得到它。

很高兴在拍卖中胜出了，数月后，我收到了那封信，两面都镶了玻璃，以方便观察全貌。我兴奋地试图读懂，但很快就失望地发现我几乎无法辨认出两个连续的单词。达尔文的笔迹真是糟透了。我仔细地钻研这封信，标出那些我确定自己认出的单词，留下许多猜测、问号和空白，最后发现自己对这份珍贵财产的意义仍然毫无头绪。

那时我正与斯蒂芬合作他的《万古磐石》（*Rocks of Ages*）一书。

我向他提及了我的宝物及我的困扰；他饶有兴趣地表示想看一看那封信，并慷慨地同意试着帮我破解谜题。他告诉我，达尔文笔迹潦草众人皆知，而他恰巧是少数有天分破解的人之一。他为我做了这件事，将我未能认出的单词用他（多少）更为清晰的笔迹写了下来，此外还做了一些注释，在此一并列出附在方括号中。

xii 唐恩小屋，布罗姆利，肯特郡

1881年4月30日

我亲爱的先生：

我必须写信谢谢您的“冰与水”，我也兴致勃勃地观看了［这个句子意思不太清楚，所以这里我很可能错了。我觉得剩下其他应该都是对的了。“也……看了”这几个词尤其潦草］；尽管我相信我们在固态的冰川冰和冰山问题上有点分歧。——也谢谢您从报纸中摘录有关白嘴鸦（Rooks）和乌鸦（Crows）的内容——［莱斯利：这肯定是对的。达尔文的确对这些鸟的分类和命名感兴趣］我真希望我敢相信它。半小时前，我在剪报上读到，您严厉谴责科学人（scientific men）的怀疑态度。——如果您像我那样，曾经多次徒劳无功地求证那些未受过科学训练的人所陈述的事实，您就不会这样严厉了。我常常对自己发誓，将完全无视那些未向世界表明他能够进行精确观察之人的每一句话。我真希望有篇幅告诉您一些奇闻逸事，我曾经多么愚蠢，竟会去调查几乎所有人都信誓旦旦的说法：豆子今年会上下颠倒地生长。——我坚信精确是最难获得的品质。——无论如何，我并没有打算说所有这些。——我非常享受我在您的温馨小屋进行的半小时谈话。我一直在与戴文森先生（Mr. Davidson）通信，讨论腕足类的谱系；我相信，某天他会如我们所愿讨论这个主题的。他已看到高尔顿（Galton）关于将物种归类成一棵谱系树的讨论。戴文森先生并不完全相信物种经历了巨大变化，尽管那会使他的工作更有价值。——我也给贾米森先生（Mr. Jamison）写了信，力劝他去洛伊谷（Glen Roy）居住。

我亲爱的先生，您诚挚的 C. 达尔文

正如斯蒂芬告诉我的那样，这封信“令人愉快，文雅，有趣”，尽管并不重要。“但是，它是在一封重要的信**之前**几天写的。”他很高兴有机会读它。与他的翻译一道，他送给我一份目录页复印件，并写道：“这是达尔文在你那封信中提到的那位作者的作品——戴文森 / 腕足类。非常珍贵，是经典之作。”的确，戴文森（T. Davidson）的《英国腕足类化石》（*British Fossil Brachiopods*），有 234 幅插图，其七卷中的六卷，封面布制，出版于 1851—1886 年间，大概四年前标价 490 英镑，印证了达尔文的另一个预言。

斯蒂芬的去世仍然让人难以相信。他是如此多活动的顶梁柱。大概
十余年来，我一直与他及他的文稿代理人凯·麦考利（Kay McCauley） xiii
讨论他计划要写的一本书，其主题是两位古生物学家在 20 世纪初期的频繁通信，他拥有这些信件。他还计划写写那些在他们时代未被承认但后来被认识的天才。但这些现在都是这位公认的天才未来得及写出的书了。对读者来说，斯蒂芬·杰·古尔德的去世是一大损失，我们痛失了一位伟大的作家、一位不可替代的导师、一位开拓进取的研究者和一位

富有创造力的思想家，以及科学教育的拥护者和捍卫者。即便考虑到他已留给我们的杰出著作，他那些未来得及写出的思想、未被记录的洞见、那些只有他能建立但还未曾建立的联系，都使得他的离世更令人遗憾。借用一句诗："古尔德，此刻你应活着，世界需要你……"①

不过无可争议的是，斯蒂芬·杰·古尔德留下了许多伟大的宝藏，其中最后一件是你正捧在手上的这本书。《刺猬、狐狸与博士的印痕》尤其令人感兴趣，因为这并非他之前发表在《博物学》（*Natural History*）杂志上的文章合集，而是一本原创书，同时也是他最后一本关于博物学的书。他的棒球回忆录，《马德维的辉煌与悲剧》（*Trumph and Tragedy in Mudville*），也有待出版。斯蒂芬也给他的家庭、他的许多朋友、亲如家人的学生、同事和受到他启发的读者留下了他的智识王国。这个王国，正如他在《生命的壮阔》（*Full House*）一书中对演化论的描述一样，将被证明是"一片已有无数成果且郁郁葱葱不断成长的丛林，而非有一个顶点的高速公路或梯子"。

斯蒂芬那才华横溢、富有挑战性的工作，他令人惊诧的精力和洞见，和他考察尚未被解释之物的强烈欲望，将继续启发未来几代的读者、学生和其他科学家。在为他的《万古磐石》一书所写的致谢中，斯蒂芬对他的两个儿子说，他们"将不得不在他们父亲的视线之外继续坚持"。他的读者，我们，正如斯蒂芬在本书前言中写的那样，也将不得不继续坚持我们的伦理原则、我们对伟大民主实验的承诺和我们对科学与人文诸学科中的许多智识探索路径的承诺，这些多样的探索"使得我

① 此处借用了英国诗人威廉·华兹华斯（William Wordsworth）的《伦敦，1802》（"London, 1802"）中的一句："弥尔顿啊！此刻你应活着：英格兰需要你。"——译注

们的生活如此丰富多彩，如此不可化简，并且如此令人着迷地复杂”。

在斯蒂芬·杰·古尔德的书中，他的声音和意图是被完善保存的、清晰可见的美丽文学琥珀。除了上述那封达尔文亲笔信外，我在那场拍卖中还获得了几枚小小的美丽琥珀，其中封存着花瓣碎片、花蕾和一朵完整小花及叶片。每当我看着这些小东西的时候，我总会想起我与斯蒂芬的那些交流，处处闪现着他那超凡卓群的头脑，他作为
师长的慷慨，他在发现和知识中感受到的欢愉，以及他类似于达尔 xiv
文的对观察、写作和研究的谨慎。我很想听听斯蒂芬对这些植物琥珀有什么高见，就像他翻译那封达尔文亲笔信并将它置于历史语境中一样。但将由我在没有他的指导下探索这几块琥珀，并找出与那封亲笔信相关的重要信件，以及它们所展现的演化论力量和人文力量。而将由你，亲爱的读者，负责探索斯蒂芬这些最后未来得及校对、修改的著作。斯蒂芬未来得及校对本书的手稿、再次检查书中的事实和数字、修改校样便去世了。因此，如果文本中出现任何错误，就将它们当成是琥珀中等待你思索解密甚至改正的小东西吧，它们是科学思想和科学写作史上的伟人之一留下的，我们有幸与他生活在同一时代，有幸向他学习一时，并从他的书中永远受益。

莱斯利·梅雷迪斯（Leslie Meredith）

高级编辑

2002 年 11 月

前言

主角登场 1

较之于我们的“从前……”，我更喜欢俄罗斯童话故事那更悦耳的开头——zhili byli（字面意思是，“曾生活着，曾经有”）。因此，我以它来开始这个复杂的、起初不和谐但有可能达成和谐的故事：“曾经有（zhili byli）狐狸和刺猬。”这两种生物最初的和“官方的”形象，出现在古登堡时代出版的第一本伟大的动物王国概略《动物志》（*Historia animalium*, 1551）中，该书的作者是康拉德·格斯纳（Konrad Gesner, 1516—1565），那位伟大的几乎无所不晓的瑞士学者。格斯纳的狐狸狡猾而善欺骗，体现了我们文化中这一重要象征的传统形象——稳稳当当地坐着，对一切都有所准备，前腿舒展地直立着，后腿及臀部却一触即发，耳朵竖起，整个背部的毛发直立。最重要的是，他的脸上自始至终都挂着令人捉摸不透的笑，从直直的睫毛到长长的假笑，一直到有不少胡须的锥形鼻子——所有这些似乎都在说：“仔细瞧瞧我，然后告诉我你有没有见过有我一半聪明的。”

刺猬则相反，长而矮，一切都袒露无遗，无所隐藏。他身体的整个上表面都覆盖着尖刺，其下的小脚与这副防护盔甲很是般配。他的脸在我看来平静而沉着：既不愚笨也不恍惚，而是在安详和全神贯注
2 中蕴含着相当的自信。

我怀疑格斯纳在刻画这两种动物的时候直接且有意地强调他们给人的这些感觉和联想。因为这部 1551 年的《动物志》，并不是现代意义上的呈现自然物事实信息的科学百科全书，而是一部文艺复兴式的概要，包含了人类观察家或道德家们关于动物及其含义曾说过或报告过的一切，且尤其重视希腊和罗马的古典作家们（文艺复兴时代认为他们体现了可得到的智慧的最高形式），至于事实的真实与虚假，则至好也不过是个末等评判标准。书中的每个条目都包括了经验性信息、寓言、对人类的用途，以及体现了所讨论生物之特征的故事和谚语清单。

狐狸和刺猬不仅体现了他们各自为人所熟知的象征——诡计多端与持之以恒，而且自公元前 7 世纪以来，他们还在一条广为人知的动物谚语中被明确联系在一起，这个神秘费解的谚语在 20 世纪获得了新生。格斯纳显然是按照狐狸和刺猬在这一伟大且有些神秘的格言中的角色来刻画他们的。

正如现在想要引用名言警句的人们会查阅《巴特利特常用引语词典》（*Bartlett's Familiar Quotations*）一样，在格斯纳的时代，并且其实直到今天，任何查找谚语的学者都会立即转向这一引用形式的经典文献：无与伦比的《谚语集》（*Adagia*），它由文艺复兴时期最伟大的知识分子、鹿特丹的伊拉斯谟（Erasmus of Rotterdam, 1466—

1536）编纂，首次出版于1500年。格斯纳在他1551年奠基性著作的两篇文章《论狐狸》（“De Vulpe”）和《论刺猬》（“De Echino”）中，当然直接采用了伊拉斯谟对那则将两种动物关联起来的谚语的详尽讨论，并给予他应有的承认。

这个多少有些神秘的谚语有一个模糊的起源。阿尔奇洛克斯（Archilochus），公元前7世纪的希腊战士—诗人，有时被认为是荷马之后最伟大的抒情诗人，但现在我们只能从一些残篇和间接引用中了解他，并没有任何长篇著作或者传记资料曾提到他。伊拉斯谟引用了阿尔奇洛克斯对狐狸和刺猬的对比，用他普世化的拉丁语（universalized Latin）表述就是：*Multa novit Vulpes, verum echinus unum magnum*（大概意思是，“狐狸有多知，而刺猬有一大知”）。

我以两种重要的方式（并在本书的题目中），用这个尽管神秘但几乎被用滥了的形象为例，来说明我对科学与人文学科之间恰当关系
的看法。我十分赞同我的同事E. O. 威尔逊（E. O. Wilson）在他的 3
《知识大融通》（*Consilience*, Knopf, 1998, 8）一书中所表达的充满活力的观点（尽管在本书的第三部分，我也会解释为什么我反对在通向我们的共同目标时他所青睐的路径）：“人类心智最伟大的事业一直是并且将永远是，尝试着关联科学与人文学科。”我用阿尔奇洛克斯的古老形象和伊拉斯谟的详尽阐释，来突出我自己就这两种伟大的致知方式如何进行卓有成效的联合所给出的建议。不过我的比较不会基于最直截了当或头脑简单的对比。即，我显然**并不声称**这两种伟大方式中的一种（无论是科学还是人文学科）像狐狸一样工作，而另一种像刺猬一样。

在我对这个谚语的两种实际使用中，第一种，我承认，完全是我特有的，非常特定，并且几乎如同谚语本身一样费解。即，我将在一个重要论证中提到，格斯纳1551年著作的一个独特副本中对伊拉斯谟就阿尔奇洛克斯箴言所做阐释的具体引用。此外，尽管我在导论中大量提及狐狸和刺猬，这个第一种用法现在将从文本中完全消失，直到本书的最后几页才会再次出现，到时我将引用（并描写）这一段落，以得出最后的、有特定经验魅力的总结。至于那位与狐狸和刺猬一同出现在题目中的同样神秘的博士，他将在中途（第四章）简短出场，然后也会隐退，直到最后几页与那两个动物会面。

我的第二种用法则遍及了整本书，尽管我努力避免明确的提醒（这需要极大的自制力，并且无论如何都很可能会失败，尤其考虑到我爱说教的个性）。这第二种用法也与历史上，尤其是自伊拉斯谟的博学诠释之后，被移植到阿尔奇洛克斯形象上的比喻意义紧密相关。当以赛亚·伯林（Isaiah Berlin）——我个人的智识英雄，当我还是个容易害羞、正处于起跑线的绝对的无名之辈时，这位极好的人就待我如友——借用狐狸和刺猬这一对来比较几位知名俄国作家的风格和态度时，这一用法就在20世纪的文学评论中变得极为重要。自那以后，学者们就加入了一场集体游戏，纷纷命名他们喜爱的（或他们所谴责的）文人为刺猬或狐狸，因为前者固守一种风格或拥护一种主要思想，后者则像毕加索（Pablo Picasso）一样，有能力不断跨界，可以从一个已取得卓越成就的领域转换到另一种完全不同的表达模式和意义。这场游戏仍然很流行，因为这些属性既是描述性的又是规定性的，善意的人可以（就此而言，恶意的人也可以）就其中之一或者两

者一直争论下去。（我也必须承认，我将我的一本文集命名为《风暴
中的一只刺猬》〔*An Urchin in the Storm*〕，其含意是指我自己总是顽 4
固地引用达尔文的演化论，我认为这个主题几乎适用于任何情境或争
论。urchin 是英国方言中对刺猬的称呼。）

伊拉斯谟首先阐述了阿尔奇洛克斯那著名对比的寻常且显见的理由（以下相关引文源自我收藏的伊拉斯谟 1599 年版的《谚语集》）。当被猎人追赶时，狐狸每次都会找到一种鬼祟的新方式逃脱："因为狐狸使用许多不同的诡计来摆脱猎人的追捕"。而刺猬则试图停留在安全地带，但如果被猎人的狗赶上的话，就会使用它的"一大招"：将自己卷成一个球，它的小脑袋和脚，还有它柔软的下腹部，都灵巧地全部躲藏在尖刺的保护之下。猎狗可以做它们想做的：戳它，让它来回滚动，甚至试图下口去咬，但都无济于事（还可能给自己带来伤痛）；因为狗无法捕捉这样一个多刺的防御球，最后只得走开；度过危险的刺猬这时舒展身体，镇定自若地离去。伊拉斯谟写道："刺猬只有一招来保护自己不受狗的伤害，它将自己卷成一个球的样子，尖刺朝外，这样狗就没法咬它、捉它。"

稍后在阐释中，伊拉斯谟还补充了这个故事的一个古老的强化版，细心地给出了故事的梗概，并提供了原始出处，以便想要了解更多的读者查询。如果这一大招看上去并未奏效，刺猬常常会提高赌注，喷出一股尿液覆盖住周身的刺，将它们软化到可以根除的程度。这一戏剧化的、自我强加的"剃发"举动如何能帮助这个小生物呢？伊拉斯谟没有进一步说明，但如果我们转向伊拉斯谟引用的两大经典文献之源，普林尼（Pliny）和埃利亚努斯（Aelianus），我们会知

道，这个看上去胆怯的生物是多么顽强、决绝。我们被告知，那个最后的撒尿把戏，有可能给它打开三个逃生口。第一个，刺被除掉后，这个小家伙常常能悄悄溜走。第二个，尿味非常难闻，猎狗或猎人可能会就此失去兴趣，怏怏撤退。第三个，如果以上都没用，猎人将它抓走，但至少刺猬可以含笑九泉，因为它的“剃发”行为使得它对抓捕者无用——刺猬对人类最大的吸引力在于，它带刺的外套是天然的刷子，而失去了刺也就没有了这个用途。猎人或许会提前意识到这一
5 结果，只好无奈地将它放走，这可算作是第四个可能的逃生点吧。

很明显，阿尔奇洛克斯所描绘的这幅图像的力量和魅力在于，当把它与人类对比时可以解读出两个层次的比喻意义。第一个层次涉及心理风格，常常应用于相当实际的目标。爬走还是坚持。狐狸们的生存之道在于其灵活性和革新能力，他们有神秘的本领，能（在早期收获还不错时）意识到某条路不通，因此要么迅速找到一条不同的路，要么完全进入一场新的游戏。而刺猬们的生存之道在于，明确地知道他们要什么，然后以不可动摇的恒心坚守所选的道路，无论有多少谣言和麻烦，直到不那么坚定的对手最终离开，留下通往胜利的唯一一条畅通无阻的光明大道。

第二个层次当然说的是二者所偏好的不同智识实践风格，多样化并多彩，或者深耕并覆盖。狐狸们（那些伟大的狐狸，不是那些浅薄或好炫耀的食草动物）的名声源于他们将自己的天才薄薄（但很有启发性地）铺洒在许多研究领域，利用他们各式各样的技能，将关键、新奇的果实介绍给其他学者，供后者在一个特定的果园采集、改进，然后他们继续前行，在一个完全不同的领域播下一些新的种子。刺猬

们（那些伟大的刺猬，而非那些书呆子式的学究）则会找到一个非常重要的矿藏，那里只有他们那独一无二的天分可以大展身手。接着他们终生待在那个地方，从十分丰富但之前从未被认识到或探索过的母矿不断深挖（因为除了他们再也没有人可以做到），获得越来越丰富的矿藏。

我之所以用狐狸与刺猬为模型来说明科学与人文学科应当如何交互，是因为我相信，这两种策略单独都不会奏效，但这两个看似截然不同的两极如果有效联合起来，双方都带着善意并保持极大克制，将会结合成一项团结有力、多样但共同的事业。仅有刺猬之道是不够的，因为科学与人文学科，这两项迥然不同的事业按照各自的基本逻辑，做的是不同的事情，每一个对人类的完整性都同等重要。我们尤其需要这种完整性，但不能通过修剪它们的合理差异来达到这个目标（我将在此基础上批评威尔逊的融通概念），这些差异使得我们的生活如此丰富多彩，如此不可化简，并且如此令人着迷地复杂。但如果我们忽略这两种伟大的致知方式合理的不同关切和路径之下的那个首要目标——刺猬的洞见——那我们就真的被打败了，战祸会撕碎我们柔软的腹部，取得胜利。 6

但狐狸的方式也不能占上风，因为太灵活的话可能会导致任何持久的价值都无法生存下去——只留下没有完整道德或智识核心的坚持。如果一个善变的人付出了灵魂的代价，最终并没有赢得全世界，而仅仅是自身的基本延续，那他又有什么胜利可言呢？幸运的是，且在最狭隘的美国意义上，我们有一个明显对立的两方进行了卓有成效的联合的典范，其联合持久且被证明有用。这一典范支撑我们度过了最糟的挑战（从 1775 年的最初几场战役开始，包括 1861—1865 年间自愿的自我牺牲，和几次对外干预尝试）。

我们甚至将这一理想体现在我们的国家格言中，“合众为一”（e pluribus unum）。如果狐狸的不同技能和令人赞叹的灵活性，能与刺猬的清晰愿景和对目标一心一意的执着相结合，那么星条旗就能保护最大限度的多样性，因为现在狐狸的所有技能都凝聚在一起来实现刺猬的伟大愿景。在之前的人类历史上，民主实验从未在一片地理、气候、生态、经济、语言、种族和才干如此多样的广袤大地上进行。上帝知道我们遭受过苦难，我们曾对这项事业的部分施加了可怕而持久的迫害，从而以能想到的最可耻的方式玷污了那个伟大的目标。然而，总的来说，与人类历史上所有其他相似规模的努力相比，这个实验成功了，并且一直展现出实质性的进步，至少在我的有生之年和我的记忆中是如此。

我为科学与人文学科的和平共处和共同成长开出同样的基本处方。我们灵魂和智力的这两项伟大事业以不同的方式运行，不能被转变为一个简单的融合体，所以狐狸必须有他走运之日。但这两项事业可以一起引领我们向前，它们会不可避免地结合在一起，如果我们对抵达人类智慧的共同目标还抱有任何希望的话；这个目标需要通过自然知识和创造性艺术的联合来达到，它们是两个不同但并不互相冲突的真理，只有人类才能培育并滋养，至少在这个星球上如此。

但我在阅读伊拉斯谟的评论和思索格斯纳的描绘的更深层含义时还学到了另外重要一课。伊拉斯谟的确按照阿尔奇洛克斯那句极简谚
7 语的字面指引，将狐狸和刺猬刻画为两种完全不同的风格，每种策略

都以各自的方式奏效，分别代表了一个完整连续体的一端。不过伊拉斯谟显然在一种至关重要的意义上更青睐刺猬：狐狸的确通常做得很好，但当筹码一点点减少到了危急关头时，看向自己的内在，遵从你无法逃避的存在和构造所决定的你的内心和灵魂深处浮现的那一条道路，无论有什么样的自然界限——因为在最危险的时刻，没有什么能打败坚定的道德指南针。

伊拉斯谟，在称赞了狐狸的许多诡计（如上所引）后，又写道："然而，它被抓的时候可不少。"相反，刺猬则几乎总能全身而退，尽管可能会受些煎熬，但最终总是安全的。因此，所有的知识分子，无论类型与倾向，都必须坚守这一中心气节，不向时尚妥协，或更糟糕的，奉承谄媚暂时掌握权力的恶魔。我们一直是，也将一直是少数派。但如果我们以柔克刚，坚持我们的内在气节，高高竖起我们的刺，我们是不会失败的——因为我们手中的笔，在一些现代传播方式的支持下，是非常强大有力的。

最后，我并不是要鄙视或抹黑狐狸，伊拉斯谟也不是这个意思，尽管如上所述，他清楚地抨击了这一阴谋诡计的终极象征。他用两个有关狐狸与另一个食肉兄弟之间对话的故事结束了他冗长又博学的评论。第一个故事在狐狸与猫之间展开，它仅仅扩展了伊拉斯谟早前的观点，即刺猬在最重要的时刻具有优势。这两个动物相遇并开始争论哪种方式能更好地躲开成群猎狗的追捕。狐狸吹嘘他的一肚子诡计，而猫则描述了他唯一的有效方式。就在他们纸上谈兵时，这两个生物突然不得不面对一场未曾预料却十分实际的考验："突然，正在争论期间，他们听到了一群猎狗的吠叫。猫立即蹿上了最高的树，与此同时，狐狸却被猎狗包围并捕获。”“或许仅有一种智慧更好，”伊拉斯谟补充道，“如果这种智慧真实且有效的话。”

但第二个关于狐狸和豹子的故事却拯救了我们这个被诋毁的角色，展现了其灵活性的内在魅力，因为相较于华而不实的表演，他更青睐头脑的真正机敏。伊拉斯谟写道：

> 当豹子为自己的皮肤上有如此多不同颜色、不同种类的美丽花纹而
> 8 沾沾自喜并贬低狐狸时，狐狸回答道，金玉其内比金玉其外更好。

因此我对科学（我一生的志业，令我自豪而满足）和人文学科（其持久不衰、根据刊行经典文献诠释的技艺，我斗胆用作本书的主要分析模式）说：如果我们都承诺尊崇我们这两种非常不同但同等必要的方式，然后将它们充分结合，用以服务一个共同目标，那我们将会多么有力！这个共同目标表达在柏拉图对艺术的古老定义中：艺术是人类在真正尊重自然实在的基础上所进行的聪慧改动和奇妙装饰。到那时，正如那位波斯诗人所吟唱：

> 荒野便是天堂！

于是荒野（自然未加装饰的一片奇景）将成为一座天堂（也就是，一座经过培育的人类愉悦之园）。

这个目标无法更伟大或更高贵，但张力却古老而深远，无论在最开始它是如何被错误地解释，并被之后的狭隘头脑所煽动。这样，狐

狸和刺猬的联合当然可以实现，也将一定结出爱与学识、创造力与知识这样美好的果实。但在此杂交过程中，我们最好像那个不怎么好笑的老笑话所教的那样进行。这个笑话的主角与刺猬并不是近亲，但就本讨论的主要目的而言功能相若。这个笑话，用较文雅的语言表述就是：两只豪猪如何能交合？回答当然是，“小心翼翼地”。

第一部分

离别之初的仪式与权利

1

牛顿的光 11

威斯敏斯特教堂的碑文皇帝亚历山大·蒲柏（Alexander Pope）一定抗议过，因为他为牛顿撰写的碑文并没有出现在那位伟人的墓碑上。不过，他的确为这位最杰出的同时代人写过令人难忘的（严格来说实际上是史诗双行体）墓志铭。或许这种戏仿《圣经》的诗文并不符合大不列颠最神圣之地（无论是就宗教而言还是就世俗而言*）的要求，因为蒲柏对牛顿未被虚度的一生的概括，令人想起造物主的第一道公开命令：

> 自然与自然律隐藏在暗夜里：
>
> 上帝说，让牛顿出生吧！于是一切有了光明。

就简洁押韵而言，蒲柏当然是首屈一指的，不过要评价牛顿，我们也可以引用从他最睿智的同时代人到最杰出的后世学者给出的许多

---

* 此外，在信奉安立甘宗的英国，作为一个姓氏让人无法忽略其叛教的天主教徒（译注：Pope 有教皇之意），蒲柏在威斯敏斯特教堂的受欢迎度很可能就像这位诗人的身高（四英尺六英寸）一样高吧！

论述，他们都证实，一些真正特别的东西搅动了17世纪思想家的世界，改变了对知识和因果性的定义，并开始了之前数世纪都未实现甚至大部分时候都未寻求的对自然的控制（至少是预测她的运行方
12 式）。尽管很难界定，甚至被一些人否认，但这一转型时期已荣获通常很谨慎的职业史学家们的终极言辞赞美：用定冠词来表示其独一无二，用大写名称来表示其重要性。历史学家们通常称这一17世纪的分水岭为科学革命（the Scientific Revolution）。

当时的一位重要人物德莱顿（John Dryden）——按照当前的学科设置，他是诗人而非科学家，不过这种设置在当时并未获得准许，也未以同样的方式概念化——在1668年写道：

> 在过去一百年中（这期间哲学研究是基督教界所有大师的职责），一个几乎全新的自然被展现给我们，这难道不是明显的吗？那个学派［也就是，中世纪的经院哲学思想家们和托马斯·阿奎那（Thomas Aquinas）的追随者们，通常被称作经院学者］更多的错误被发觉，哲学中更多的有用实验被进行，光学、医学、解剖学、天文学中更多的高贵秘密被发现，比自亚里士多德以降的所有那些糊涂轻信的时代都要多，这难道不也是明显的吗？当知识（science）被正确地、普遍地培育，没有什么比它传播得更快，这真是再确切不过了。

这让我们想起20世纪最著名的哲学家之一怀特海（A. N. Whitehead）的话，他在《科学与现代世界》（*Science and the Modern World*）一书中宣称："对欧洲民族在我们之前二又四分之一世纪中的

智识生活做一个简短但足够精确的描述就是，他们生活在17世纪的天才们为他们提供的思想累积的资本之上。”

对此，科学史家们有一系列看法，但他们很少有人会否认，在17世纪欧洲，自然秩序的概念确实发生了显著的变革（我们今日仍熟悉地视这种变革为现代感性的基础），带来了我们称之为“科学”的事业，并且随之给我们的集体生活和社会带来了利益、剧痛和转型。

1939年，亚历山大·柯瓦雷（Alexander Koyré），这位20世纪科学革命的资深研究者，将17世纪的这一转变描绘为“人类智识的真正‘突变’……是自希腊思想发明宇宙概念以来最重要的转变之一，如果不是最重要的话”。按照著名史学家巴特菲尔德（Herbert
Butterfield, 1957）的看法，科学革命“令基督教兴起以来的所有事 13
物都光芒顿失，使文艺复兴和宗教改革降格为仅仅是中世纪基督教世界体系里的插曲和内部更迭”。此外，在1986年，科学史家韦斯特福尔（Richard S. Westfall）称：“科学革命是西方史上最重要的‘事件’……无论是好还是坏，科学都位于现代生活每一方面的中心。它塑造了我们借以思考的大部分范畴，并且在此过程中屡次颠覆了为我们的文明提供了主要支柱的人文概念。”

在那种用漫画手法写就的“单线”初级读物中，科学革命以其在17世纪早期的两位哲学奠基者为荣——英国人弗朗西斯·培根（Francis Bacon, 1561—1626），他四处兜售观察和实验方法，和法国人勒内·笛卡尔（René Descartes, 1596—1650），后者宣传一种机械世界观。伽利略（Galileo, 1564—1642）则成为第一位取得惊人成功的实践者，他发现了木星的卫星，通过望远镜观察为哥白尼的理论提供了许多额外的辩护，并由此重排了宇宙。他还有一句名言：自然这本“大书”——也就是，宇宙——“是用数学的语言写成的，其符号是三角形、圆形和其他几何图形”。（伽利略是罗马宗教裁判所的受害者，这一情形也公正地强化了他作为理性的首要英雄的角色。他于1633年被迫宣布撤回声明，之后他生命的最后九年都是在软禁中度过的。）不过，无论是就成功的实践还是就完全成形的方法论而言，科学革命的顶点是在17世纪末，那时涌现了众多令人印象深刻的天才，其中的典范便是其名字常常被用来命名这一时代的艾萨克·牛顿（Isaac Newton, 1642—1727），他幸运地与其他如此多才华横溢的思考者和实践者共处一个时代，其中最著名的有罗伯特·波义耳（Robert Boyle, 1627—1691）、埃德蒙·哈雷（Edmund Halley, 1656—1742）和罗伯特·胡克（Robert Hooke, 1635—1703）。

漫画式的叙述都基于过分简单化的累积“进步”的历史模型（无论是通过平稳累积的改进还是通过不连续的跳跃式的进步），以及坏的“过去”被好的“后来”取代的错误的二分法。正如所有这些漫画式叙述一样，对科学革命的这种描述经不起对这一标准故事任一主要方面的仔细审查。在此仅列出两个几乎像传统叙事本身一样源远流长的反对意见：第一，所谓的中世纪和文艺复兴学术时期愚昧的亚里士多德学说与科学革命的实验和机械论改革之间的断裂，可以被重写为一个连续得多的故事，许多关键的洞见和发现早在17世纪之
14 前就获得了，并被大量传输过所谓的分水岭。法国学者迪昂（Pierre Duhem）在20世纪初出版了三卷本论达·芬奇（Leonardo da Vinci）

及其先驱的著作，他的反驳意见几乎众所周知成为非连续革命的基本论据。迪昂论证，科学革命的几个柱石早在 14 世纪就由巴黎的亚里士多德学者提出了，并且广为传播，甚至连没受过多少正式教育但就智力而言是他那个时代或其他任何时代最杰出的达·芬奇，都能获得并利用这些工作，作为他自己的自然观的基础，尽管他在阅读那些拉丁文著作时总是磕磕绊绊的。（迪昂是在一种复杂的个人信仰的先入之见〔parti pris〕下发展他的这一论点的，包括强烈的民族主义和天主教因素，不过他的倾向性偏见〔predisposing biases〕，尽管与那些提出传统观点的历史学家们的先验忠诚〔a priori commitments〕明显不同，并不能说是更强烈或更扭曲的。）

其次，传统观点的确看起来非常狭隘，因为它几乎只关注物理科学，只关注那些通过受控实验可解决的、服从于可靠的数学公式的相对简单的问题。这一反对意见与我自己的表面形象和所选职业的核心密切相关。关于博物学科学我们能说些什么呢，它们在 17 世纪同样经历了广阔且极为相似的变革，但大体上并没有明显受益于这样的实验和数学重构。那些生物（以及地质）研究者们仅仅是追随者，被动地接受胜利的物理学和天文学的反射光束吗？还是科学革命涵盖了更大、或许更难以捉摸的主题，17 世纪物理学和天文学中如此明显的、公认的新发现的胜利和旧信念的破坏仅仅部分地、不完美地表现了这个主题？（因为这些问题激起了我的兴趣，也因为我自己的专业在这个领域，我的例子将几乎完全选自科学革命对博物学的影响这个被忽视的研究领域。）

本书开篇这一章的框架和引文有许多都来自 H. F. 科恩（H. Floris

Cohen）那本精彩的巨著《科学革命的编史学研究》（*The Scientific Revolution: A Historiographical Inquiry*, University of Chicago Press, 1994），这本书主要关注的不是科学革命的内容，而是历史学家们是如何建构这个概念的。科恩认为，定义这一事件，或观念史上任何其他重要“事件”的困难在于，变革本身的性质是复杂而难以捉摸的。我们在试图界定、描绘清楚的物质实体的转变时已遇到了足够多的麻烦，比如人类谱系的演化。在我们探究知识和因果关系的本性时又当如何处理那些重要的变革呢？科恩写道：“自历史学这门技艺在 19 世纪成熟以来，在将历史事件理解为相对连续或相对不连续间取得恰当的平衡就成为历史学家的任务。”科学革命因其不可否认的深远影响而变得如此难以捉摸，以至于史蒂文·夏平（Steven Shapin），他在传统学者中算得上是一个“发奇问而无忌讳的儿童”，在他那项打破传统观念但广受尊重的研究《科学革命》（*The Scientific Revolution*, University of Chicago Press, 1996）中，用一句明显自相矛盾但饱含智慧的妙语开篇：“世上没有科学革命这回事，这是一本关于它[①]的书。”

对于这一范围如此广阔、影响如此深远但又如此难以刻画的事件，我们或许可以引用“渡过卢比孔河”[②]或“打开潘多拉的魔盒”之类传统中受青睐的箴言或比喻来概括其基本性质。在 17 世纪，一些无论对社会史还是文化史来说都是纷乱、永久且革命性的事件发生了。我们或许可以将这一壮阔的“事件”，及它对技术的实际后果和

① 这里的“它”指科学革命。——译注

② “渡过卢比孔河”（crossing the Rubicon）指的是公元前 49 年，恺撒不顾禁令，率军渡过彼时意大利北部的边界线卢比孔河，从而挑起与罗马元老院的战争并最终获胜的事件。后世西方人以此来表达“破釜沉舟”之意。——译注

对我们定义、理解“实在”本身的智识启示，概括为我们所称的“现代科学”的出生阵痛和充分的初始发展。一些事件发生了。这些事件的确非常重大，然而我们尚未完全且舒适地将它们整合到我们生活方方面面更广阔的组织中去，包括人文的、美学的、伦理的和神学的，这些是科学所不能解决的，但是在其话语和存在的每个角落都紧密联系着的。

这样，如果我们想要理解科学与我们完整存在的其他领域间持续混乱的关系——就本书而言，即科学与人文学科之间的交互——那我们最好从现代科学的发端开始，尝试着理解 17 世纪科学革命的发起者们如何理解他们的任务、他们的挑战、他们的敌人和他们的成就。（我在之前的一本书《万古磐石》中讨论了另一大伪冲突，所谓的科学与宗教之间的斗争。）尤其是，这些现代科学的创造者是如何 16
理解传统的人文研究学科的？更具体的（这预示着本书的一个基本主题），将特定的人文研究模式视为要被扫到一边的障碍而非可以培养的盟友，这样的看法如何为两者的交互设定了一个不幸的、如果说可理解的（很可能也是不可避免的）初始情境？在科学的成长和成功摧毁了此类好斗与敌对的任何可想到的理性依据的数世纪之后，为什么这种内在冲突观仍然甚嚣尘上？或许一个新来者必定是好斗的、警惕的，并且偏好我们对阵他们这样的分类。但是一个正值壮年、志得意满的成年人无论在道德上还是在实际中都应乐于接受宽宏大量这一义务。

我写这本书的动机主要源于一种个人的困惑感。从最早的记忆开始（当我度过几乎所有男孩都有的警察和消防队员阶段，并且向现实低头，承认我永远不会作为职业棒球运动员占据洋基体育场的中外场后），我就想“在长大后”成为一名科学家——尤其是，当我知道那些全职研究化石的人的专有名称是古生物学家后。我并没有亲密的家庭成员可做导师或榜样，因为他们虽然都很聪明，但并没有机会接受高等教育并走上职业道路。我一直喜爱几个被传统分类称为艺术和人文学科的领域，这完全是因为个人从中获得的是愉悦感，而非课堂或文化“责任”：从阅读带来的大体上被动的喜悦，到更具活动性的品鉴建筑的快乐（对那些有分类爱好的人来说这远胜过观鸟，如果你问我的话，因为建筑物静止不动，而且不需要在清晨六点钟或其他本可以更好地用在别处的零星时间观赏），再到严肃积极地参与合唱，这项爱好我仍在坚持。

我从未感到这些爱好之间存在冲突；毕竟，我看上去是相当完整协调的，至少在我自己的头脑和身心中是这样的（这是我刺猬式的一面）。实际上，在天真自恋的童年时期，我想象自己是所有这些活动的一个完全合理的公分母（我的狐狸式的兴趣）。此外，由于缺乏直接的或家传的经验，我甚至不知道科学应当与艺术和人文学科冲突，甚至在实质上不同。

我后来的确知道了传统的学科分类，但它们对我而言没有任何意义。当然，我承认，冲突是有历史原因的——而本书的大部分，包
17 括这些开篇部分，都在探索造成两者怀疑和分离但目前已不合理的基础。我也理解，科学与人文学科各自的基本追求常常在本质上和逻辑上如此不同，以至于一方的技艺常常从原则上无法解答对方的问题。最明显的一个例子是，科学试图确定自然世界的事实结构，而艺术中

的评判标准则要求考虑无法被翻译为科学语言中的“真”或“假”的美学关切——真理并不等于美，无论我们如何珍视两者，无论济慈[①]先生（Mr. Keats）在他的希腊古瓮中发现了什么。相似地，甚至更广义地说，没有任何科学事实结论（即关于自然“是”什么的陈述）可以在逻辑上决定伦理原则（即关于我们的责任“应当”怎样的陈述）——从而为当任何一方误解了自身的局限之处并要求统治对方的领域时的错误争辩提供了一个更加成熟的争议点。

但撇开所有这些明显的、被反复分析过的区分不说，我一直觉得，两者相似的目标和智力风格压倒了它们在研究材料和验证模式上的合理不同。创造性思考的共性，精神激励与兴奋的相似心理状态，似乎超越了问题或方法上的逻辑差异。（我不会试图区分演唱巴赫《受难曲》〔*Passion*〕中特别感人的一段时所感受到的欢愉，与解决花生蜗牛属〔*Cerion*〕[我研究的一类陆生蜗牛]系统分类中的一个小难题后心里想着“哦，原来是这样的！”时的兴奋。我曾在纽约地铁——竟然在这个熙熙攘攘的地方！——偶遇了一位比我年长的著名同事，此时他已至暮年，他告诉我，他仍然全身心地热爱并从事着研究，因为从中获得的愉悦只能用“持续高潮”来形容。）

此外，无论在逻辑上如何合理，也无论悠久的历史如何支持，我们对人类学科的分类起源于过去的社会规范和大学实践中的一些基本上随意且偶然的原因，由此制造了阻碍当下理解的错误障碍。我说这些并不是为了表达这个显而易见的观点：人类天生倾向于使用专业术语且眼界狭小，而学科的边界和专业化助长了这样的天性。我说这些

---

① 济慈，英国诗人，作有《希腊古瓮颂》（“Ode on a Grecian Urn”）一诗。——译注

有着令人信服得多也有用得多的原因：解决某个领域的关键问题所需要的概念工具常常迁移到我们的掌控之外，因为它们变成了另外一个遥远领域的财产，那些需要它们的领域实际上无法获得。比如，我感到自己在古生物学领域取得的一些突破，都是在我清楚地认识到——
18 记得狐狸的策略吧——理解生命演化模式的必要工具贮存在我们人文领域的历史学家们所建立的方法论中，而非在常规科学的那些标准实验和量化程序中时，后者仅非常适合于不受时间影响且可重复的简单事件。

所谓的科学与宗教的冲突在过去几个世纪已得到了更多的评论，并且引起了多得多的实际混乱，而科学与艺术和人文学科之间的交互亦已被明确争论了同样长的时间，并且也伴随着同样多的见解。事实上，这一设想的冲突在一开始就得到了权威的表述，并且在此后经历了几次再生，其间同样的参与者被赋予了不同的名字，他们在每一个“新”篇章中做出了同样的基本动作（包括为对方发明同样的假想敌漫画）——这也是我以一个传统开端，即现代科学在 17 世纪科学革命中的“官方”开端来开始本书的根本原因。

最初的版本随着古今之争在 17 世纪末的知识分子之间迅速传播（所谓古今之争，即在亚里士多德和文艺复兴一代与培根和笛卡尔之间挑起的较量，斯威夫特〔Jonathan Swift〕在他极尽讽刺之能的《书的战争》（*Battle of the Books*）中对此做了十分有趣的描绘，他站在崇古派一边反对新生的科学。第七章将对此进行讨论）。我这一代主要是从斯诺（C. P. Snow）那广被引用但很少被阅读的关于“两种文化”的探讨中得知这一争论的。（斯诺，科学家出身，后来还是小说家和大学管理者。他于 1959 年 5 月在剑桥大学的里德讲座〔Rede Lecture〕上发表了著名的演讲“两种文化与科学革命”。他讲到文人知识分子与职业科学家之间越来越大的隔阂，并举例指出，“人们会发现，格林威治村讲的语言与切尔西市[①]的一模一样，两者与麻省理工的交流少得就好像科学家只讲藏语一样”。）

在我们的千禧年之交，学者们将同样的争论重塑为“实在论者”与“相对论者”之间的“科学战争”。前者几乎包括了所有的科学家，他们支持科学知识的客观性与进步性质；后者则几乎囊括了我们大学中所有栖身于人文学科与社会科学领域的研究人员，他们认识到所有宣称是宇宙事实的其实都是文化嵌入的，并且认为科学仅仅是诸多信仰体系中的一个选择，而所有这些体系都同样有分量，因为“科 19
学真理”这一概念仅能代表一种由科学家发明的社会建构，以确立他们对自然研究之“霸权”（所谓的后现代教徒的暗语）的正当性，无论他们是否有意识这样做。

对所假定的科学与人文学科之间的冲突，本书采取了一种特异的但基本上属于历史学的研究路径：先承认在现代科学的降生阵痛中斗争的恰当性，甚至是不可避免性，接着论证我们在数世纪之前陷入了这一过时的内在斗争的设想中，尽管彼时已无合理的论据支持这一设想继续，无论这论据是逻辑的、历史的还是实际的。相反，在我们这个越来越复杂、越来越混乱的世界，我们需要能从我们的各个情感和智力领域（又是狐狸的多样性）获得的帮助。将许多不同的独立的碎

① 格林威治村位于美国纽约曼哈顿，是艺术家、作家的聚居地；切尔西是伦敦下辖的一座自治市，同样也是文艺界人士的聚居地。——译注

片“缝成”一件美丽完整的多彩衣裳，一件名叫智慧的衣裳（甚至比刺猬多刺的外套更好），以此来比喻两者间的恰当互动当然要比“打败”或者“吞没”这样的比喻好。我的论证共有四步：

1. 17 世纪科学革命中科学的诞生不可避免地伴随着它与人文领域最初的冲突（即这部分标题中的“离别之初的仪式与权利”）。已站稳脚跟的大块头绝不会主动放弃地盘，新来者必须准备好作战，即便只是作为开始的一种仪式。

2. 我将在接下来三章给出相关的特殊例子，通过探问科学革命的缔造者们认为他们需要克服什么，来记录科学与人文领域之间最初的不可避免的失和（第二章涉及科学与人文、宗教传统相冲突的一个具体例子；第三章论与人文领域之间的问题；第四章论与宗教势力和正统观念的紧张关系）。接着，在第二部分，我将展示这些作为创建者的科学家们为何未能完成他们的使命，部分原因是他们没有获得人文领域的一些重要洞见。

3. 这一冲突，起初是可理解的，但在很久以前就变得愚蠢且有害。科学在那些恰当地属于其技艺和专业知识的广阔领域中取得了成功。另一方面，科学没有权利争夺超出其极为成功的方法边界之外的智识领域。因此，握手言和的时机很久以前就到来了——而和平本将带给双方如此多的福利，因为每一方都可以从对方的成功中学到很多（我将在第八章用详细例子证明这一点）。就《传道书》（*Ecclesiastes*）第三章所列举的那些著名对比而言，我们已处在了每一组对比的后期：拆毁有时，建造有时；抛掷石头有时，积聚石头有时；撕裂有时，缝合有时；战有时，和有时。

4. 尽管在这个崇奉多元主义、拒绝确定解决方法的时代，这样的宣言可能被认为是过时的，但我将在第九章论证，要恰当地愈合科学与人文学科之间的久远冲突，我们可以识别出一条正确的道路和一条错误的道路。正确的道路强调尊重内在于不同学科的宝贵的不同洞见，拒绝两者价值等级不同或一方应归入另一方这样的语言（和实践）。融通（consilience），按照该词发明者的定义，是从形形色色聚合在一起的独立主张中产生的，而非在一个强加的错误联合的旗帜下通过归入产生。

2

21 科学的“制造世界”与紧急制动

或许英格兰不会一直存在，但这个岛国的确有一些令人印象深刻、展现其稳定性的例子可炫耀——自 1066 年以来，没有哪次外部力量的全面入侵曾将这个国家推翻过，这一醒目的事实极大塑造了其稳定的特质。牛津和剑桥大学也提供了几个这样的显著例子，包括牛津的新学院（New College），它于 1379 年作为该大学部门中的新贵成立，因此得名。相似地，几个冠名教授席位也已延续了数世纪。比如，斯蒂芬·霍金（Stephen Hawking），他是卢卡斯数学教授（Lucasian professor of mathematics），而这正是艾萨克·牛顿曾经享有的席位和头衔。剑桥也继续保留着颇有威望的伍德沃德地质学教授席位（Woodwardian professor of geology），这是英国大学设立的第一个地质学教授席位。此外，这一头衔代表的并不仅仅是一个由一笔当下仍产生着丰厚收益的古老投资支撑的抽象名字——因为该大学的地质博物馆是从两个美丽的珍奇柜开始的，它们是为约翰·伍德沃德（John Woodward, 1665—1728）收藏的矿石和化石而建，目前仍完好无损，仍在骄傲地展出。伍德沃德的那些藏品也留存了下来，基本完好，且仍由伍德沃德地质学教授照管。

约翰·伍德沃德，科学革命的重要一员，不是像牛顿那样的将
领，但也绝非无名小卒，而是那个时代最有趣的地质学者之一。其生 22
平和著作清楚地体现了那个有趣时代的感性（sensibilities）——因为较之于一场运动中的明星，我们往往能从地方人物身上更多地洞见这场运动（此处即现代科学的起源）的主要趋势。伍德沃德领导了17世纪末英语科学界的一项重要且流行的探索：尝试用新兴科学革命所喜爱的机械术语和观察术语来发展综合理论，用以解释地球复杂且常常剧变的历史（这个主题本属于《圣经》权威的领域）。这项活动通常被其贬低者们称作是“制造世界”（world-making），但其实践者们有时会以这个称号为荣。在伍德沃德的作品中处处可见他对现代科学奠基者们共享的规则的认同（尽管如此，我们将看到，他仍属于最多元、最不狂热的追随者之列）。首先，他积累了英国史上最重要、最全面的矿石和化石收藏之一，所有这些显然都为理解地球的结构和历史确立了经验基础。

此时收藏已经在学者和鉴赏家之间流行一些时间了，16世纪的几个伟大博物馆已开始涉及只有在伍德沃德的时代才全面兴起的科学问题。比如，与伍德沃德同时代的彼得大帝（Peter the Great），建立了西方历史上最精美、最雄伟的收藏之一（主要通过直接购买而非个人收集，考虑到他财力雄厚而时间宝贵的情况）。其中许多藏品保留至今，仍在圣彼得堡的人类学与民族学博物馆（Kunstkamera）展出，这座建筑是沙皇专为他的这些珍宝建造的。不过这些早期的收藏品，正如其展示地的通用名“珍奇室”（Wunderkämmern）所反映的

那样，表达了文艺复兴时期与巴洛克时期的不同目标与感性：激发内心对自然多样性的敬畏；通过拥有世上最奇特、最古怪或最畸形、最大、最美之物来炫耀稀奇，并使其他藏家相形见绌；混合自然物与人类设计的物品，尽可能混杂地收集每种感兴趣的物品。但在科学革命转变了的议程之下，收藏家们对洞察自然的秩序而非引起人类的敬畏更有兴趣，也更愿意建造博物馆，用实物揭示自然的类律（lawlike）
23 运行方式的历史与体系。

其次，伍德沃德“制造世界”的书面努力，即他论化石性质和地球历史的著作，突出了牛顿那一代人的主题，主要是观察和实验方法具有强大的力量，能获得之前的学术方法所无法获得的新的、可靠的知识。伍德沃德最著名的书，出版于 1695 年的《地球志》（*An Essay Toward a Natural History of Earth*），证明了正在出现的共识，尽管他那奇异的（且相当不正确的）核心理论的内容可能会让我们带着肤浅的嘲笑，草率地将他的作品当作前科学时代非理性主义的典型。

我们能从现存的且明显不重要的插图的隐含内容中学到许多。比如，注意伍德沃德扉页的醒目标题所表达出来的制造世界的广阔目标（图 1）。但图 2 中少得多的字，却充分表达了旧事物的堡垒和新事物严阵以待的好斗。我在这部分论证，这些最早的近代科学家们，在其诞生的阵痛中，担忧着两大根深蒂固又极具威望的制度的权力和误导性的方式：官方神学（但本质上并非宗教，因为所有这些科学家就个人而言都是虔诚严肃的基督徒），和保守死板的人文学术传统。

图 2 代表了对最初障碍的狡猾嘲讽。在天主教庇护下出版的书需

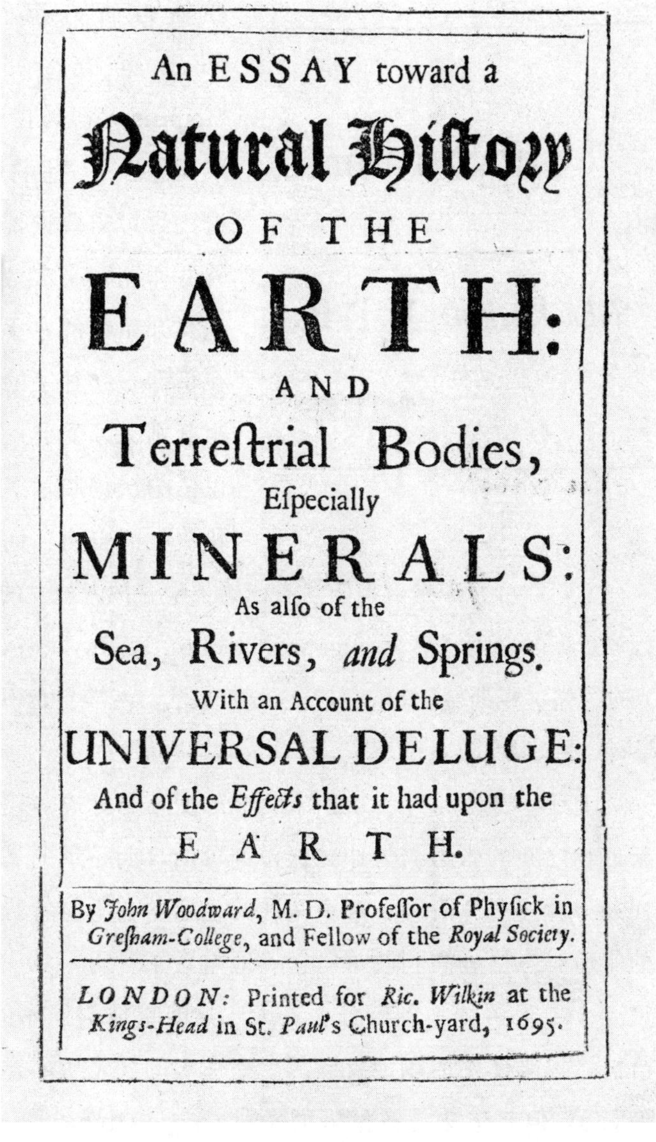

An ESSAY toward a

Natural History

OF THE

EARTH:

AND

Terreſtrial Bodies,

Eſpecially

MINERALS:

As alſo of the

Sea, Rivers, *and* Springs.

With an Account of the

UNIVERSAL DELUGE:

And of the *Effects* that it had upon the

E A R T H.

By *John Woodward*, M. D. Profeſſor of Phyſick in *Greſham-College*, and Fellow of the *Royal Society*.

LONDON: Printed for *Ric. Wilkin* at the *Kings-Head* in St. *Paul's* Church-yard, 1695.

图 1

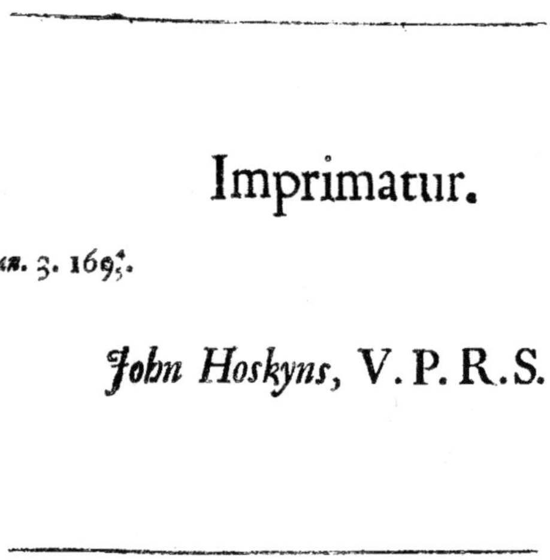

Imprimatur.

Jan. 3. 1694/5.

John Hoskyns, V. P. R. S.

图 2

要通过官方审查官的仔细审查，并获得“Imprimatur”印章，其字面意思是“允许出版”。这一许可需要被证实、签署并印刷，通常是在书的正文开始前的左手页。而在信仰安立甘宗的不列颠出版则无须受此限制，所以伍德沃德展示了本国文化更大的自由：他的书所获得的“官方”许可并不是由教条与道德的神学守护者签发的，而是由被称为“皇家学会副主席”（vice president of the Royal Society, V. P. R. S）的约翰·霍斯金（John Hoskyns）签发，该学会是不列颠首要的倡导科学的机构。

这一页上还隐含了另外一个尚未完成的变革的标志，代表了旧事物与新事物之间的张力。为什么这份许可的日期显示的是模棱两可的“1694/5 年 1 月 3 日”？难道威严的皇家学会不能看看日历了解正确的年份吗？格里高利改革已正确地重置了日历，承认一年的真正长度是 365 天再加不到四分之一天（这要求取消偶尔的闰年，而不像自恺撒以来使用的以他自己的名字命名的儒略历那样，每四年增加一天）。但新历法是教皇格里高利（Pope Gregory）于 1582 年宣布的，因此在信仰安立甘宗的英国人看来像是天主教的阴谋

（他们直到18世纪中叶才屈服于天文学现实，采用格里高利历）。然而，儒略历不但由于数世纪以来积累的小错误在冬至夏至点和春分秋分上非常混乱，而且每年从3月1日开始。这样一来，伍德沃德所获出版许可的日期1月3日按英国仍使用的儒略历来算是1694年，但是按更精确的格里高利历则会落入1695年（该历也将之前公认随意的新年起始日期调换到1月1日）。

那么，一位初露头角的英国科学家应当怎么做呢——选择爱国与偏狭，还是科学与普遍？（美国科学家们仍面临着同样的困境；美国是唯一一个尚未采用公制的西方国家，后者对科学而言方便得多。我的同事和我在专业发表中只会采用公制单位，但在我们的科普文章中应当怎么做呢？此外，正如最近一项重要的火星任务失败所证明的那样，含糊的代价是昂贵的，当时某个英制数字被工程师们当作是公制的了。）无论如何，伍德沃德把两个年份都写上了，让读者付钱购书后自做选择。

在他独树一帜的制造世界的招牌下，伍德沃德将我们当前地球的形成和沉积构造几乎完全归结为诺亚洪水。按照他的理论，这次大洪水将原初地球的所有非有机物溶解成一片海水泥浆，同时留下了植物碎片和较为完整的动物，后来嵌在地层中成为化石。洪水退去，茫茫 26
泥浆沉淀为一系列水平层，从而形成了含有化石的地层。在这片泥浆的快速沉淀中，最重的化石首先沉淀，因此化石记录的垂直顺序显示了有机物遗骸的密度，最底层的最重，顶端的最轻！伍德沃德在书的前言中首次描绘其理论时也承认，这样一种“狂野”的主张被普遍认为十分奇特：*

> 在大洪水时代，整个地球表面被粉碎、溶解，石头、大理石和所有其他固体（岩石）碎裂成颗粒，被卷入洪水，与海洋贝类和其他动植物的尸体混在一起；现在的地球是从这片混沌中形成并由它们组成的……上述陆源物质形成了地层，一层覆一层，就像任何泥土沉积物从大量液体中沉淀下来会自然形成的那样；这些海洋生物则被发现根据其重量顺序镶嵌在了地层中，那些最重的最深。我这样断言，初看起来可能十分奇怪，甚至会令普通读者感到震惊。

可以理解，乍听此言的现代地质学家可能会将伍德沃德归入反
27 科学的基督教教义学者之列，后者致力于证实《圣经》的字面真实性，坐在扶手椅中发明了各种充满想象的解释，对于化石或沉积记录的实际性质则毫不在乎。我也必须承认，这一最初印象因下列这一引人注意、可以说完全是偶然的事实而大大增强：自称为“创世论科学

---

* 17 世纪英国人使用的拼写体系十分灵活且常常不一致。这些文本将许多现代英语不会特殊对待的单词大写，且用了多得多的标点符号（尤其是在我们不会加标点的地方使用逗号和分号）。在为现代读者而写的综合性著作中，任何想要设计出一套“最好的方式”来呈现这类引语的学者都面临着困境。我选择了我的同事们最常用的方法。我认为盲目地复制原始的拼写（不管怎样它们都是前后不一的）毫无意义。因此我用了现代的拼法、标点符号和大写规则。不过我严格保留了原文的措辞，甚至在这些用法很古老时（我总是觉得它们充满魅力）。如果某处的古用语可能会令现代读者困惑，我还是会保留，并在紧随其后的括号内进行解释。我相信，这一过程保留了原始文本的完整意味和全部的精确用语，同时仅仅将不那么固定的排印格式现代化了。（在少数从现代研究文献而非原始文本引用的情形中，我精确复制了这些研究文献中的引用。比如本书第 12 页对德莱顿的引用就来自 H. F. 科恩出版于 1994 年的书，《科学革命的编史学研究》，因此保留了德莱顿引文中的古用语，因为科恩就是这样呈现的。）

家”——这是我们时代最大的矛盾修饰法之一——的现代美国基要主义者们（fundamentalists）传播的主要“理论”之一，宣扬的正是完全相同的解释，即化石记录是一个单一事件的产物，该事件发生在《圣经》所划拨的数千年期间，并留下了一份古生物学记录，其排序依据的不是新物种演化所需要的数百万年，而仅仅是所有化石按密度顺序沉积所需要的数年——这一专利解释就经验而言是荒谬的，因为一些最轻、最精致的化石出现在了最古老的地层中，而许多巨大厚重的形态（比如猛犸象的牙齿与骨骼）则只能在地层序列的顶端发现。可参见现代创世论者的“圣经”——J. C. 惠特科姆（J. C. Whitcomb）与 H. 莫里斯（H. Morris）合著的《创世洪水》（*The Genesis Flood*）。

不可否认，说伍德沃德是一位扶手椅神学家貌似可信，不过他本人强烈反对这一说法，并坚定地认为自己遵循的是正处于发展中的科学革命的信仰与程序，坚称无论他的理论看上去多么奇怪或多么不可能，他都是从对化石和地层的大量观察中通过推理得出结论的，且这一理论将根据这些及之后的经验研究的说服力和有效性而存留或消亡。的确，他在论文的一开始就宣称：

> 过往的一连串经验终于使这个世界确信，只有在观察这一可信的基石上才能建立一门持久且牢固的哲学。目前各方对此都无异议，它似已成为现在人类的常识。正因如此，在本书中，我将只接受事实的引导……只提供从观察中获得确证之物，和那些既由仔细的观察获得又令人可信地相关的事物。

（无须赘言，我并不是说伍德沃德严格遵守了他自己所阐明的理念，因为没有人可以——理论偏好总是会造成干扰，甚至当我们最可敬的
28 意图使我们坚信，我们仅遵从纯粹观察的客观指令时。）

伍德沃德甚至宣称，其理论是作为解释其观察的唯一方式强加给他的，理论的怪异性给他的理性感带来了沉重的负担：

> 事实上，事情最初看起来如此奇妙、如此令人惊讶，以至于我必须承认我有一阵子不知所措；我也不能说服自己的理智同意，直到认真、细致地检查过这些海洋生物遗骸后，我彻底相信，除了地球溶解、万物混淆外，它们再无其他方式落入现在这种境地。若不是在如此多、如此遥远的地方，以最细心、最谦虚的谨慎重复了这么多观察，从而确立并确证了这件事，未给争辩或怀疑留下任何空间，我几乎也不会相信它。

新生的科学方法致力于不断增加有关自然之道的牢固知识，那么，伍德沃德和他同时代的其他著名“世界制造者们”是如何描述结盟起来反对这一新生儿的主要势力和障碍的呢？他们的著作中流传着两大主题与担忧。这两个主题也为本书和我的主要主张奠定了基础：羽翼未丰的新生运动在最初的防卫时期强硬地对抗真实存在的对手和强大的惯性，是如此可理解、如此必要，然而这种好斗在多年前早已变得不适宜、不恰当。

首先，伍德沃德指责人文传统不可思议地未能理解化石的真正本质是有机体遗骸，是因为这些前科学时代的学者们使用了基于人类需求和感知的错误评判标准和分类方法，而不是将他们的秩序框架建

立在物体自身的自然状态和机械状态上。在他死后出版的伟大著作《化石大全》（*Fossils of All Kinds, Digested into a Method, Suitable to Their Mutual Relation and Affinity*, 1728）中，伍德沃德写道：

> 他们［人文主义者］对天然化石的组织、排列一片混乱，一切都不在正轨；他们的失败并不足为奇，因为他们如此频繁地选择性状，按照
> 完全偶然的、非哲学的性状来排列，就好像自然界没有基础、遗骸自身 29
> 没有构成一样。这样，有的人按照普通与稀有或者低劣与珍贵来排列；有的则按照用途大小。然后他们按照化石各自在医药、手术、绘画、锻造等方面的用途将它们分到下一级；这样的分类在艺术志或机械志中是恰当的，但在自然志中只会误导他们自己和读者。

其次，部分神学权威和一些保守的宗教思想家的怀疑、诅咒甚至正面进攻，威胁到了新兴科学实践寻求基于自然法则的机械论解释并探索扩展了的地球年龄概念的自由。科学与宗教是全面对抗的，这是我所接受的世俗教育的“标准”观点，源于19世纪中后期两本大获成功的书（Draper, 1874 和 White, 1896；可参见我的《万古磐石》一书，其中对这一建构的谬误之处做了更多论述）。这一旧模型并不适合这个问题，它代表了一种极为荒谬的、夸张的二分法，只会不尊重假定但其实并不存在的冲突双方，这一点我无论如何强调都不为过。“宗教”作为一个连贯的整体，从未以任何普遍或全面的方式反对过“科学”。

一些基督教教义学者和传统主义者的确极为恐惧科学的影响，也

的确紧紧死守着《圣经》字面主义（尤其是在地球的年龄、创世的短暂过程和大洪水的真实性问题上），并坚信上帝时常直接以奇迹的方式干预，否则就无法解释地球的历史。但许多其他同样虔诚、同样专业的神学家们欢迎新知识，认为后者体现了一种更为崇高的关于上帝的观念，包括他的无限权威与秩序感，和他建立一个按照他所宣告的恒常法则运转的宇宙的智慧——这些规则将使之后不再需要神的干预。此外，实际上 17 世纪的所有主要科学家都真诚而坚定地信仰一种相当传统形式的神，并且信仰《圣经》的神圣性与不可错性（如果不是其字面真实性的话）。

的确，科学革命的发动者和风云人物们在一些非常重要的问题上
30 众说纷纭，比如是否必须援引奇迹——被定义为上帝直接的超自然的干预——来解释记述地球历史所需的全部现象。（从在研科学家的实际角度而言，奇迹必须被当作是除此之外就恒定不变的自然法则统治的暂停，后者调控宇宙的运行机制，并使得科学解释成为可能。）牛顿自己秉持一种“大度的”观点，愉快地赋予上帝偶尔进行奇迹式干预的选择，尽管科学的成功的确意味着上帝强烈偏好不变的自然法则，且非常谨慎地使用奇迹效果。牛顿写道：“当自然原因唾手可得时，上帝会将它们当作工具用在他的作品中，但我不认为仅有它们是足够的。”

但与牛顿同时代的其他关键人物却希望完全禁止奇迹，他们论证，如果上帝还需要拨弄他自己的法则以将历史推回正轨，即便是短暂的，那也将只会贬损上帝自己的威严。在此仅举一例证明神学忠诚度与对偶然奇迹的欢迎度并不必然相关：安立甘宗的首要神学家兼博

物学家托马斯·伯内特牧师（the Reverend Thomas Burnet）就坚定地认为一般物理定律完全足够，他坚决反对奇迹，即使是在解释如诺亚洪水这样的壮观事件时。伯内特最早发表于1680年的《地球的神圣理论》（*Sacred Theory of the Earth*）一书，成为日渐涌现的“制造世界”科学文献中最具影响力同时也最具争议性的著作。（上文引用的牛顿对偶然奇迹的简短评论，就来自他写给伯内特的一封信。牛顿在信中批评他的密友兼科学同事，因为后者坚持上帝在制造世界这一非同寻常的任务中必须将自己限制于一般的物理过程。）

在这个问题上，伍德沃德遵从了牛顿的引导，坦承他想象不出有什么机制可以将最初的地球溶解成诺亚洪水的一片混沌，除了重力奇迹般暂停，从而使得原本凝聚在一起的微粒四分五裂并溶解。但是——这里我们可以抓住那些允许偶然奇迹的科学家与将神圣干预奉为自然大事件的优先首要推动力的传统主义者的关键不同——伍德沃德只有在他认为自然解释已明显地、不可挽回地失败，且观察明白地意味着存在无法用其他方式解释的现象时，才诉诸奇迹。简而言之，是观察需要而非理论或神学偏好为借助神圣干预确立了唯一可接受的基础——这是最后的解释手段，只有在伍德沃德认为不变的自然法则 31
实在无法产生一系列已被经验确证的结果时才会被承认。

我们在阅读伍德沃德1695年的主要作品时能感觉到，他认为他诉诸奇迹来解释地球溶解成一片混沌的做法，对发展科学方法的精神来说是令人烦恼的，且是非常尴尬的。因为，在描述他的整个理论装置的这一中心论点时，伍德沃德只冒险做出了两个简短声明，一个是迅速地坦白，另一个近乎是道歉。他的坦白出现在明确批评伯内特认为物理解释完全足够的观点时：

> 大洪水并非因自然因素的偶然汇集而发生……许多事必定是那时完成的，若没有超自然力量的帮助，这些将永远不可能完成。所说的这股力量是带着设计和更高的智慧在这件事上起作用的。以及，正如自然体系那时是且现在依然是被支持、被确立的，大洪水那时不能、现在也依然不能自然地发生。

（我或许是将现代感性强加给了伍德沃德的不同意图和动机，但这些迅速的“坦白”，以不完整的句子呈现为一系列极简陈述，看起来的确映射了伍德沃德对自己这种做法的不安：他感到有必要借助于一个反重力的奇迹时刻，这是他为解释一系列重要经验观察所能设计的唯一方式。）

伍德沃德的第二个声明来自其书的导论，非常近似坦率地为解释自然时引用奇迹而非优先选择科学道歉：

> 本书接下来的一些进展，趋向于肯定上帝在自然界中的管理和作用……但我可以非常安全地说……我只是受我的问题之必要性的指引，并未更深入；我也无法做得更少，以免对真理造成最明显的伤害和不公。

正处于发展中的科学试图解释世界如何被制造，它与传统《圣经》解释之间的真正张力，在约翰·开尔（John Keill, 1671—1721）引起极大争议的著作中爆发了。开尔是牛津大学的萨维里天文学教授（Savilian professor of astronomy），是牛顿密友圈中在神学上最 32
为保守的学者。在为《科学家传记辞典》(*Dictionary of Scientific Biography*）所写的文章中，大卫·库布林（David Kubrin）称开尔是“牛顿周围少数受高教会派（High Church）庇护的人之一”。开尔对奇迹的辩护与牛顿或伍德沃德的谨慎且极简的声明有着根本不同。开尔痛斥笛卡尔信徒是无神论的倡导者（尽管他们是无意识的，他不情愿地承认），因为后者声称上帝使自己受限于创世之初建立的自然法则。而开尔认为，这样一个在直接运用自己独一无二的力量上如此受缚的神完全不存在也无妨。与伍德沃德的谨慎相反，开尔强烈偏好这一观点，即频繁的奇迹是上帝所偏好的恰当方式，它们是自然史上重大篇章的首要动因，同时也是对抗当时危险的无神论倾向的最有力武器。库布林继续写道，在开尔看来，“自然神学应当服从于《圣经》，而自然哲学不仅应当承认上帝的重要作用，也应当承认全部奇迹的重要作用”。

比如，在他1698年的一篇重要的地质学论文中，开尔明确地捍卫奇迹是地球历史上重大事件的主要塑造者，从而将自然界的这一重要方面永久地置于科学理解的领域和可能性之外：

> 《圣经》向我们描述了全能上帝之手在几个并非必定需要奇迹的时刻施加奇迹的情形。那我们为什么要否认这一地球大毁灭［诺亚洪水］是奇迹式的？奇迹是上帝绚丽伟大的作品，他以此来展示自己的统治和权力，并表明他的王国无处不在，甚至包括自然本身，且他并不将自己

局限于通常的作用方式，而是能随心所欲地改变。难道它们［奇迹］没有被呈现给我们，以使我们相信《圣经》中包含的神圣真理吗？……当奇迹绝无法由自然原因和机械原因解释时，我们当然不会假装从这些原因中演绎出奇迹，以此来减损其［奇迹的］价值。因此，最简单、最安全的方式就是将旧世界绚丽的毁灭归于上帝的全能之手，他可以为所欲为。

如果英国最伟大（尽管相当保守）大学的天文学教授都否认科
33 学解释对博物学的这一中心问题有效，那么他的同事，那些对科学这一羽翼初生、有可能被扼杀在萌芽状态的事业普遍真正怀有敌意的职业人文主义者和神学家们，又会发出怎样的更大咒语？在此我仅用一个显著例子来说明，为什么一位初露头角的科学家有理由心存这样的恐惧：想想著名学者、保守神学家爱德华·斯蒂林弗利特（Edward Stillingfleet）的警告吧，他于1662年发表了一本捍卫《圣经》首要地位的通俗作品，这本书有一个直率的标题：《神圣的起源，或，对基督教信仰之基础的理性陈述，依据〈圣经〉及其内容的真理性和神圣权威性》（*Origines Sacrae, or a Rational Account of the Grounds of Christian Faith, as to the Truth and Divine Authority of the Scriptures, and the Matters Therein Contained*）。（引自我1666年的藏本，由亨利·莫特洛克〔Henry Mortlock〕"在小北门附近的圣保罗教堂院子中看到凤凰座时"印制，此时距离伦敦大火仅有几个月的时间，该地区在这场确实非奇迹的大灾难中被夷为平地。）

斯蒂林弗利特将他最严厉的批评对准了牛顿式科学家的标准神学

建构：作为“钟表匠”（clockwinder）的上帝在创世之初即令万事妥善，之后从未直接插手自然的运转。斯蒂林弗利特坚称，这样一个抽象遥远的神祇并不能令人满意地成为我们的崇敬、我们的高尚道德和我们对永恒奖赏之希望的源头。这样，机械论哲学的崛起，和整个科学革命，就确实威胁到我们的心理安全和公共秩序：

> 如果上帝不参与这个世界的事务，那对他的善又能有什么样的感激之情呢？……因为如果世界必然会存在，那么上帝就不是自由行动者；如果这样，那么所有已创设的宗教就是完全徒劳无益的；也不会有任何对上帝奖赏的期待，或对他惩罚的恐惧，因为他在世界上除了开启伟大的诸天之轮（the great wheel of the heavens）外并无其他事可做。

简而言之，科学革命的领袖们的确遇到了强有力的真正智识对手，这些强大的批评者们拥有大权在握的所有优势和传统分量的加持。我们很难责备科学在它的婴儿期有一点好斗。

3

34 如此高贵的牺牲：人文主义的分量

科学运用纯粹无偏见的观察作为发现自然真理的唯一的、最终的方法，这个独特的观念是我这一行基本的（且相当有害的，我将论证这一点）神话。即使科学家们有充分理由想要这样做，我们也无法这样研究这个世界——因为，正如杰出的科学哲学家汉森（N. R. Hanson）曾经评论的那样，“理论的蹄印”（the cloven hoofprint of theory）必然会侵入任何观察方案。一定会这样，也应当会这样——因为除非我们采用某种理论预期来引导我们洞察这些过多的知觉，否则我们如何能在无限的潜在知觉中识别出一种模式，或看出任何连贯的事物。偏见不能被等同于偏好的存在；相反，偏见应当被定义为，当自然看起来对我们的明确探查和检验说“不”时，我们仍不愿抛弃这些偏好（或至少不愿进一步严格地挑战它们）。的确，大部分科学家通过有意识地在实作中施加相反的偏见来突出他们的工作——也就是，对支持他们偏好的观察应用**更大的**怀疑主义和**更严格的**（也更频繁的）检验——正因为他们知道偏好可以多么有诱惑力、对反驳可以
35 多么无动于衷。

细心的科学家一直都认识到，相比于那些不加区别地作为一份无须动脑的清单的随机条目记录下来的观察，为检测理论偏好而做的观察既有哲学上的必要性也有实际上的好处。我最喜爱的“伟大引语”之一，是达尔文对“客观”记录这一神话的评论，出现在他写给一位亲密同事的信中：“观察若要有用的话，那它必定要么支持要么反对某种观点，有人竟看不出这一点，真是太奇怪了。”* 由此而论，如果我们想要理解科学革命领袖们的主要意图，那么我们应当探询他们反对什么，至少应当了解他们是如何感知并描绘战场的。什么人，什么思想，被他们标记为他们的首要障碍——因为所有的观察必定“支持或反对”某种观点。如前所述，我想绕过从伽利略到牛顿之间的那些经典英雄们，专注于牛顿时代的顶尖分类学家和博物学家，这既是因为我的专业是这个领域，也是因为较之于那些被过度颂扬的科学家，我们从那些被忽视的科学家那里可以学到更多。

我将从一句引言开始，它在17世纪末的语境下极有道理，但在任何现代科学家看来显然是非常古怪的。我在牛顿时代英国最好的博物学家约翰·雷（John Ray, 1627—1705）的著作中看到这句话。这位伟大的植物、鸟类、鱼类和化石分类学家，还出版了一本谚语概要，以表明人类的格言可以像生物那样用同样的原则分类。他在1693年出版的《四足动物与蛇类的分类概要》（*Synopsis Methodica Animalium Quadrupedium et Serpenti Generis*）中，怀疑他的同代人能否发现任何关于动物的新的或有趣的事：“在书写动物方面还有

* 我承认，这句话吸引我的部分原因在于，它在一行中（即 if it is to be of any service）包含了六个仅由两个字母组成的单词。这点与主题无关，不过很特别。

什么可做的呢？的确，在阿尔德罗万迪（Ulisse Aldrovandi, 1522—1605）和格斯纳的著作之后还有什么可写的呢？”

这一说法在现代人看来是如此古怪，因为21世纪的科学家绝不会面临这样的困境。有谁能想象，每件值得做的事都已被做过，所有值得知道的都已被了解？毕竟，科学几乎可以用其怀疑主义和不断的
36 探索来定义，用迄今为止总会实现的一个信念来定义：通往根本上仍未知的事物的新道路仍在我们面前，即使它对我们目前的知觉和手段来说不可见。

为了理解雷的话，我们需要认识到，之前一个世纪的主流智识运动（其中阿尔德罗万迪和格斯纳是博物学领域的首要倡导者）和1693年雷的主要对手，恰恰会用这些措辞来描绘任何未来动物学研究的命运。雷因此试图通过用对手的语言提出他的替代方案，来吸引对手的注意，并获得他们的理解（甚至可能包括他们最终的同意）。

当我们试图理解科学革命所希望取代的那个体系的中心信仰时，我们总会被搞得稀里糊涂，因为其规则令我们觉得如此陌生、如此陈旧，而运动本身仍要求我们对其英雄的声名和英勇以及与其名字相连的荣誉给予最大的尊敬。我们继续敬畏文艺复兴——其字面意思是“重生”——因为我们如此敬仰达·芬奇和米开朗基罗（Michelangelo）的作品，因为我们如此充满敬意地称那些极少数具有多种学术天赋的人为“文艺复兴人”（“Renaissance” men and women）。因此每当提及文艺复兴，总会在我们的头脑中唤起一副积极进取的现代性形象。

但在文艺复兴的目标与感性下，我们的现代科学观念绝不会兴

盛，甚至完全不会产生。这一运动的确想要为人类的知识宝库添砖加瓦——但不是通过观察和实验来发现新的自然真理。正如其名字所示，文艺复兴学者寻求的是重生，而非累积或革命。他们相信每件值得知道的事都已被古典世界的伟大知识分子们查明（希腊的荣耀，罗马的壮丽，诸如此类），只是没有被抄录下来，或更可能地，在中间一千年的黑暗时光中随着图书馆的焚毁失之于西方，新教条的乌云遮蔽了古代的自由学问精神。因此，对文艺复兴来说，**恢复**古代智慧，而非**发现**新资料，就成为首要的学术任务。接着，我们回到雷所遇到的挑战：对自然的严格观察可能只能提供有限的用途，甚至被证明是适得其反的，因为伟大的学者们（受古代典籍的启发）已亲身经历过并做过这些——这样的信念在文艺复兴的拥护者们看来是完全合理的，尤其考虑到他们对这个不屈不挠的新来者半心半意的感觉，后者虽表示了表面的敬意，但（人们怀疑）它实际却想要自己控制缰绳，37
并败坏希腊和罗马的名誉。

博洛尼亚（Bologna）的阿尔德罗万迪和苏黎世（Zurich）的格斯纳，这两位文艺复兴时期首屈一指的博物学家都出版了带有大量插图的巨著，概括介绍自然三大领域的所有居民：动物、植物和矿物。这是他们技艺的顶点，也是他们所参与的运动的目的。但这些令人惊叹的书籍的形式和目的尽管精彩绝伦，却会令任何现代科学家感到极为陌生、古怪。对他们自己发现的新奇信息，或用他们自己的眼睛观察动物并记录结果，阿尔德罗万迪和格斯纳并未表现出牢不可破的反感，但这样的活动代表了对他们主要目的的偏离，即传播已知、已说或仅仅是所相信的与他们笔下的物体有关的一切。比如，格斯纳的开创性作品，1551 年的《动物志》（卷一，论哺乳动物），由一系列按字母排序的章构成，从《论驼鹿》（“De alce”）到《论狐狸》，每一条目都由关于该物种的所有记载的概略构成，首要的位置和最长的篇幅总是留给那些经典作家，尤其是希腊学术的代表亚里士多德和紧随其后的罗马时期的普林尼（公元 79 年维苏威火山爆发，他率队救援，最后壮烈殉职）。

阿尔德罗万迪和格斯纳对真实信息与传奇和寓言的对比也没有表现出厌恶——他们的确试图在他们的文本中区分两者。但事实并未因其有据可依的真实性而获得优先地位。毕竟，这些文艺复兴时期的学者视完整记录前人的主张和信念为他们的最终目的，而非区分事实与虚构——因为，古人已经本能地为所有值得了解的事物制定了正确的框架，因此我们现代努力的方向必须是恢复这些知识，并调和古人的信念与之后的主张和信仰，更好地、全面地记录人类关于上帝每一个造物的所有经验。（因此雷的设问对他的时代而言是最恰当不过了：阿尔德罗万迪和格斯纳留下什么没说的吗？或者，用本书的比喻，狐狸的全部领域都已经被详细列出了吗？）

为了理解格斯纳的文艺复兴式的动机和意图，我们必须读他的《论独角兽》（“De monocerote”）和《论萨梯》（“De satyro”）[①] 这两章，它们都被放在真哺乳动物中，这并不是因为格斯纳相信它们真实
38 存在，而是因为他设想他的作品是对人类关于四足野兽的观点和信念的完整编纂——而解剖属性，甚至它们是否真实存在，都不是他的重要甄选标准。再比如，格斯纳长达 36 页的文章《论猪》（“De sue”）

① 萨梯是希腊神话中半人半兽的森林之神。——译注

（紧随其后的是15页的《论野猪》〔“De apro”〕），一开头便是对古典知识的长篇讨论，其间点缀着大量拉丁语和希腊语引文，之后的小节分别是语源学、美食学、猪在文学中的象征和比喻用法，最后列出了所有记载下来的有关猪的谚语。那些因为格斯纳将这些大杂烩纳入一篇据信是科学文献的文章中而嘲笑他的人，或者怀着善意对他误入歧途的意图点头微笑的人，应当修正他们那自以为是的轻视背后的假定。格斯纳有意收集了关于猪的所有这些材料——越多越好，这样才能显示出他作为大儒的博学，人们才会对他有更多的敬意。

如果我们查看1901年出版的第一版《牛津英语词典》（*Oxford English Dictionary*）的“H”卷，我们会发现，远在后来的20世纪学术辩论将人文主义（humanism）的意义改变为斗争党人的暗号之前，此时对它的经典定义让正在发展中的科学革命概念如此成问题：它指的是“对那些提升人类文化的研究的献身；文学文化；尤其是指人文主义者的体系，即文艺复兴时期流行的对罗马和希腊经典的研究”。这样，作为学术对象的人文学科（the humanities）就成了“与人类文化有关的学术或文献：该术语包含了文雅学术（polite scholarship）的各个分支，如语法、修辞、诗歌和（特别是）对古典拉丁语和希腊语典籍的研究”。最后，《牛津英语词典》将人文学者定义为“致力于或精通被称作‘人文学科’的文学研究（literary studies）的人；一位古典学者；尤其是拉丁语学者，即拉丁语教授或教师”。

好了，这些枯燥的定义中并没有什么会冒犯牛顿世界里的新生科学家们——只要这些拉丁语信徒和确实相信古典知识完全足够的信仰者们坚守他们的文学阵地（literary lasts），并且不要求将他们学术追求中的原则和对价值的道德排序同样地应用于对生命和地球的研究。但是，正如格斯纳和阿尔德罗万迪这样的典型例子所显示的那样，文艺复兴时期的人文学者们的确想当然地认为，他们的学术方式可以以同样的力度和排他性应用于我们今天分配给科学说明的对象领域——这样，当新的观察方法论带着它们对古代信息来源的天然敌对，挑战
39 古老的、一直被其文艺复兴拥护者视为完整且不可超越的概编著作时，冲突的种子就被埋下了。

文艺复兴恢复的这一更古老的对世界的解释必定会与培根、笛卡尔所激发的科学感性相冲突。因为两个学派对目标和方法有着极为不同的定义。（1）就目标而言，文艺复兴学者想要通过恢复过去来改进知识，而科学家们则意图通过观察前所未见之物来拓展知识，无论是通过发现之前未被探索的大地上的未知事物，还是通过发明可以聚焦、测量之前不可见事物的工具（显微镜、望远镜是主要的例子）。（2）就方法而言，文艺复兴学者和初露头角的科学家们都青睐发展博物馆中的伟大藏品集。但这两个学派视博物馆为完全不同、充满不同目的的地方——对文艺复兴学者来说，博物馆是个完备的物品贮藏库，不管是自然的还是人造的，是为了实现概要作者们记录人与自然产物之间所有交互形式的梦想。而另一方面，早期的科学博物馆则拒斥这样混杂的收集，相反，它们寻求纳入特定种类的物品（并拒绝其他种类的），并按照一种可以阐明其自然起源和功用的原因与目的的顺序排列（换句话说，更多是一种刺猬式的限制于展现自然的客观、可感、连贯的和事实上的秩序，独立于人类的偏好和干涉）。

因早先在显微镜下研究植物解剖而为人所知的尼希米·格鲁（Nehemiah Grew, 1641—1712），作为大不列颠首要科学机构皇家学会（Royal Society，它于1662年根据复位国王查理二世颁发的皇家宪章组建）的秘书，为该学会日渐增长的藏品准备了一份目录，于1681年发表。这份目录有一个长长的名称：皇家学会博物馆，或属于该学会的自然珍品和人工珍品的目录与描述……并附加胃肠比较解剖研究（*Musaeum Regalis Societatis, or a Catalogue and Description of the Natural and Artificial Rarities Belonging to the Royal Society... Whereunto Is Subjoyned a Comparative Anatomy of Stomachs and Guts*）。（不浪费，则不会匮乏——因此格鲁抓住这个机会附上了他的原始型研究〔prototypical research〕项目的插图和描述，这项研究是根据新出现的科学革命的经验精神进行的：对许多不同脊椎动物的消化系统进行仔细解剖，并试图理解由结构不同带来的功能方面的不同——见图3。）

格鲁为这份目录写了一篇好斗的前言，他在其中清楚地指出，其运动特有版本的“所有观察要么支持、要么反对某种观点”中的“反对”指什么。他称皇家学会的收藏是“如此高贵的牺牲”，并向读者保证，他通过对这些藏品所代表的骨骼和物种进行如实的观察，来赞 40
美这些自然的活馈赠所做的牺牲，而不是像老式的文艺复兴学者那样，将过多的物种埋葬在他们编纂的混杂天书中，仅按照某种完全为了人类便利的框架排列，而非依据任何自然的客观秩序原则。他首先对比了他的分类学与文艺复兴编纂家阿尔德罗万迪和格斯纳这些令人生畏的传统大咖的策略：

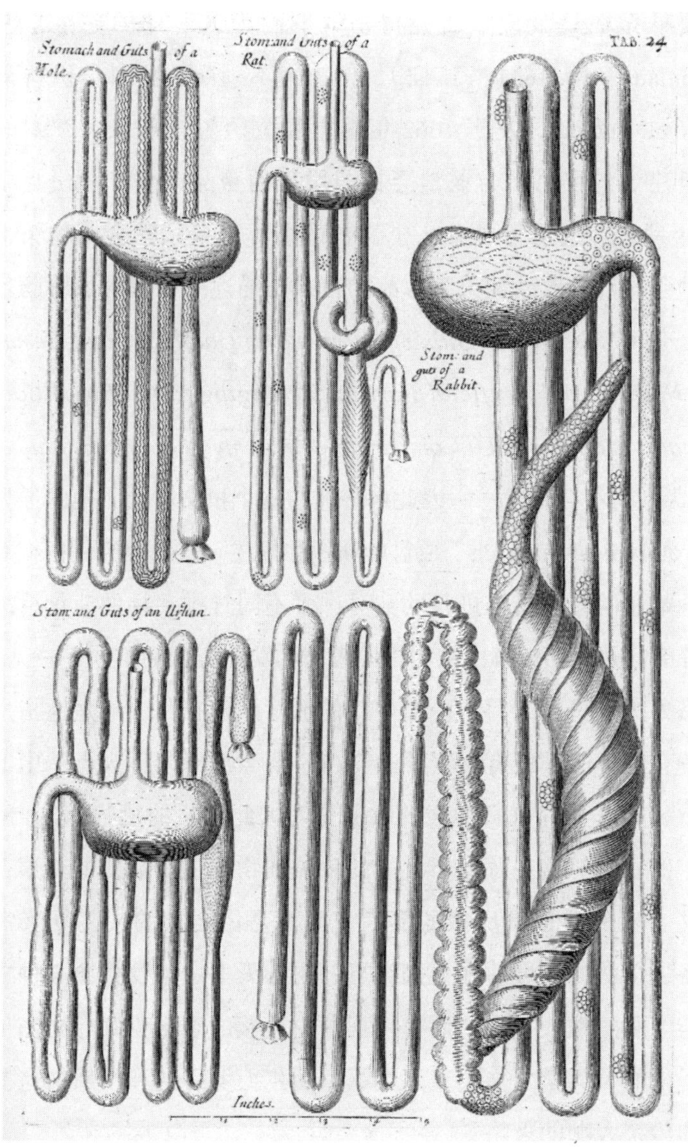
Stomach and Guts of a Mole.
Stom: and Guts of a Rat.
TAB. 24
Stom: and guts of a Rabbit.
Stom: and Guts of an Urchan.
Inches.

图 3

> 我不喜欢阿尔德罗万迪写作四足动物志时从马开始的理由：因为它
> 对我们特别有用。[生物] 最好根据它们与人类形状的相近度和它们彼 41
> 此间的相近度来安排；其他事物也同样如此，应根据它们的本性。我更不会像格斯纳那样，按照字母顺序排列。造物的规模是一个高度推测性的问题。

当格鲁列举其科学同事们的创新并批评老派的编纂家们的做法时，本书这一节的主题也随之浮现：文艺复兴时期的人文主义传统已经阻碍了博物学的发展，因为它使古代作家的书面主张比直接观察据信正被研究的实际物种更重要，并赋予附属于这些生物的寓言和传奇以优先地位，主要因为这些描绘可以被追溯至伊索（Aesop）或亚里士多德这样的大师，而新的可以解释所观察到的形态和行为的生物学起源及目的的生理学或解剖学信息源则处于次要位置。

格鲁首先明确地对普林尼明褒实贬，或者更确切地说，他指责那些博物学家们如此忠诚于人文主义信仰，相信古代文本的优越性和充分性，以至于将他们所有的时间都花在为普林尼那些简短而隐晦的评论做无用的辩护上，而实际上他们本可以亲自观察相关生物，用他们自己的眼睛和头脑做出恰当的决定。格鲁和他的科学同事们会大声宣布，普林尼皇帝没有穿衣服，而科学这个新生儿通过选择简单的观察而非盲从的尊敬可以做得更好：

> 普林尼的好奇心和勤奋是非常值得称赞的。然而他如此简洁，以至于他的作品与其说是“志”不如说是一部术语集：可能相较于随后的时

代，这对他的时代来说是更可理解的。但如果他和其他人对他们所处理的问题更具体一些，那么他们的评注者就会［格鲁在这里用的是旧式的虚拟语气 had done，相当我们现在的 would have］更好地利用他们及读者的时间，而不是浪费在如此多无用且无止境的探讨和争辩中。

格鲁接着表明了自己对一种全新方法的支持，这一方法与文艺复
42 兴人文主义的目的相反，但符合正在发展中的科学的精神。他提出了两条指导原则，每一条都与人文主义传统的主要关切和做法相反：第一，区分真主张和假主张，而不是为了完整记录之前表达过的所有意见而记下曾说过的一切；第二，这些区分应基于直接观察而非对古典见解的尊重：

有一份既没有遗漏也没有任何重复或混淆的自然目录［另外一种虚拟语气 were，相当于我们现在的 would be］，这件事本身当然是值得的，并且也是很重要的。为此，没有对事物清晰且完整的描述是不可能的。

格鲁接着又进一步对格斯纳和阿尔德罗万迪所代表的人文主义传统提出了两条批评，然后重申了他提出的简单解决方案。首先，与他们不同，他不会在他的文本中胡乱塞满那些与所观察生物的**自然**志（*natural* history）无关的人文主义脚注装饰品：

我认为在描述之后对事物的用处和原因（reasons）进行评论要合适得多，而不是瞎记录一些神秘的、神话的或难以理解的东西，或一些

与伟大的骑手或勇敢的、不害怕马的女人有关的故事，而有些人就是这样做的。

格鲁又说，当一些引文所要表达的是显而易见、任何人通过亲自观察都能得出的东西，因而并没有增添我们关于所描述动物的知识时，他也不会仅仅为了向读者炫耀他的博学和对经典的了如指掌而浪费纸张。他尤其批评阿尔德罗万迪声称绵羊属于偶蹄四足动物，不仅因为人们可以轻而易举地看出这点，而且因为“亚里士多德在他的著作中也这么说”。格鲁又写道：“我引用不是为了证明众所周知的事物是真的，而有人［接着他在脚注中明确地点名阿尔德罗万迪］非常正式地引用亚里士多德以证明绵羊是偶蹄动物。” 43

最后，格鲁为自己的研究程序（procedure）辩护。他青睐亲自研究生物，将依靠观察开展工作。他也将提供基本的重量和测量数据：

> 在上文给出的描述中，我尽可能地观察了生物的外形，还有颜色……并且我还加上了它们的准确尺寸，这点多被博物学作者们忽略。

为了表明格鲁表达的是牛顿世纪早期科学家们的共识，以及他并没有像愤怒古怪的米尼弗·契维（Miniver Cheevy）[1]那样激烈抨击，

① 米尼弗·契维是美国诗人埃德温·罗宾逊（Edwin A. Robinson, 1869—1935）的一首同名诗歌的主人公，是一位生活在 19 世纪下半叶美国的失意青年，他向往古人的丰功伟绩，鄙视当时的拜金风气，却又为生活困窘苦恼，因而总是愤世嫉俗，认为自己生不逢时。——译注

将他的刻薄言辞倾倒在这世上，我们还应该返回到卓越的英国博物学家约翰·雷，他也属于这奠基一代。（林奈在他那本开启了现代分类学的《自然的体系》〔*Systema Naturae*, 1735〕第一版中，专门提到了“最著名的雷”，称雷是他前人中最优秀的。）雷出身低微（他的父亲是埃塞克斯〔Essex〕一个名为布莱克诺特利〔Black Notley〕的偏远村镇的铁匠），但充分利用了他的智力天赋，获得了剑桥的学位。有十多年的时间，他是在一位富有的剑桥朋友弗朗西斯·维路格比（Francis Willughby）的资助和陪伴下从事博物学工作。两人1660年代中期一起游历欧洲，然后计划用终生的时间共同发表关于所有生物分类学的综合性著作，既包括动物的也包括植物的。但维路格比于1672年去世，年仅37岁，孤独的雷带着对好友的坚定忠诚坚持进行了下去，时不时忆及好友和他的智识贡献。他们那两卷论鸟（1676）和论鱼（1686）的伟大合著几乎全是由雷独自完成的，但雷为此获得的资助和书中的许多基本观察都体现了维路格比慷慨遗产的长远影响。

他们关于鸟的那本书中共有78幅雕版插图，极为美丽（参见图4，从中可见其艺术；图5是封面。这两幅图来自我的一本藏本，是一本出版于1678年、译自拉丁文原本的英文译本）。雷为此书写了一篇前言，在其中他重申了博物学家们在科学革命早期所感受到的冲突，他的措辞甚至比格鲁更有力，但是为了同样的效果和目的。格鲁和雷坚称文艺复兴人文主义的文学的、非观察的传统建立了一道智识屏障，只有打破这道屏障，分类学和博物学才能成为严格意义上的经
44 验科学。

TAB. XLIII.
Parus major ſeu Fringillago
The Great Titmouſe or
Ox-ey
Parus ater
The Colemouſe.
Parus palustris
The Marsh Titmouſe.
Parus cœruleus The blew
Titmouſe or Nun.
Parus cristatus
The crested Titmouſe
Parus caudatus
The long tail'd Titmouſe

图 4

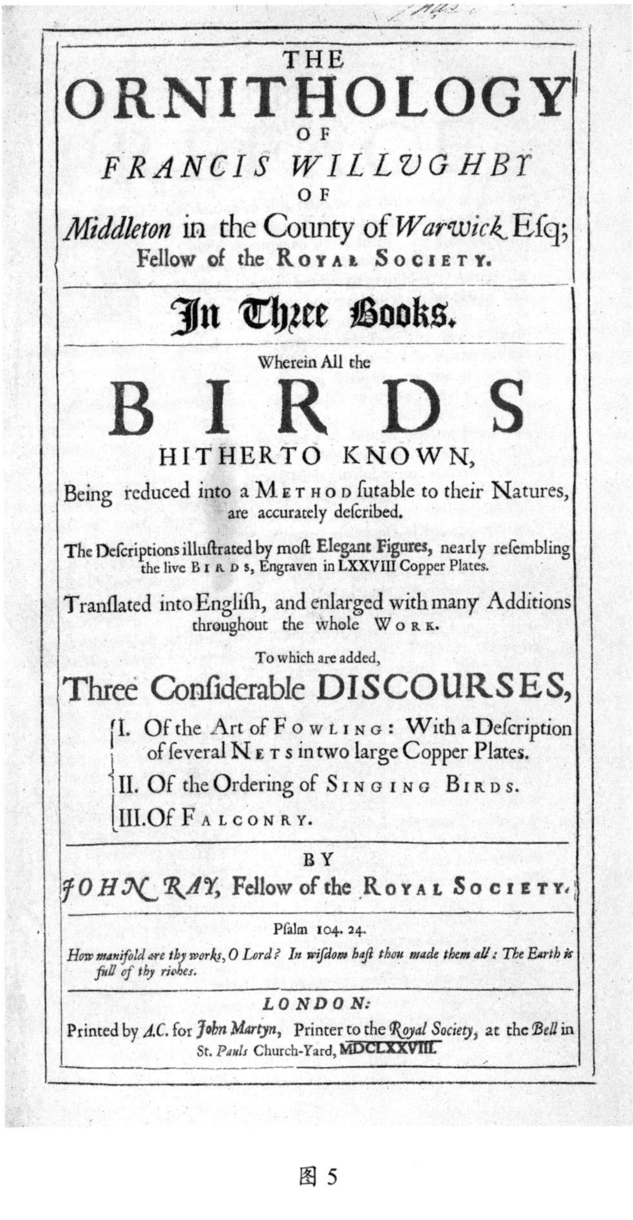

THE
ORNITHOLOGY
OF
FRANCIS WILLUGHBY
OF
Middleton in the County of *Warwick* Esq;
Fellow of the ROYAL SOCIETY.

In Three Books.

Wherein All the

BIRDS

HITHERTO KNOWN,

Being reduced into a METHOD sutable to their Natures, are accurately described.

The Descriptions illustrated by most Elegant Figures, nearly resembling the live BIRDS, Engraven in LXXVIII Copper Plates.

Translated into English, and enlarged with many Additions throughout the whole WORK.

To which are added,

Three Considerable DISCOURSES,

I. Of the Art of FOWLING: With a Description of several NETS in two large Copper Plates.
II. Of the Ordering of SINGING BIRDS.
III. Of FALCONRY.

BY

JOHN RAY, Fellow of the ROYAL SOCIETY.

Psalm 104. 24.

How manifold are thy works, O Lord? In wisdom hast thou made them all: The Earth is full of thy riches.

LONDON:

Printed by *A.C.* for *John Martyn*, Printer to the *Royal Society*, at the *Bell* in St. *Pauls* Church-Yard, MDCLXXVIII.

图 5

雷首先公布了他和维路格比严格遵循的与之前不同的新方法。接着，他花了更大篇幅强有力地批评说，老一套做法现在必须被抛弃。首先，个人观察必须取代古人的证言成为信息的首要根据：

> 我们不像我们的一些前人那样，仅仅抄写他人的描述；相反，我们通过亲自观察、检查我们面前的每一只鸟，然后认真地做出描述。 46

格斯纳和阿尔德罗万迪则再一次成为糟糕的旧式文艺复兴编纂传统的代表，他们混杂的报告和描述主要基于他人的著作，尤其仰赖希腊和罗马的文献，这种做法现在必须被取代：

> 就本书的范围和设计而言，作者[指维路格比]和我都未曾打算写一本鸟类汇编，即，汇总前人写的所有与鸟相关的文献，无论它们是真是假还是模棱两可——格斯纳和阿尔德罗万迪已做了大量这样的工作；我们也未打算压缩概括他们厚重的巨著，以免诱使学者满意于他们的懒惰。

在他的最强主张中，雷对比了文艺复兴编纂集与近代科学论文，认为这是两种完全相反的模式。格斯纳和阿尔德罗万迪想要包罗万象，对真实性不加筛选，结果他们编纂的书越来越厚，范围越来越广。而他和维路格比，则坚持事实精确性，宁愿用他们的眼睛亲自验证。他们会采用完全不同的删减标准，辨别真伪，区分相关与偶然，然后只发表可信赖事实的基本内容。雷还明确地称被删减的材料是“人类知识”的一部分，并赋予被筛选、被保留下来的好东西以“博物学”这个受人尊重的名字：

> 我们应进一步补充一点：我们已完全去掉了我们在其他作者那里看到的同义或有歧义的字词、鸟的若干别名、晦涩难懂的文字、象征、寓言、预言，以及与神、伦理道德、语法或任何种类的人类知识相关的部分；只向他［指读者］提供了严格意义上与博物学相关的东西。我们也没有东拼西凑任何地方现存的诸如此类性质的事物，而是进行了选择，只插入我们的知识和经验能确保的详情细节，或者是我们有可信的作者
> 47 作证或其他充足证据的东西。

最后，雷明确地给文艺复兴的主要目标，即试图对应每一种现代鸟类与其古代名字，打上了不值得科学过多关注的标记。我对这一判断提不出反对意见，但雷接着又对人文学者附加了一句有些没来由的非难——其中充斥的敌对不止一点点——他嘲弄他们过分注意文体风格，他认为好的科学散文只需要明晰性，不需要为质量担心。雷这段论述的结尾是即将到来的麻烦的最初迹象，这个麻烦随时间流逝而渐长，并导致了促使本书及其同类诞生的环境：*

* 不幸的是，太多的现代科学，尽管现在早已明显无任何必要去划分其与人文研究的领域，但仍然保持并强化了这一态度，变成对写作中贴切巧妙文风的积极厌恶，就好像如果作者幸运地拥有文笔优美的天赋，那么他著作的事实内容会受到贬低一样（这真是对刺猬主张“有一大招”的曲解——刺猬学说从未意图限制为了达到同样的**善的**目的，即刺猬的真正目标，而采取多种协同促进的方法）。这样，我们或许可以在雷最后那句话中识别出后来某种麻烦的根源，一旦形势逆转，这种主张将随之被解读为傲慢和狭隘。我也必须加上一个颇具讽刺意味的观察，即，尽管雷表达了这样的判断（或者应该说，尽管如此），雷自己却恰巧是一位出色的作家，他出色的散文无疑有助于他实现目的。

到底为了什么要因为那些要么根本不可能确定、要么很容易就确定的事物而不断争论呢？尤其是因为即使付出艰辛的劳动最后终于查明了古人如何称呼每个种，但因此获得的好处却无法抵消为此付出的辛苦。关于辞藻和风格，我们并不非常热心，我们更愿花力气使意义清晰明了，而不是让语言华丽。

4

48 梅迪思博士的指令：镇压的威胁

科学革命的发起者们否定文艺复兴恢复古代智慧的计划，主张通过观察和实验来获得新洞见与新解释，他们努力想要清除旧信念的消极包袱。但打破数世纪的惰性并不是容易的事，因为对手大权在握，无论在政治生活还是智识生活中都占据着巨大优势。而积极的镇压更造成了严重得多的问题，包括真实的性命之忧——科学革命的化身们就面临着（或至少经常认为他们面临着，无论实际有无危险，由此带来的心理负担都不应被低估）并非仅是假想的、来自当时世俗权力统治者们的镇压或伤害威胁。

正如之前提到的那样，我们对西方历史过分简单化的描写，倾向于将科学与世俗权力之间的任何争斗描绘为“科学与神学之战”的一部分，或者描绘为“科学对宗教”——但我强烈反对这一有害的、过分简单化的二分法（详见本书第85—89页[①]，那里给出了这一错误历
49 史模型的更多细节）。世俗或国家权力的确积极镇压过科学方法和结

① 正文及脚注中所提到的“见本书第XX页”都是指英文原书的页码。——译注

论的传播，至少是在一些关键事件中。考虑到当时主要建制之间的纠缠，镇压某个科学主张的意识形态基础通常是在宗教术语中找到表达——科学论点受到谴责（正如在伽利略的经典案例中那样），是因为据称它们违反了宗教训令，而在世俗领袖们看来，这些训令对于正当化他们继续执掌政权的权利是很重要的。

在第二章，我复制了一份天主教出版许可的模仿版，皇家学会的副主席替代了官方审查官——在以物理学制造世界的1695年，这份出版许可对约翰·伍德沃德的博物学努力来说是一份世俗的“祝福”。图6展示了另一个例子，也是由皇家学会签发，出现在格鲁受命为他们的收藏编写的目录中（详见第三章的讲述）。为了展现真品，我还复制了一份真正的天主教出版许可（图7），它出现在上一 50
章的一个关键人物所写的一份重要的文艺复兴博物学文献中（图8，源自我所收藏的阿尔德罗万迪于1639年出版的《论无分趾蹄的四足动物》〔*De quadrupedibus solidipedibus*〕，这是他论哺乳动物的第一卷，在他死后出版，包括论马、独角兽、犀牛和大象诸章）。

这份出版许可经两位审查者通过，然后由博洛尼亚的宗教法庭审判官（Inquisitor）批准。它的措辞在我们现代人看来简直令人不寒而栗。第一位审查官同意了，按惯例声明他在其中未发现有任何东西违反神圣信仰的教义或已有的道德准则。第二位审查人，他的批准声明看起来友好一些，说他没有发现任何冒犯虔诚受众的耳朵或教会规 52
则之处。于是这份指令宣布：允许出版（imprimatur igitur）。

我并不想要夸大这种公告的恐惧效果。那时在天主教支持下出版的所有书籍都必须获得这种官方认可。我怀疑像阿尔德罗万迪这样一

At a Meeting of the Council of the Royal Society,
July 18th 1678.

Ordered,

THat Dr. *Grew* be desired, at his leasure, to Make a Catalogue and Description of the Rarities belonging to this Society.

Thom. Henshaw Vice-Præses R. S.

At a Meeting of the Council of the Royal Society,
July 5th 1679.

Ordered,

THat a Book entitled, *Musæum Regalis Societatis,* &c. By Dr. *Nehemjah Grew*, be Printed.

Thom. Henshaw Vice-Præses R. S.

图 6

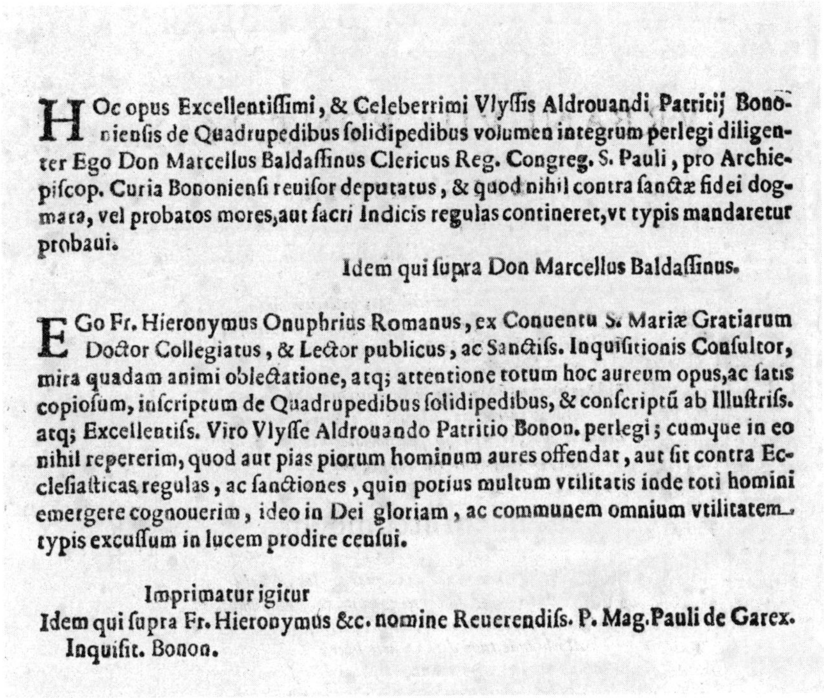

HOc opus Excellentiſſimi, & Celeberrimi Vlyſſis Aldrouandi Patritij Bononienſis de Quadrupedibus ſolidipedibus volumen integrum perlegi diligenter Ego Don Marcellus Baldaſſinus Clericus Reg. Congreg. S. Pauli, pro Archiepiſcop. Curia Bononienſi reuiſor deputatus, & quod nihil contra ſanctæ fidei dogmata, vel probatos mores, aut ſacri Indicis regulas contineret, vt typis mandaretur probaui.

Idem qui ſupra Don Marcellus Baldaſſinus.

EGo Fr. Hieronymus Onuphrius Romanus, ex Conuentu S. Mariæ Gratiarum Doctor Collegiatus, & Lector publicus, ac Sanctiſs. Inquiſitionis Conſultor, mira quadam animi oblectatione, atq; attentione totum hoc aureum opus, ac ſatis copioſum, inſcriptum de Quadrupedibus ſolidipedibus, & conſcriptũ ab Illuſtriſs. atq; Excellentiſs. Viro Vlyſſe Aldrouando Patritio Bonon. perlegi; cumque in eo nihil repererim, quod aut pias piorum hominum aures offendat, aut ſit contra Eccleſiaſticas regulas, ac ſanctiones, quin potius multum vtilitatis inde toti homini emergere cognouerim, ideo in Dei gloriam, ac communem omnium vtilitatem typis excuſſum in lucem prodire cenſui.

Imprimatur igitur

Idem qui ſupra Fr. Hieronymus &c. nomine Reuerendiſs. P. Mag. Pauli de Garex. Inquiſit. Bonon.

图 7

位著名且无争议的人物并不需要屏息以待；那些印刷的许可，无论与现代伦理和情感多么相悖，都是公式化的，在一本又一本书中重复，从而反映了他们那个时代的样板——或许与宾夕法尼亚农业部通过的食物包装，或那些似乎对任何胆敢撕毁它的大无畏者发出死亡威胁的旧式床垫标签[①]有几分类似。

① 美国法律要求床垫生产商给床垫加标签说明床垫成分，并在标签上注明除了最终消费者外其他人不得撕毁，但有些标签表达不清，使得部分消费者误以为撕毁床垫标签违法。——译注

VLYSSIS ALDROVANDI
PATRICII BONONIENSIS.
DE QVADRVPEDIBVS SOLIDIPEDIBVS
VOLVMEN INTEGRVM
IOANNES CORNELIVS VTERVERIVS
in Gymnasio Bononiensi Simplicium medicamentorum
professor collegit, & recensuit.
MARCVS ANTONIVS BERNIA
in lucem restituit.
EMINENTISS.MO ET REV.MO PRINCIPI
D. IVLIO SACCHETTI
S.R.E. PRESBYTERO CARDINALI
TIT. S. SVSANNAE.
FERRARIAE ANTEA NVNC VERO
BONONIAE
PONTIFICIO DE LATERE
LEGATO.
Cum Indice copiosissimo.
SVPERIORVM PERMISSV.
Cum Priuilegio S. Cæs. Maiestatis.

Io: Bapt.a Coriolanus inu. incid.

BONONIAE Apud Nicolaũ Tebaldinum M.DC.XXXIX.

图 8

但我选择这一特定的真实印刷许可为例，有着相当不同的、虽然说相近的原因。如果我们翻开这份印刷许可，我们会在另一面看到一个具有象征意义的可怕声明（见图 9），令我后背一阵发冷，因为我并没有预料到会进一步提醒存在着真正的镇压危险，可能包括入狱和身体伤害。这一页上印着阿尔德罗万迪的献词：致马费奥·巴尔巴里尼主教，现在的教皇乌尔班八世（Maffaei Card. Barberini nunc Urbani VIII Pont. Max.）。（我最近看到这本书的第一版，早几年出版，那时乌尔班尚未擢升，所以那时的献词仅包括前半句，赞美这位尚未获得提拔的主教。）天主教的知识分子对马费奥·巴尔巴里尼抱有极大希望，总的来说他显然是科学和自由学问的朋友。伽利略自己称乌尔班当选教皇是“伟大的时刻”（mirabel congiuntura），将会大大促进对科学的尊重和支持。然而十年后，也就是 1633 年，也正是乌尔班八世支持了罗马宗教裁判所对伽利略的审判，并迫使后者宣布撤回此前的主张（随后是终生软禁），理由是他竟敢鼓吹日心说这样的异端邪说！

既然想要的尊重与独立似乎通常并不是个现实的选项，那知识分子或许应当佩戴上一枚怀疑或反对世俗权力的荣誉勋章。至少他们看上去害怕我们（或者，最起码，认为我们值得监控），即使我们的实际武器往往只有手头的笔，或者它的现代变形：电脑键盘。科学在其婴儿期感受到的这第二种合理恐惧（直到今天也没有完全灭绝，尽管科学现在已进入强大的成熟期）——被世俗政治权力镇压，通常完全是以宗教（在过去）或道德（现在）的名义——通常都远远超出了所 53

MAFFÆI CARD. BARBERINI

NVNC

VRBANI VIII. PONT. MAX.

EPIGRAMMA

In laudem Auctoris.

Οὐκ Ἀλδοβράνδας ποιέει ξένε γνώριμον εἰκὼν
Σοὶ μόνον, ἀλλὰ βίβλον καὶ δέμον ἔστιν ὁρᾶν
Ποικίλα ἐν ποθέεις ἴδμεν βλαστήματα γαίης,
Χερσαίων, πτηνῶν, νηχομένων τὸ γένος.
Βίβλον ἄνοιγε, βλέποις κόσμου κειμήλια, λάμπει
Ἀνδρὸς ἔχει σοφίη, μέτριος ὧδε βίος.
Ζηλωτὸς βίος, ἐν πενιχρῷ γὰρ πλούσιος οἴκῳ
Παγγενετείρας ἦν τῆς φύσεως ταμίας.

Eiuſdem in eumdem.

Multiplices rerum formas, quas pontus, & æther
Exhibet, & quicquid premit, & abdit humus,
Mens haurit, ſpectant oculi, dum cuncta ſagaci
Aldobrande tuus digerit arte liber:
Miratur proprios ſolers induſtria fœtus
Quamq; tulit moli ſe negat eſſe parem:
Obſtupet ipſa ſimul rerum fœcunda creatrix,
Et cupit eſſe ſuum, quod videt artis opus.

图 9

审查作品中的任何明确的科学内容之外。[*]

为了表明科学家之中切实存在的这种不安，以及公共怀疑所能抵达的范围（远超过了科学内容），我给出了一个扭转局势的显著例子（无可否认是已被取代的16世纪类型，但也提醒相似的活动在我 54
们时代遵循着更微妙的途径）。在第三章，我阐明了牛顿时代的早期科学家们感受到的来自文艺复兴人文主义传统的消极阻碍——正如博物学领域中格斯纳和阿尔德罗万迪的编纂传统所体现的那样。但是，为了表明这些人自己也经受着更积极的阻碍，我复制了阿尔德罗万迪的出版许可和他向伽利略镇压者的献词。我现在给出另外一个例子，来自阿尔德罗万迪的智识同伴格斯纳。这个例子不是基于格斯纳的科学内容，而是他与新教的联系，一个与智识无关的情形（至少就这本论四足动物的书而言）：他是重要的瑞士新教改革者慈运理（Ulrich Zwingli）的教子兼门徒。

许多年以前，我省吃俭用买了格斯纳的第一本也是他最伟大的一本动物学著作，他的《动物志》的第一卷，名为《论四足胎生动物》（*De quadrupedibus viviparis*，也就是现代术语所称的陆生哺乳动物），出版于1551年。但当我翻看书名页（见图10）时，我遇到了一个有趣的谜题，直到多年以后我足够通晓拉丁语能明白其根本原

* 平心而论，有时这种审查的正义性无法否认，因为科学家们，尤其是在赢得权力和权威成为一种核心建制的成员之后，常常冒险越过他们真正的专业领域，宣称自己对伦理问题有特殊的洞见，理由是他们对当前辩论中的相关问题拥有更好更多的事实知识，但这个理由在逻辑上是无效的。（我关于基因克隆的专业知识并不使我有权利或使我有专家地位，就某些事件的政治学、社会学或伦理学做出法律上或道德上的裁决，比如为一对因孩子去世而悲伤的父母创造一个复印其子基因的“复制品”。）但我在这章所讲的是，科学家为保护在他们自己的自然事实与因果运作领域中的智识工作而提出的合法主张。

因时才得以解决。顺带说一句，正是这本书在很久以前激起了我写作本书的兴趣，并在此后十多年中不断积累——所以我感谢格斯纳著作的删改者，他的可疑举动为我个人带来了这一有益的意外收获。

自我购买此书以来，这一独特的删订（详见下文）就一直压在我的心头，萦绕在我的脑海里。我在 2000 年美国科学促进会年会上的千禧年会长演讲就是围绕这一例子来探讨科学与人文研究之间的关系（为此我将这本书一直带到了华盛顿，忏悔过去，展望未来）。我也是从这一例子中获得了写作本书的灵感，不可否认，这灵感既古怪又独特：基于我私人藏书中特定段落的那些大多不为人知的例子，写一本关于科学与人文这一陈腐话题的书——这原本是人文学者的经典技艺，现在却由我这个真真正正的科学家来尝试！我无论如何总觉得，来自真实且原始的资料的证据，就在我们的眼前，真切地在我们的手中，会以它的真实性给人情绪上几乎难以定义又相当特别的一击，至少我的反应会如此。我永不会忘记，我祖母总是说，只有当原始证据
56 **白纸黑字**地呈现在她眼前时，她才会相信。

因此我注视着这本令我自豪的藏书的扉页，却无法理解我的亲眼所见。我能读懂格斯纳的书名，以及他的身份说明的最后两个单词：苏黎世医生（medici Tigurini）。但他的名字却以两种不同的方式被抹去了：首先是用油墨聪明地涂改了原初的印刷字母，使之成为一串毫无意义的、深奥难懂的天书；其次，是进一步用一条纸完全覆盖住（可能是审查官对他最初的措施不满意），曾经直接贴在名字上，但后来被移除了。（后来的一位藏书人，又进一步反击了审查官早前的工作，在最初的印记上方用墨水写下了格斯纳的名字。）

Conradi Gesneri

CONRADI GESNERI

medici Tigurini Historiæ Animalium Lib. I. de Quadrupedibus uiuiparis.

OPVS Philosophis, Medicis, Grammaticis, Philologis, Poëtis, & omnibus rerum linguarumq; uariarum studiosis, utilissimum simul iucundissimumq; futurum.

AD LECTOREM.

HABEBIS in hoc Volumine, optime Lector, non solum simplicem animalium historiam, sed etiam ueluti commentarios copiosos, & castigationes plurimas in ueterum ac recentiorum de animalibus scripta quæ uidere hactenus nobis licuit omnia: præcipuè uerò in Aristotelis, Plinij, Aeliani, Oppiani, authorum rei rusticæ, Alberti Magni, &c. de animalibus lucubrationes. Tuum erit, candide Lector, diligentißimum & laboriosißimum Opus, quod non minori tempore quàm quidam de elephantis fabulantur, conceptum efformatumq; nobis, diuino auxilio nunc tandem in lucem ædimus, non modo boni consulere, sed etiam tantis conatibus (ut alterum quoq; Tomum citius & alacrius absoluamus) ex animo fauere ac bene precari: & Domino Deo bonorum omnium authori seruatoriq;, qui tot tantasq; res ad Vniuersi ornatum, & uarios hominum usus creauit, ac nobis ut ea contemplaremur uitam, ualetudinem, otium & ingenium donauit, gratias agere maximas.

TIGVRI APVD CHRISTOPHORVM FROSCHOVERVM, ANNO M. D. LI.

图 10

消除格斯纳姓名这一煞费苦心、虽然几乎是异想天开的举动贯穿了整本书（共 1104 页）。只要看看正文开头那页（图 11），那里格斯纳的名字被涂改扩展为一连串无意义的、不可断开的字母，LOQNRIADIVOESNERIATI，就在第一章《论驼鹿》那迷人的插图的上方。随着我继续往下读，翻开似乎没有尽头的一页又一页，直到读完整本书，所看到的模式最终令我深感荒谬可笑而非极端邪恶。那位得以控制这本书的天主教审查官面对着一个特有的问题：书本身并不包含任何在宗教上或道德上可反对的东西。格斯纳只不过记录了前人们就一系列哺乳动物所说的一切，那位“信仰守护者”（defensores fidei）发现其中并没有什么冒犯原则的内容。事实上，就严格的宗教意义而言，那位审查官仅仅是将格斯纳引自路德译本的几句《圣经》引语打扮整齐，不辞辛苦地附上了来自拉丁文武加大译本（Latin Vulgate）中被认可的天主教版本（图 12）。如果说这些非常微小的一两个单词的差异——主要是在上帝从旋风中教诲约伯这一著名片段——有什么神学意义的话，那我只能说我完全没领会到那微妙的差异。

格斯纳的书尚未被加到天主教的禁书目录中，他这本一千多页的巨著对任何对博物学感兴趣的天主教读者来说都有巨大的价值。然而那位审查官翻遍了每一页，时不时做一些可笑的小改动，**不过非常小心**。他达成了什么？当我最终意识到那一模式时，我感到更多的是可笑而非冒犯。格斯纳的词句并没有构成新教威胁，但是他的公众形象以及他所引用的其他几个人，的确令天主教恼火，尤其是对这无经
59 验的第一代人来说，他们生活在路德的异端邪说打碎了天主教的洋洋自得并引起了激烈回应的反宗教改革运动之后。因此尽管那位审查官

CONRADI GESNERI TI- GVRINI HISTORIAE ANIMALIVM

LIBER I. DE QVADRVPEDIBVS VIVIPARIS.

DE ALCE.

Picturam hanc à pictore quodam accepi, quam ueram eſſe teſtantur oculati teſtes: ut etiam cornua, quæ gemina habet. Nos unum hic ſeorſim pinximus.

LCES, alcis: uel alce, alces: ἄλκη, paroxytonum potius quàm oxytonum: Germanice Elch uel Ellend, aliqui l geminant, alij aſpirationem præponunt, ut apud Latinos etiam nonnulli, quod non probo. Illyrice Los, Polonice ſimiliter, & apud alios Potuod, ut ex indigena quodam nuper accepi. Illyrij etiam ceruum Gelen uocant, & fieri poteſt ut inde nomen huius animantis ad Germanos translatũ ſit, propter ſimilitudinem eius cum genere ceruino. Nullum huius animalis nomen aliæ gentes habent, cum peregrinum omnibus ſit præterquam Scandinauiæ, quod ſciam: proinde non aſſentior Iudæis illis, qui Deuteronomij cap. 14. זמר zamer alcen interpretãtur: quãquam alij pro eadem rupicapram, alij camelopardalin reddunt: mihi ad poſtremam animus magis inclinat. In tam rara igitur & longinqui ſoli fera authores inter ſe uariare, minus mirabimur. Ego ſingulorum uerba apponam ſeorſim, cum alioqui ſatis commode conciliari non poſſint. Inter Græcos ſolus Pauſanias (qui Antonini tempore claruit) in Eliacis differens de elephanti uulgo creditis dentibus, quod cornua ſint nõ dentes, haud omnibus enim eodem loco cornua naſci: argumento ſunt, inquit, Aethiopici tauri, & alcæ feræ Celticæ, ex quibus mares cornua in ſupercilijs habent, fœmina caret. Sed forte hoc loco Pauſanias alcen confundit cum quadrupede illa quam hodie rangiferum uocant, cui cornu è media fronte procedit, ut ſuo loco dicemus. Eiuſdem in Bœoticis uerba hæc ſunt: Alce nominata fera, ſpecie inter ceruum & camelum eſt, naſcitur apud Celtas, explorari inueſtigariq; ab hominibus animalium ſola non poteſt: ſed obiter aliquando, dum alias uenantur feras, hæc etiam incidit. Sagaciſſimam eſſe aiunt, & hominis odore per longinquum interuallum percepto, in foueas & profundiſſimos ſpecus ſeſe abdere. Venatores montem uel campum ad mille ſtadia circundant, & contracto ſubinde ambitu, niſi intra illum fera deliteſcat, non alia ratione eam capere poſſunt. Hæc Pauſanias, qui ut pleriq; ueteres Germaniam totam & Septentrionales finitimas regiones uno Celticæ nomine comprehendit.

¶ Cæſar lib. 6. Commentariorum de bello Gallico: Sunt item in Hercynia ſylua quæ appellantur Alces, harum eſt conſimilis capris figura, & uarietas pellium: ſed magnitudine paulò antecedunt, mutilæq; ſunt cornibus: & crura ſine nodis articuliſq; habẽt: neq; quietis cauſa procumbunt:

a

图 11

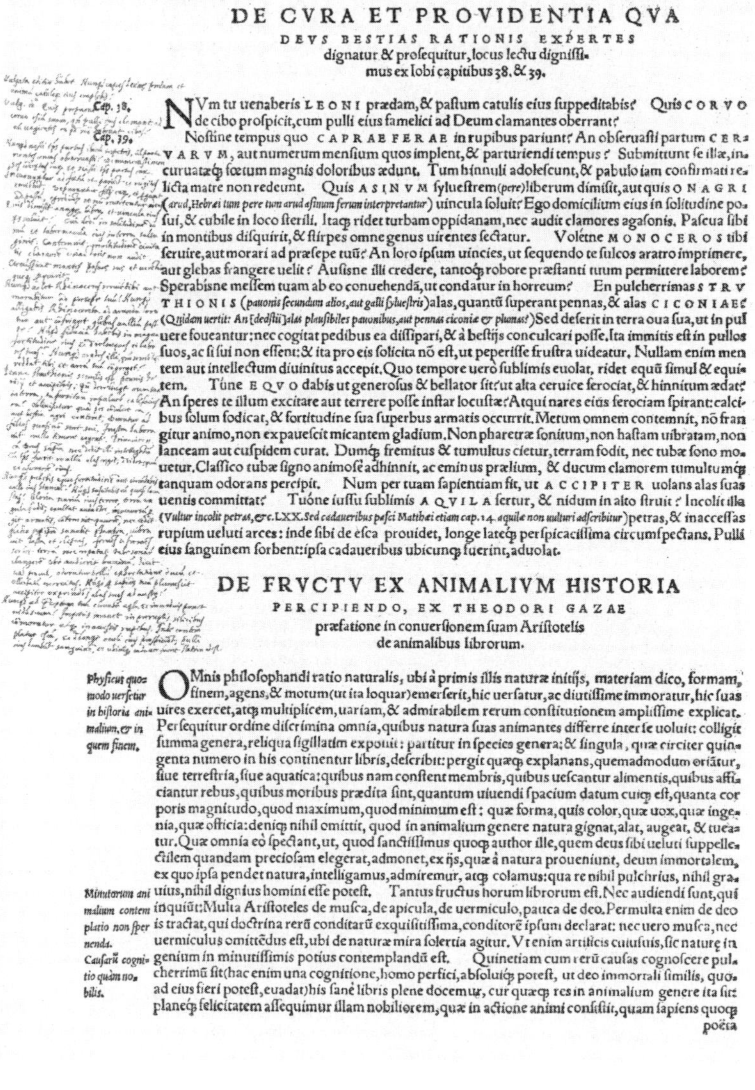

DE CVRA ET PROVIDENTIA QVA

DEVS BESTIAS RATIONIS EXPERTES dignatur & prosequitur, locus lectu dignissimus ex Iobi capitibus 38. & 39.

Cap. 38. NVm tu uenaberis LEONI prædam, & pastum catulis eius suppeditabis? Quis CORVO de cibo prospicit, cum pulli eius famelici ad Deum clamantes oberrant?

Cap. 39. Nostine tempus quo CAPRAE FERAE in rupibus pariunt? An obseruasti partum CERVARVM, aut numerum mensium quos implent, & parturiendi tempus? Submittunt se illæ, incuruatæq; fœtum magnis doloribus ædunt. Tum hinnuli adolescunt, & pabulo iam confirmati relicta matre non redeunt. Quis ASINVM syluestrem (*pere*) liberum dimisit, aut quis ONAGRI (*arud, Hebræi tum pere tum arud asinum ferum interpretantur*) uincula soluit? Ego domicilium eius in solitudine posui, & cubile in loco sterili. Itaq; ridet turbam oppidanam, nec audit clamores agasonis. Pascua sibi in montibus disquirit, & stirpes omne genus uirentes sectatur. Voletne MONOCEROS tibi seruire, aut morari ad præsepe tuũ? An loro ipsum uincies, ut sequendo te sulcos aratro imprimere, aut glebas frangere uelit? Ausisne illi credere, tantoq; robore præstanti tuum permittere laborem? Sperabisne messem tuam ab eo conuehendã, ut condatur in horreum? En pulcherrimas STRVTHIONIS (*pauonis secundum alios, aut galli syluestris*) alas, quantũ superant pennas, & alas CICONIAE? (*Quidam uertit: An [dedisti] alas plausibiles pauonibus, aut pennas ciconiæ & plumas?*) Sed deserit in terra oua sua, ut in puluere foueantur; nec cogitat pedibus ea dissipari, & à bestijs conculcari posse. Ita immitis est in pullos suos, ac si sui non essent: & ita pro eis solicita nõ est, ut peperisse frustra uideatur. Nullam enim mentem aut intellectum diuinitus accepit. Quo tempore uerò sublimis euolat, ridet equũ simul & equitem. Tune EQVO dabis ut generosus & bellator sit? ut alta ceruice ferociat, & hinnitum ædat? An speres te illum excitare aut terrere posse instar locustæ? Atqui nares eius ferociam spirant: calcibus solum fodicat, & fortitudine sua superbus armatis occurrit. Metum omnem contemnit, nõ frangitur animo, non expauescit micantem gladium. Non pharetræ sonitum, non hastam uibratam, non lanceam aut cuspidem curat. Dumq; fremitus & tumultus cietur, terram fodit, nec tubæ sono mouetur. Classico tubæ signo animosè adhinnit, ac eminus prælium, & ducum clamorem tumultumq; tanquam odorans percipit. Num per tuam sapientiam fit, ut ACCIPITER uolans alas suas uentis committat? Tuóne iussu sublimis AQVILA fertur, & nidum in alto struit? Incolit illa (*Vultur incolit petras, &c. LXX. Sed cadaueribus pasci Mathæi etiam cap. 14. aquilæ non ulturi adscribitur*) petras, & inaccessas rupium ueluti arces: inde sibi de esca prouidet, longe lateq; perspicacissima circumspectans. Pulli eius sanguinem sorbent: ipsa cadaueribus ubicunq; fuerint, aduolat.

DE FRVCTV EX ANIMALIVM HISTORIA

PERCIPIENDO, EX THEODORI GAZAE præfatione in conuersionem suam Aristotelis de animalibus librorum.

Physicus quomodo uersetur in historia animalium, & in quem finem.

OMnis philosophandi ratio naturalis, ubi à primis illis naturæ initijs, materiam dico, formam, finem, agens, & motum (ut ita loquar) emerserit, hic uersatur, ac diutissime immoratur, hic suas uires exercet, atq; multiplicem, uariam, & admirabilem rerum constitutionem amplissime explicat. Persequitur ordine discrimina omnia, quibus natura suas animantes differre inter se uoluit: colligit summa genera, reliqua sigillatim exponit: partitur in species genera: & singula, quæ circiter quingenta numero in his continentur libris, describit: pergit quæq; explanans, quemadmodum oriãtur, siue terrestria, siue aquatica: quibus nam constent membris, quibus uescantur alimentis, quibus afficiantur rebus, quibus moribus prædita sint, quantum uiuendi spacium datum cuiq; est, quanta corporis magnitudo, quod maximum, quod minimum est: quæ forma, quis color, quæ uox, quæ ingenia, quæ officia: deniq; nihil omittit, quod in animalium genere natura gignat, alat, augeat, & tueatur. Quæ omnia eò spectant, ut, quod sanctissimus quoq; author ille, quem deus sibi ueluti suppellectilem quandam preciosam elegerat, admonet, ex ijs, quæ à natura proueniunt, deum immortalem, ex quo ipsa pendet natura, intelligamus, admiremur, atq; colamus: qua re nihil pulchrius, nihil grauius, nihil dignius homini esse potest. Tantus fructus horum librorum est.

Minutorum animalium contemplatio non spernenda.

Nec audiendi sunt, qui inquiũt: Multa Aristoteles de musca, de apicula, de uermiculo, pauca de deo. Permulta enim de deo is tractat, qui doctrina rerũ conditarũ exquisitissima, conditorẽ ipsum declarat: nec uero musca, nec uermiculus omittẽdus est, ubi de naturæ mira solertia agitur. Vt enim artificis cuiusuis, sic naturę ingenium in minutissimis potius contemplandũ est.

Causarũ cognitio quàm nobilis.

Quinetiam cum rerũ causas cognoscere pulcherrimũ sit (hac enim una cognitione, homo perfici, absoluiq; potest, ut deo immortali similis, quoad eius fieri potest, euadat) his sanè libris plene docemur, cur quæq; res in animalium genere ita sit: planeq; felicitatem assequimur illam nobiliorem, quæ in actione animi consistit, quam sapiens quoq; poëta

图 12

费了那么大力气、花了那么多时间，他所做的也仅仅是抹掉了几个格斯纳胆敢在出版物中引用的会令他们不悦的名字。此外，他所涂抹的有一半以上都是格斯纳在文中频频提起的两个名字，其原因很明显。（事实上，这两个人都仍然是天主教徒，但他们反对偶像崇拜且缺乏虔诚的正统信仰，这使得他们在这些极为暴躁的年代成为不受欢迎的人物。）第一位是伟大的鹿特丹的伊拉斯谟，他可能是文艺复兴时期最著名的学者。实际上他并没有就我们今天所理解的动物学写什么，而是编纂了一本最全面的谚语书，即他的《谚语集》（见本书前言，第 2 页）。既然格斯纳的文艺复兴式的编纂集引用了人们关于哺乳动物所说过的一切，且强调人类关于这些动物的本性与力量的观念，因此他在每一章都清楚地用一节介绍相关谚语，显著地列出了伊拉斯谟的所有条目，并恰当地给予伊拉斯谟相应的承认。所以那位审查官煞费苦心地涂掉了对伊拉斯谟的每一次提及，保留了所有与动物本身相关的文字。（呃……也许不是**每**一次。所以继续读吧，不久你会看到，我们的审查官就是本书书名中的博士，而我们那条首要的关于狐狸和刺猬的箴言就来自伊拉斯谟。所以亲爱的读者，如果你耐着性子读完本书的话，会发现所有这些主题都会重现。在书的结尾，所有这些生物都会出来谢幕，在充满希望的时刻结束本书！）

第二位是塞巴斯蒂安・明斯特（Sebastian Münster, 1489—1552），他 1552 年出版的《世界志》（*Cosmographia*）描绘了所有已知世界的地理学和生物学，显然是格斯纳丰富引用的另一个来源。至少那位审查官允许自己在这项原本枯燥至极的任务中找点乐趣，因为他在涂掉不同的名字时用的是不同的方案（图 13）。伊拉斯谟只值得用粗黑线

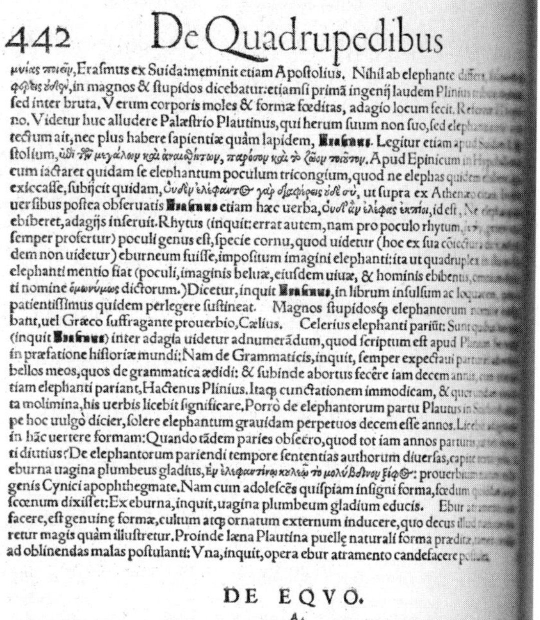

442 De Quadrupedibus

μυίας ποιεῖν, Eraſmus ex Suida: meminit etiam Apoſtolius. Nihil ab elephante
φέρεις οὐδέν, in magnos & ſtupidos dicebatur: etiamſi primã ingenij laudem Plinius
ſed inter bruta. Verum corporis moles & formæ fœditas, adagio locum fecit.
no. Videtur huc alludere Palæſtrio Plautinus, qui herum ſuum non ſuo, ſed eleph
tectum ait, nec plus habere ſapientiæ quàm lapidem, [illegible]. Legitur etiam apud
ſtolium, ᾠδὴ τῶν μεγάλων καὶ ἀναισθήτων, παρόσον καὶ τὸ ζῷον τοιοῦτον. Apud Epinicum
cum iactaret quidam ſe elephantum poculum tricongium, quod ne elephas quidem
exiccaſſe, ſubijcit quidam, οὐδὲν ἐλέφαντος γὰρ διαφέρεις οὐδὲ σύ, ut ſupra ex Athenæo
uerſibus poſtea obſeruatis [illegible] etiam hæc uerba, οὐδ' ἂν ἐλέφας ἐκπίοι, id eſt,
ebiberet, adagijs inſeruit. Rhytus (inquit: errat autem, nam pro poculo rhytum,
ſemper profertur) poculi genus eſt, ſpecie cornu, quod uidetur (hoc ex ſua cõiectura
dem non uidetur) eburneum fuiſſe, impoſitum imagini elephanti: ita ut quadruplex
elephanti mentio fiat (poculi, imaginis beluæ, eiuſdem uiuæ, & hominis ebibentis,
ti nomine ὁμωνύμως dictorum.) Dicetur, inquit [illegible], in librum inſulſum ac loquacem,
patientiſſimus quidem perlegere ſuſtineat. Magnos ſtupidosq́ elephantorum
bant, uel Græco ſuffragante prouerbio, Cælius. Celerius elephanti pariũt: Sunt
(inquit [illegible]) inter adagia uidetur adnumerãdum, quod ſcriptum eſt apud Plinium
in præfatione hiſtoriæ mundi: Nam de Grammaticis, inquit, ſemper expectaui partus
bellos meos, quos de grammatica ædidi: & ſubinde abortus fecêre iam decem annis,
tiam elephanti pariant, Hactenus Plinius. Itaq; cunctationem immodicam, & que
ta molimina, his uerbis licebit ſignificare. Porrò de elephantorum partu Plautus in
pe hoc uulgò dicier, ſolere elephantum grauidam perpetuos decem eſſe annos.
in hãc uertere formam: Quando tãdem paries obſecro, quod tot iam annos partum
ti diutius? De elephantorum pariendi tempore ſententias authorum diuerſas, capite
eburna uagina plumbeus gladius, ἐν ἐλεφαντίνῳ κολεῷ τὸ μολύβδινον ξίφος: prouerbium
genis Cynici apophthegmate. Nam cum adoleſcẽs quiſpiam inſigni forma, fœdum
ſcœnum dixiſſet: Ex eburna, inquit, uagina plumbeum gladium educis. Ebur
facere, eſt genuinę formæ, cultum atq; ornatum externum inducere, quo decus illud
retur magis quàm illuſtretur. Proinde læna Plautina puellę naturali forma prædita,
ad oblinendas malas poſtulanti: Vna, inquit, opera ebur atramento candefacere po

DE EQVO.

A.

EQVVS nobiliſſimum inter quadrupedes animal, & uitæ humanæ mul
dis utiliſſimum, è iumentorum numero cenſetur: cui equidem nullum
ter bruta exiſtimo, cum ingenij ſimul & corporis eius dotes perpendo.
quadrupedum ſuas laudes, & nonnullas quibus equum fortaſſis exce
boue pluribus modis uictum iuuet humanum animal nullum eſt. Sed ſi cõferas inter
licet uno aut altero equus uincatur, pluribus ſemper uincet. Accedit quod ubiq; ter
& naſci poteſt. Quamobrem merito prima ei quadrupedum, imò animalium omnium,
cipuè in planis regionibus, ut boui in montanis. Sed equi laudes & utilitates plurimas
ſa hæc eius hiſtoria oſtendet, eò cæteris prolixior, quò plura de hoc animante, utpote
ſimo, apud authores inuenimus. ¶ Equum Latini etiam caballum uocant, de qua
initio capitis octaui. Hebręi סוס ſus, ut equam ſuſah, quam uocem Canticorum
tatum uel multitudinem equorum exponũt. Appellant autem Græci quoq;, tum equ
tum, hippon in fœminino genere: סוס quidem Hebraice equum aliqui dictum pu
gaudio. Hieremiæ octauo ſus uel ſis auem quandam ſignificat, quam R. Salomon
ctam, & Gallicè gruem uidetur interpretari: Sunt autem uerba prophetæ, de ijs
turture, hirundine & grue, quæ norunt tempus ſuum migrandi ac redeundi.
do ſic garriebam, meditabar ſicut columba, &c. Eſaiæ 38. pro grue Hebraice סוס
equum exponit, ut etiam Ionathan, qui in iam citato Hieremiæ loco equum expo
equum reddit. Hieronymus alibi miluum, alibi hirundinis pullum. Septuaginta &
σιδών, id eſt hirundo. Σουσας, equus Syris, Varinus. רכש rekeſch, Dauid Kimhi docet
re equum præſtantem & non annis confectum ſic appellari: ipſe Kimhi aliud genus
ſcio quod (iumenti, [illegible]) eſſe ſuſpicatur: & tertio Regum capite quarto
dim, id eſt, mulos interpretari. Leui ben Gerſon equos uelociſſimos intelligit, quorum
ſit: & ſimiliter author Concordant. genus equorum. Hieronymus Eſther octauo,
Geneſeos 14. equitatum intelligit per רכש rekeſch, poſſeſſionem uerò per רכוש rekuſch
decimo rekuſch apparatum bellicum notat, alibi poſſeſſionem pecorum & rerum
Achaſtranim Eſther octauo Hieronymus ueredarios transfert, Dauid Kimhi &

图 13

直接涂掉名字的每个字母，而明斯特得到的待遇是名字字母及其周围用细线勾勾连连，直到完全认不出来。

格斯纳在书的前页附上了一份参考书目，所以我们很容易就分辨出哪些名字会被涂掉——其实很简单，新教徒（或天主教叛徒）坏，正统天主教徒好。比如（见图 14），第 169 位的哥伦布（Christopher Columbus），因为宣布新世界属于西班牙的天主教双王，所以名字尊享了金色待遇。而第 171 位的伊拉斯谟，则因为他的《作品集》（*Opera*）以及特别是下一行的《谚语集》消失了。位列第 178 位的 61
加斯帕·荷尔德林（Gaspar Heldelin，不管他是谁），则因为他的《鹳颂》（*Ciconiae encominum*，他称颂鹳的颂词，不管那是什么）获得了不公正的对待。但伟大的德国天主教地质学家格奥尔吉乌斯·阿格里科拉（Georgius Agricola），在第 179 位，则因为他著名的论金属、重量和度量衡的作品，以及他有趣的小册子《论地下生物》（*De animantibus subterraneis*，关于在地下发现的生物，包括对居住在德国煤矿的地精的严肃讨论，至少据当地劳工说他们是存在的）而通过了。但第 183 位的英国人威廉·特纳（William Turner），大概是一位叛教者且支持亨利八世接管修道院，则因他关于鸟类的书被抛弃了（他的名字也被用精巧的细线勾画而无法认出）。

我花了好一会才意识到——以及花费更多的时间去翻译那些极小的、虽然很精致的笔迹，其中还有许多缩写——这一独特形式的“简化版镇压”的关键可在扉页前的空白页上写下的一行神秘话语中找到（图 15，感谢大卫·弗里德伯格〔David Freedberg〕和托尼·格拉夫顿〔Tony Grafton〕，他们更了解拉丁语和 16 世纪的手写，与我

Catalogi

157.* Auguſtini Niphi commentarij in libros Ariſtotelis de animalium hiſtoria, generatione, & partibus.

* Eiuſdem de augurijs liber.

158.* Baptiſtæ Fieræ Mantuani cœna.

159. Baptiſtæ Platinæ Cremonenſis de honeſta uoluptate & ualetudine libri.

160. Baſſianus Landus Placentinus de humana hiſtoria.

161.* Beliſarius Aquiuiuus Aragoneus Neritinorum dux de uenatione, ex Oppiano (ferè.

* Eiuſdem de aucupio liber.

162.* Brocardus monachus de Terra ſancta.

163.* Cælij Calcagnini opera.

164.* Cælij Rhodigini Antiquarum lectionum uolumen: quod frequentiſſimè in Opere noſtro Cælij ſimpliciter nomine citatur.

165. Cælius Aurelianus Siccenſis, (hic pertinet ad ordinem ueterum.)

166.* Cælij Secundi Curionis Araneus.

167.* Caroli Figuli dialogi, alter de muſtelis, alter de piſcibus in Moſella Auſonij.

168.* Caroli Stephani ſcripta de uocabulis rei hortenſis, Seminarij & Vineti.

169.* Chriſtophori Columbi Nauigatio.

170.* Chriſtophori Oroſcij Hiſpani Annotationes in Aëtium & eius interpretes.

171.* [illegible] opera.

* Eiuſdem [illegible]

172.* Eraſmus Stella de Boruſſiæ antiquitatibus.

173.* Franciſci Marij Grapaldi Parmenſis de partibus ædium libri 2. Tractat autem de animalibus libri primi capitibus. 6.7.8.9

174.* Franciſci Maſſarij Veneti in nonum Plinij de naturali hiſtoria Caſtigationes & Annotationes.

175. Franciſci Nigri Baſſianatis Rhætia.

176. Franciſcus Robortellus Vtinenſis.

177. Gabrielis Humelbergij commentarij in Samonicum, in Sextum de medicinis animalium, & in Apicium.

178. [illegible] ciconiæ encomium.

179.* Georgij Agricolæ libri de metallis. De ponderibus & menſuris.

* Eiuſdem liber de animãtibus ſubterraneis.

180.* Georgij Alexandrini priſcarum apud authores rei ruſticæ enarratio.

181. Guilielmi Budæi Commentarij linguæ Græcæ.

* Eiuſdem Philologia.

182.* Gul. Philandri Caſtilionij Galli in Vitruuium annotationes.

183.* [illegible] liber de auibus.

184.* Gyberti Longolij dialogus de auibus.

185.* Hermolai Barbari Caſtigationes in Plinium.

* Corollarium in Dioſcoridem. * Phyſica.

186.* Hieronymi Cardani de ſubtilitate libri.

187.* Hieronymi Vidæ poëma de bombycibus.

188.* Iacobi Syluij libri de medicamentis ſimplicibus deligendis & præparandis.

189.* [illegible] Annotationes in Galenũ de comp. pharm. ſecundum locos.

190.* I[illegible], Rhetorica.

191.* [illegible] Cõmmẽtarij in Melam.

192.* Io. Agricolæ Ammonij de ſimplicibus medicamentis libri 2.

193.* Io. Boëmus Aubanus de moribus omnium gentium.

194. Io. Brodæi annotationes in epigrammata Græca.

195.* Io. Fernelius Ambianus de abditis rerum cauſis.

196. Io. Kufnerus medicus Germanus.

197. Io. Iouinianus Pontanus.

198.* Io. Manardi Ferrarienſis epiſtolæ medicinales.

199.* Io. Rauiſij Textoris Officina.

200.* Io. Ruellij hiſtoria plantarum.

201. Io. Vrſini proſopopœia animalium carmine, cum annotationibus Iac. Oliuarij.

202.* [illegible] Annotationes in Georgica Vergilij.

203.* Iulianus Aurelius Leſſignienſis de cognominibus deorum gentilium.

204.* Lazarus Bayfius de re ueſtiaria, de re nautica, de uaſculis.

205. Leonelli Fauentini de Victorijs, de medendis morbis liber.

206.* Lilij Gregorij Gyraldi Syntagmata de dijs.

207.* Ludouici Vartomãni Romani patritij Nauigationum libri VII.

208.* Marcelli Vergilij in Dioſcoridem Annotiones.

209.* Marci Pauli Veneti de regionibus Orientis libri 3.

210.* Matthias à Michou de Sarmatia Aſiana atque Europæa.

211. Medicorum recẽtiorum cum aliorum tum qui parum Latinè de curãdis morbis ſingulatim ſcripſerunt libri diuerſi.

212.* Michaël Angelus Blondus de canibus & uenatione.

213.* Nicolai Erythræi Index in Vergilium.

214. Nicolai Leoniceni opera.

215.* Nicolai Leonici Thomæi Varia hiſtoria.

216. Nicolai Perotti Sipontini Cornucopiæ.

217. Othonis Brunfelſij Pandectæ medicinales.

218.* Paulus Iouius de piſcibus.

219.* Idem de Moſchouitarum legatione.

220.* Petrus Crinitus.

221.* Petri Galliſſardi Araquæi pulicis Encomium.

222.* Petri Gyllij Galli Additiones ad Aeliani libros de animalibus à ſe translatos.

* Eiuſdem liber de Gallicis nominibus piſcium.

223.* [illegible], de nauigationibus noui Orbis.

224.* Philippi Beroaldi Annotationes in Columellam.

225. Pinzoni nauigationes: & Magellani ad inſulas Moluchas.

226.* Polydorus Vergilius de Anglia.

* Idem

图 14

一道解开了这一谜题）：

> 这一描述胎生四足动物的危险书籍可以阅读，无需革出教门。因为，根据比萨主教区神圣罗马天主教宗教裁判所的莱利奥·梅迪思博士（Magister Lelio Medice）[Magister 字面意义是"教师"，但在这里很可能是指大学毕业生[①]] 的指令，本书中所有应当被除去的［片段］都已被涂抹掉了。

有点令人不寒而栗——我们还能说什么呢——尽管所做的大量删减既装模作样，又无关痛痒。莱利奥·梅迪思博士不会作为科学或学术的朋友而载入史册——尽管他已在本书的书名中获得了某种含糊又短暂的声名！

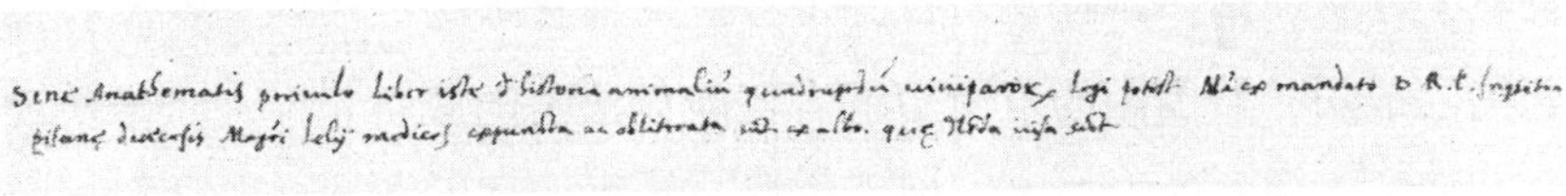

图 15

不过，在放下这个话题并结束本书的第一部分之前，我应当声明，我并未宣扬这一世俗信念，即认为焚书、删改和打压他者代表了 63
宗教教条主义者和其他致力于维持现状、使之不受任何社会或智识新

① Magister 是学位名称，源于中世纪欧洲大学，最初等同于"博士"（doctorate）；只不过 doctorate 最初是在神学、法学和医学院授予，而 magister 常在艺学院授予。后来 magister 在某些国家降了等级，等同于硕士（master）；在另一些国家则以"博士"的意义使用到了现代。——译注

鲜事物影响的反动运动盟友的排他策略。我们难以抵抗审查或歼灭所认为的敌人的诱惑，这是人之常情，超越了制度的特质，无论这制度是宗教的还是世俗的，并且这一情形遍布整个政治光谱，从右到左。姑且举一个令人悲伤的例子——因为这一事件导致了历史上最伟大的科学家之一的死亡——有一本看上去毫不起眼但具有巨大的实际价值和历史重要性的小册子，它向人们传授如何建立工作坊来生产更纯净的硝石，这是火药的重要成分。看看它的扉页（图 16）。

这本小册子出版于 1793 年，此时正值法国大革命（包括恐怖统治时期）最激进的阶段，狂热达到了顶峰。它是一份在革命最兴盛的年代 1776 年写成、编辑并紧接着在 1777 年出版的作品的重印版。其作者是伟大的化学家拉瓦锡（Antoine Laurent Lavoisier），当时他被任命为火药总管，为此完善了火药制造技术，并写作了大部分相关的小册子，从而给法国提供了世界上最好的纯化火药。的确，若没有拉瓦锡的成功，被围困的革命军就有可能无法击退威胁着推翻法国新政府的外国入侵军队，后者本拥有更好的装备，且人数众多。

这本小册子的扉页当然并不吝于表露狂热的革命迹象，包括象征战争的军鼓与旗帜，还有印在该页底部的日期："共和二年，一个法国，不可分割。"（革命政府从 1791 年 9 月共和国成立之时开始使用新纪元，并采用了一种全新的日历，即每月以天气和气候而非君主或神祇来命名，每月 30 天，每年最末有额外的 5 天庆祝日［闰年 6
65 天］。）不过，在这一片与革命有关的符号中，我们也必须注意到扉页上显而易见的省略——作者的名字，伟大的拉瓦锡本人。这其中并没有什么神秘之处，因为在出版之时，在恐怖统治期间，拉瓦锡正在

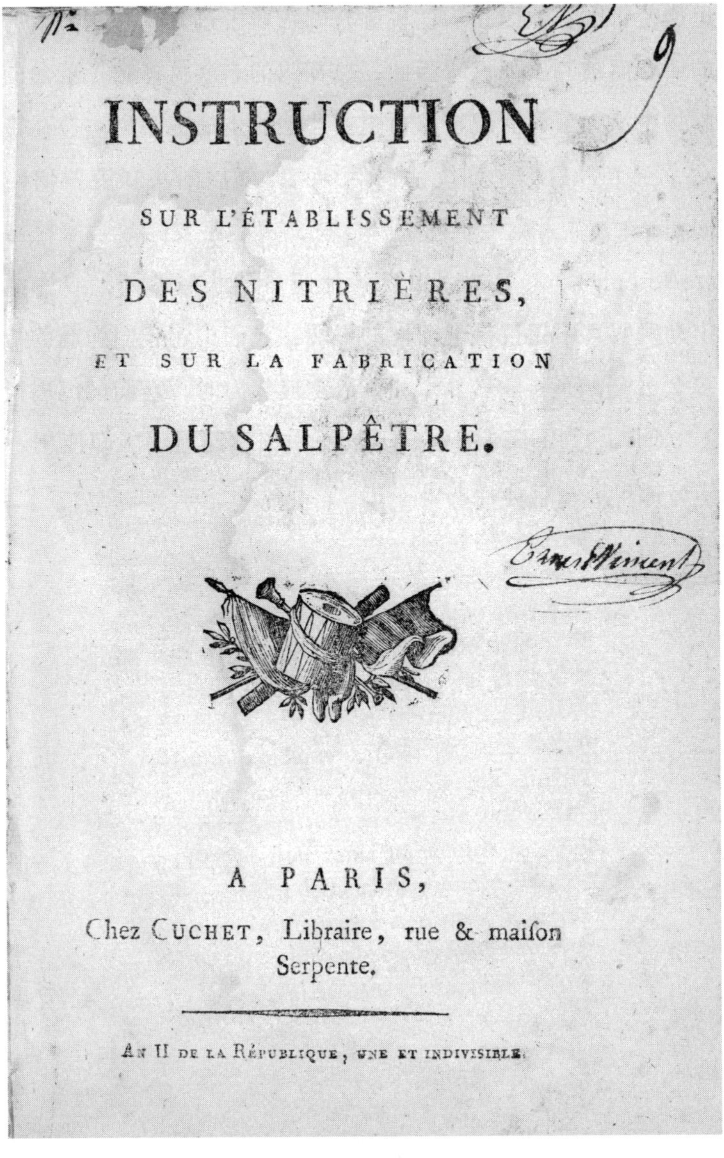

INSTRUCTION

SUR L'ÉTABLISSEMENT

DES NITRIÈRES,

ET SUR LA FABRICATION

DU SALPÊTRE.

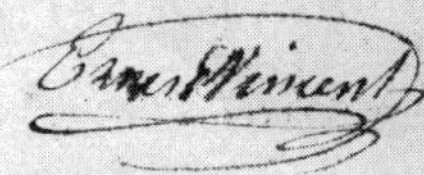

A PARIS,

Chez CUCHET, Libraire, rue & maison Serpente.

AN II DE LA RÉPUBLIQUE, UNE ET INDIVISIBLE.

图 16

监狱里遭受折磨，他因在担任税务官的正职中过分勤勉这一本应罪不至死的罪名而被判了死刑。因此，拉瓦锡的名字从拯救了革命的发现和出版物中消失了，而现在革命正要让他的生命也消失。拉瓦锡上了断头台，三个月后，恐怖统治突然结束，随后断头狂魔罗伯斯庇尔（Robespierre）本人也上了断头台。拉瓦锡的密友、数学家拉格朗日（Comte Joseph-Louis Lagrange）为他所写的悲痛悼词，或许可作为一个生动鲜明且不仅仅是象征性的提醒：我们构建我们脆弱的智识结构时多么缓慢，而当狂热分子和仇敌掌握权力时，它们又倒塌得多么迅速："刽子手只用了一瞬就砍掉了那颗头颅，但法国即使用一个世纪也未必能再造一颗那样的。"

第二部分

从培根的悖论年代到斯威夫特的甜蜜与光明 67

5

二分法的王朝 69

培根的悖论、牛顿的箴言和鹅妈妈对成年人的用处

科学革命的领袖们宣扬在一种基本上机械的自然因果观之下通过观察和实验获得的新知识事业，并拒斥文艺复兴的首要前提，即学术最好是通过复兴古希腊罗马时代所获得的高见来推进。在此过程中，他们普及了两个在西方文化中源远流长的比喻。但这些古老的谚语是在一场相当自觉且常常剑拔弩张的争论中变得锋利起来的，这场争论横扫了17世纪至18世纪早期的英法知识界，并以古今之争之名载入史册。

弗朗西斯·培根，这位科学革命的化身如此不遗余力地推广他所喜爱的意象，以至于那句谚语被广为流传为培根悖论（Bacon's paradox）。其表述的确是一个真正的、字面上的悖论，即，一个问题有两种相反的解决方案，每一种解决方案在其各自的语境中都是合乎逻辑的、正确的。培根指出，我们对古希腊罗马巨擘的崇敬，常常 70
是因为他们与我们当前的努力极为遥远（存在于已知文献中），因此

给人一种古老可敬的印象。由于这种遥不可及，柏拉图和亚里士多德看起来德高望重且充满智慧。但是，培根接着评论说，这样一种叙述大可以被看作是恰恰在朝着错误的方向行进。毕竟，如果知识是随时间积累的，那么将很久之前当作起点的话，柏拉图就只能被看作是一个孩童，而我们应当被看作是睿智的老人。因为柏拉图和亚里士多德是在世界年轻时纵横驰骋，因而只能代表学术的年少轻狂时，而我们现代人吸收了他们年轻的洞见随岁月累积的分量，以及之后增加的所有。

培根在一句著名的格言中表达了这一悖论：Antiquitas saeculi, juventus mundi——大意是，那些美好的旧时光是世界年少之时。那么，我们为什么要放任文艺复兴式的崇敬，推崇一个仅能代表知识的青少年期而非智慧的成熟期的时代呢？培根又加上了一句非常易于记住的话，时间本身，而非权威，是"作者们的作者"（author of authors）。培根尽管拒斥崇古派的古人天然更优越的主张，但他了解并且尊重古人，于是提醒读者注意那句著名的经典格言："真理是时间的女儿。"

如果说培根是这场胜利运动的化身的话，那么牛顿就代表了其巅峰时刻。科学革命的第二句同时也更有名的警句（和视觉形象）来自牛顿 1675 年 2 月（他如此落款，但当时已改用格里高利历的大部分其他欧洲人会落款为 1676 年）写给罗伯特·胡克的一封信中，后者是他的同事，与他一样暴躁执拗，因此两人的关系常常陷入紧张状态，尽管他们的人生观基本相似。在一场涉及色彩理论应归功于谁的贡献的私人争论中，牛顿以一种少见的谦逊、和解的姿态，写信给胡克说："如果说我看得更远一些，是因为我站在巨人的肩膀上。"

培根和牛顿的这两种叙说将极为不同的形象应用于同一个基本论
点，即肯定知识随时间而进步，并认为科学革命所倡导的在一种机械
的因果观之下植根于观察和实验的程序，最能滋养这一成长，而文艺
复兴学者们所支持的复兴模式，必定会因将初始萌芽期误读为圆满的
顶点而阻碍进步。不过培根的表述更辛辣无情，而牛顿的话则拨动了 71
外交和弦，他肯定我们对古人的尊敬，并断言我们之所以能超越他们
的成就仅仅是因为我们在他们宏伟的基础上增加了我们微不足道的新
发现。

“巨人的肩膀”这一比喻清楚地想要两全其美：既表达对古人的尊敬，同时又肯定知识的累积特性及随之而来的现代改进，其历史源远流长，引人注目。（大部分科学家将这句话归功于牛顿机智的原创。那些知道事实并非这般的人常常指责牛顿不声不响地借用，即使不是明目张胆的剽窃，因为他没有加标任何引注。但这样的要求荒唐且无聊。毕竟，牛顿是在给胡克的私人信件中写了这句话。他十分清楚，即使我们后来都忘了，他引用的是他所处的广泛共享文化中的一副标准形象。那他为什么还要给那句话加上引号或加注来源，就好像他在写学术论文一样？难道我在写给同事的邮件中讨论“出名 15 分钟”时还要标注安迪·沃霍尔〔Andy Warhol〕，或者在提到“序幕的尾声”时还要标注丘吉尔吗？[①]）

① 安迪·沃霍尔（1928—1987），摄影师、导演、艺术家。他就媒体时代说过一句名言：“在未来，每个人都能出名 15 分钟。”后来“出名 15 分钟”（15 minutes of fame）就被用来指个体或现象依靠媒体短暂地出名。“序幕的尾声”是丘吉尔于 1942 年 11 月 10 日在伦敦庆祝阿拉曼战役胜利时发表的演讲，意在警醒民众战争远未结束。原话是：“这不是尾声，甚至都不是尾声的序幕。但这，也许是序幕的尾声。”——译注

事实上，“巨人的肩膀”有如此有趣深厚的渊源，以至于伟大的科学社会学家，罗伯特·莫顿（Robert K. Merton），写了现代学术中最机智也是最深刻的作品之一，用一整本书讨论前牛顿时代对这一形象的运用——《在巨人的肩膀上》（*On the Shoulders of Giants*, New York, Free Press, 1965）。莫顿将这一描述至少追溯到了12世纪沙特尔大教堂（Cathedral of Chartres）南耳堂的尖顶窗上，那里《新约》福音的四位作者坐在四位伟大的、被刻画成巨人的《旧约》先知（以赛亚、耶利米、以西结和但以理）的肩膀上，看上去像侏儒一样。为了表明这一形象的历史可以多么丰富、多么挑剔、多么富有争议、多么细致入微以及多么微妙，莫顿用了博学且仅巧妙地轻微干涉的几章来描绘学者之间似乎永无止境的争吵：因坐在古人肩膀上而看得更远的现代人必须被刻画成侏儒（像在沙特尔教堂一样）——以便尊重文艺复兴认为古人更优越的信念，尽管我们同时肯定知识的增长——还是现代人可以被设想为与古人一样高大。（一些善良的人甚至会认为，全尺寸的现代人肯定会令衰弱无力的古人不堪重负，即便仅仅为了减轻可怜的柏拉图与以赛亚的负担，也必须为现代人选择侏儒形象。）

为了表明这种争吵可以延伸到多远，我将引用当时最令人愉快
72 的文献之一——莫顿和我都乐意拯救这篇文章使它免于被遗忘，因它不应被遗忘。其作者是乔治·黑克韦尔（George Hakewill, 1578—1649），萨里郡的会吏总（Archdeacon of Surrey）[①]，因此是位神学家而非科学家，他证明了17世纪的这一争论并未使科学与宗教对立。

① 萨里，英格兰东南部郡。会吏总，安立甘宗中地位仅次于主教的牧师，职责是协助主教监督其他牧师。——译注

他这篇文章是为1628年剑桥毕业典礼上的官方哲学论辩而写的，在这篇出类拔萃的论文中，他充满激情地为厚今派的信念辩护。黑克韦尔狠狠驳斥了一个庸常的悲观信念，即认为整个宇宙，从星球的历史到地形地理，再到文明的年表，都在无情地走向持续的衰败和腐烂，是一个必定很快就会以地球毁灭为终结的过程。与此相反，黑克韦尔论证，物质的历史（physical history）一直是稳定的，或者正从初始的令人苦恼的混乱中平静下来，而文明年表的特征是知识、道德和感性都在持续不断地进步，就像厚今派反驳古代智慧更优越的主张一样。

黑克韦尔遵循其同时代人对长题名的偏好，将他的文章命名为“上帝统治世界之权力与天命的辩护书或宣示书。通过考察并谴责自然不断且普遍衰败这一常见错误”（*An Apologie or Declaration of the Power and Providence of God in the Government of the World. Consisting in an Examination and Censure of the Common Error Touching Nature's Perpetual and Universal Decay*）。这本书最初无疑获得了一些喝彩。弥尔顿（John Milton）在剑桥辩论期间为宣传此书作了拉丁文六步格诗，塞缪尔·佩皮斯（Samuel Pepys）在提到这本书时说：“我刚开始读了一点，的确对世界完全不是在衰老这一说法相当满意。”

黑克韦尔充满激情的论证以一种清晰且有说服力的顺序展开。他首先摒弃了所有宣称宇宙或地球正经历物质衰败的主张。接着他用最强有力的证据证明人类历史上的进步：关于物理现象和有机现象的经验知识的累积——换句话说，就是我们现在所称的科学认识的改进。黑克韦尔甚至敢于批评希腊和罗马的最高标准亚里士多德和普林尼：

“几乎可以肯定的是，即使亚里士多德自己和普林尼在许多事情上也是无知的，并且写了许多不仅不确定而且现在被确信为明显错误或荒谬的东西。”

黑克韦尔接着开始他最困难的任务，论证不仅纯事实信息有较明显的累积特性，而且礼仪和道德也随时间获得了改善，与所设想的希腊罗马社会的文雅相比，现代欧洲才是公正的典范。这篇文章有许
73 多章节，它们的题目很好地体现了黑克韦尔的整体论点和他文笔的力量。他尤其强调罗马的奢靡：“关于他们经常举行的漫长宴会和呕吐惯例[①]，甚至女性也如此，以及一次宴会中的菜品数量，和他们所用几种餐具的罕见与昂贵。”“他们的骄奢不仅体现在他们对食物非常讲究，而且体现在他们非常贪食，大吃大喝，就他们中的一些人一顿饭会吞下多少食物而言。”“关于罗马在服饰方面的过分奢侈。他们在护理身体尤其头发方面多么女人气。”

黑克韦尔的文章是极为有趣的，内容涉及弑婴、活人献祭和来库古（Lycurgus）立法，后者通常被认为是（但可能是虚构的）公元前7世纪斯巴达习俗的奠基者：

> 他还颁布了其他有利于或会促进各种色欲和肉欲的法律，并且是最坏的那种，因此或许可以公正地说，他使他的整个国家变得比妓院还糟。他规定每年都要举行数次这样的活动：裸体的男孩和女孩当着年轻男性及年长男性的面，公开进行摔跤、跳舞和其他运动。任何人都可以

---

① 罗马宫廷的宴会可长达三四天，只要皇帝没有命令退席就得一直吃吃喝喝，为此宫廷设有“呕吐室”，供吃饱的宾客呕吐以便继续参与宴会。——译注

轻易判断出，这对其公民的思想和举止会造成什么影响。

不过回到巨人的肩膀这一话题上，黑克韦尔十分肯定地说，我们不能将任何假定的古代方式的优越性归因于自然内在的衰败，而只能归咎于现代人不太好但明显可以纠正的习性："至于学习和知识，如果我们缺乏古人所拥有的，我们无需将之归咎于自然的衰败；我们在这些方面自身的放纵、懒惰和疏忽，将足以免去自然的罪名，并公正地将罪名加之于我们自身。"黑克韦尔接着引用了16世纪西班牙学者胡安·路易斯·维瓦斯（Juan Luis Vives）的话，坚决反对将现代人刻画为坐在古代巨人肩膀上的侏儒这一有礼貌的、充满外交意味的传统。在将维瓦斯的拉丁文叙述译为英文时（在牛顿引用同一意象的50年前），黑克韦尔坚称，我们和古人同样大小：

> 将我们比作侏儒，而将古人比作巨人，这样的比拟错误且不切实
> 际，但有些人却当作是极机智、极恰当的。然而，我们与古人体格相同，
> 只是我们被他们累积的财富举高了一些——条件是我们像他们一样好 74
> 学、谨慎、热爱真理：如果缺乏这些要素，那么我们不是侏儒，也没有
> 站在巨人肩上，而是体格健全的人爬行在地上。

我将17世纪这场著名的古今之争描绘为科学革命出生时的阵痛（至少部分是），以及一种理解此时新生科学家与树大根深的人文学者之间不可避免出现的互相怀疑的方式，这一不信任本应在很久以前消散，却不幸地持续到今天，成为留给我们的遗产。我乐于坦承这样

描绘的主要目的，即，我想表明这一奠基性辩论的复杂性和多面性，这样我们就不会将现代科学的诞生及之后的历史概念化为一场两个明确敌手之间的战争，清晰地二分为教条、墨守成规的人文学者与新发现之力量的对抗，前者死守着古代堡垒，徒劳无功地抵抗着自由探索之捍卫者的进步进攻。首先，从来不曾存在互相的憎恶；几乎所有的科学革命奠基者都尊重（并自由地引用）伟大的古典作品。他们也相信（并证明）知识可以通过在这些可敬的基础上添砖加瓦而进步——这正是培根悖论，以及尤其是牛顿将古代描绘为由智识巨人支撑的牢固基础这一可敬形象的要点所在。其次，我们或许可明确要求古今之争中有相对的两方，但学科归属的记分卡并不能确定这场特殊游戏的参与者各属于哪一队。尤其是，厚今派的队伍中不仅包括新科学学者，而且也囊括了许多来自文学和其他人文行业的著名知识分子，包括神学家黑克韦尔。

最后再举一个例子来说明厚今派队伍中的学科交叉混杂性。为了避免囿于英语民族的狭隘，我们将越过英吉利海峡（所谓的古今之争同时发生在英国和法国，且同等激烈），来看一个卓越的法国家庭的故事。这个故事将在它自己的小宇宙内阻止任何想要将这一重要的历史事件视为科学与人文学科之间二分战争的诱惑。如果后来的革命箴言“自由、平等、博爱”可以被恰当地用于任何最小三人组，那么我
75 提名佩罗（Perrault）兄弟作为所有三种美德的典范——最后一种美德是由于血缘纽带，超乎他们的选择之外，但前两种则是因为他们自己取得的辉煌成就。他们还有一位兄弟是著名的神学家，不过我在此的叙述并不涉及这位支持者。

克劳德·佩罗（Claude Perrault, 1613—1688）是几兄弟中最有名的科学家，后来成为其同行广阔的烈士队伍中的一员——这支队伍最初由最杰出的古人之一、可敬的普林尼开创，他在公元 79 年的维苏威火山爆发中牺牲。不过克劳德·佩罗的牺牲方式比较奇特，很难唤起惯常的战死沙场的英雄形象：他在 75 岁时，因解剖骆驼感染了一种疾病而去世。克劳德多才多艺，曾任职于一个在路易十四领导下重新设计了卢浮宫东立面的委员会。不过他的主要声名，源自他在医学方面的训练，在于他构想并执掌多年的一个宏大的动物学计划：在巴黎皇家科学院（Royal Academy of Sciences of Paris）内设立一个专家委员会，以无比认真、严格的客观程序来解剖、描述主要的脊椎动物形态——尤其是，解剖时要有几位娴熟的生物学家同时在场，可以就他们的结果达成一致意见；此外，他们会观察几个标本（如果有的话），而不是假定单一个体必定代表了其类型的所有普遍特征（见图 17 和图 18，前者是其书的扉页，后者是书中的一幅插图，这种插图模式受到经典的启发）。

他们合作的结晶以匿名形式出版，以强调该计划的合作性和客观性。我所收藏的一本 1702 年的英译版有一个华丽的长长的题名：《动物志，包括对巴黎皇家科学院解剖的几种造物的解剖描述，其中各部分的构造、组织和真正用途都以准确精美的铜版图展示，整本书富含许多有趣的实体评论和同样有用的解剖评论，是该学院最重要的著述之一》（*The Natural History of Animals, Containing the Anatomical Description of Several Creatures Dissected by the Royal Academy of Sciences of Paris, Wherein the Construction, Fabric, and Genuine Use*

MEMOIRES
for a
Natural History
of
ANIMALS
Being the Anatomical Descriptions of several
Animals Dissected by the
Royal Academy
at
PARIS,
Englished
Quæ, Natura Sagax, Secretis abdidit Extis
Hac Ope divina, verus disquirit Aruspex.

图 17

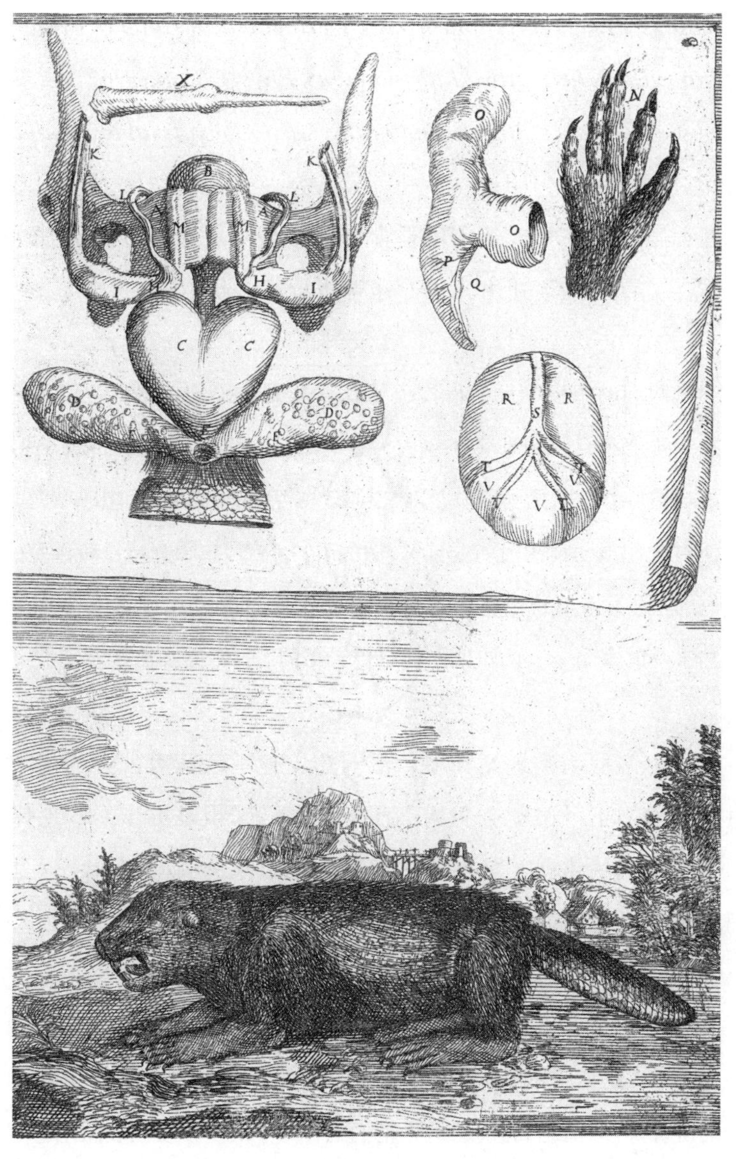

图 18

of the Parts Are Exactly and Finely Delineated in Copper Plates, and the Whole Enriched with Many Curious Physical and No Less Useful Anatomical Remarks, Being One of the Most Considerable Productions of That Academy）。

在前言中，在为成长中的科学革命整理一种最优方法论时，佩罗大大赞美了重复观察并由几位专家客观证实的优点：

> 我们的报告中最值得称道的是其毫无瑕疵的证据，它们具有确定的、被普遍认可的真实性。因为它们不是一个人私下的工作；那样他可
> 78 能会被自身的意见劝服，很难察觉那些否定他的最初设想的东西，因为他对这些最初设想有着每个人看待自己孩子时的所有盲目和喜爱……我们的报告仅包含已由整个学会验证的事实，学会成员都有一双能看懂这些事物的眼睛……正如他们都有更灵巧的手，能更好地探索它们。

接着，佩罗明确地站在厚今派一边：他承认他对古人的尊敬，但同时肯定他们不可避免会犯错，而现代科学知识是进步的，现代人有权利改正他们的错误，从而推进这项数代以来的共同事业，这是向前辈们致敬的最正确方式：

> 我们只自称解答了我们推进的一些事实，这些事实是我们借以战胜伟大古人之权威的唯一力量；鉴于我们在提到他们时总会满怀他们应得的所有尊重，我们的确承认，他们的作品中之所以会发现缺陷，仅仅是因为不可能找到任何已臻完美的东西……那些不信任自己的理解力且总

> 是依据偏见来判断事物价值的人认为，我们之所以应当尊重古人的作品，仅仅是因为我们认为它们是由伟大的人物做出的，而不是因为我们知道它们哪些地方做得好哪些地方做得不好；但我们认为，较之于上述这种做法，通过表明我们在古人的作品中发现了一些小小的错误，我们实际上给予古人的功绩更大的荣耀。

让我引用我在科学文献中读到的最不谦虚的一段话作为克劳德生物学的一个有趣注脚，并以此证明古人的神秘性仍继续对最坚定的厚今派施以影响。在前言的最后一段，克劳德·佩罗按照习俗近乎必然地赞美了伟大的法兰西君主，太阳王路易十四，他下令用他的钱赞助该委员会解剖脊椎动物的工作。佩罗颂扬路易十四，将他比作亚历山大大帝。但为什么要将这位坐拥稳定王国的年迈君主，与一个四处
征战、征服了半个世界并在如此年轻时暴死的漫游战士相提并论呢？ 79
片刻思考后我们就会明白克劳德这个古怪选择的原因了。谁曾在亚历山大年幼时担任他的私人教师？正是亚里士多德本人。因此，正如文本证据暗示的那样，克劳德选择亚历山大很可能主要不是为了路易十四，而是为了将他自己的科学工作与亚里士多德的工作相比！

> 因此，我们写下这些研究报告，是希望它们能为博物学添砖加瓦，使它不会辜负有史以来最伟大的国王；如果要在这方面与亚历山大匹敌——他在所有其他方面都比得上且超越了他——他需要一个像亚里士多德那样伟大的人；国王陛下已留心弥补这一缺憾，通过为这一事业［即解剖动物并写作本书］选拔足够多的才士，并下令以绝对的精确来

> 进行。他的关怀或许将使这一根据他的命令而完成的工作不逊于为亚历山大所做的。

第二位佩罗兄弟，皮埃尔·佩罗（Pierre Perrault, 1611—1680），他的主职并非科学，而是先后在法律和公职领域度过了成功的职业生涯。不过，他的确写了一篇伟大且长久不衰的科学文献，由此建立了现代水文学，并且在一种极其重要的意义上，引入了机械世界观的一个关键命题以取代一种旧式思考风格，而这种旧式思考风格可能比其他任何普遍信念都更能象征当时正处于科学革命猛烈攻击之下的古人关于物质实在的概念。在1674年的著作《泉水的起源》(*De l'origine des fontaines*)中，皮埃尔提倡厚今派的机械因果观，反对可追溯至古典时代并受到宗教权威支持的文艺复兴信念，即，地球作为世界中的大宇宙和中心体，可以在形式和行为上被比作人体的小宇宙。(比如，达·芬奇关于地形和水文的地质学和地理学著作就含有这种观点——参见Gould, *Leonardo's Mountain of Clamp and the Diet of Worms*, 1998。)

在这个古老的比喻中，人体的骨骼、血液、呼吸和内热——代表着古希腊四元素：土、水、气和火——分别在我们星球的岩石、溪
80 流、大气和火山热中找到了它们的对应物。此外，正如这些元素在人体内循环，从而使生命体维持在稳定状态一样，它们的地球对应物必定也在这个星球内循环，后者也(因此)被理解为一个有机的、自我维持的物体。在这个概念下，汇聚成溪流从高山流向大海的降水，必定接着通过地下通道(或其他某种内在系统)上升到山顶，从而重复它们的降落并维持这一循环。在占统治地位的小宇宙、大宇宙类比

下，另一种“明显”可能的、今天我们都理解并当作是事实的循环方式，即水从海里通过蒸发、降雨回到山上，并不能满足要求甚至也不会被构想出来，因为人体的血液是通过内部通道流通的，地球上的水必定也是以相似的方式运行。

达·芬奇和其他人知道蒸发和降雨，但他们认为水的这一来源太微不足道了，完全不足以补充山涧溪流（因此它们肯定是从类似人类血管的内部管道中抽水补充的）。皮埃尔则提供了塞纳河的相关测量数据，证明雨水的确足以补给所有河流，而无须寻求依赖内部通道，从而为自己在科学史上争得了虽小却永久的一席之地。这样，蒸发和降水的已知且可测量的机械力战胜了那个滋养了人类信念（而非地球）数世纪的有机类比。

不过，我认为佩罗家的第三位也是最著名的兄弟，夏尔·佩罗（Charles Perrault, 1628—1703），最好地体现了这场大辩论中厚今派支持者中的基督教普世主义（ecumenicism），尤其是科学家与人文学者的忠诚（allegiance）——狐狸的各种不同技能通过最深的纽带（在这个例子中是血缘自身）联合起来，以确保刺猬实现那个伟大目标：度过卓越的、经过审视的一生。夏尔是这个杰出家族中首要的文学之光，是法兰西学院（Académie Française）的一个重要人物，也是他那个时代最著名的文人之一。我们今天记得他主要是因为——为什么不可以呢？——他是《鹅妈妈的故事》（*Contes de ma mère l'oye*）一书的作者，这是他于1697年为儿童写作的一部故事集。但在他那个时代，夏尔却是因为在激烈的、主要在文坛和庄严的法兰西学院展开的法国版古今之争中有力地为厚今派辩护而知名。

正如《大英百科全书》(*Encyclopaedia Britannica*)中简洁记载的那样:“1671年,他入选法兰西学院,学院很快就因所谓的古今之
81 争而产生严重分裂。夏尔支持厚今派观点,认为随着文明进步,文学也随之发展,因此古代文学不可避免地比现代文学更粗糙、更芜杂。”在1687年的诗作《路易大帝的时代》(“Le Siècle de Louis le Grand”)中,夏尔明确地称赞他的同事莫里哀(Molière)是文辞优美、文采斐然的典范,其水准是古代作家没有也无法达到的。

这样,从因解剖骆驼而消逝(却又因致命牺牲而永生)的生命,到雨水对河流的补给,再到我们天然猎奇心理中睡美人的大觉醒,这三兄弟跨越了科学和人文学科的全部领域,以同等的友爱发声支持厚今派向前进而非总是向后看的自由。

四个连续阶段中的二分危险

从有记载的人类反思以来,我们最好的哲学家就已经指出并且经常哀叹,我们人类总是强烈倾向于将任何复杂问题构造为两个敌对阵营之间的战争。比如,在大约公元200年时,第欧根尼·拉尔修(Diogenes Laertius)就引用过其著名前辈、公元前5世纪的普罗泰戈拉(Protagoras)的一句格言,一句据称已有700年历史的话:“每个问题都有两面,这两面完全对立。”我们对科学的历史和社会影响的标准概括一直遵循这一备受青睐的二分思维框架——其中科学与人文学科之间的关系是本书重点关注的特殊例子——尽管敌对双方所选择的名字和所阐明的目标一直随着学术领域反复无常的时尚之风和不断发展的规范而改变。在第一部分,我列出了这一想象中的科学目标

与人文学科和社会传统的相反信仰和实践之间二分的几个连续版本。在这部分，我将回到假定存在于这场幻影战争中的四个战场上，进一步尝试着揭露并理解将我们的类别分为相互对立的两方这一错误、有害且根深蒂固的习惯（而不是通过结合狐狸与刺猬的手段寻求“合众为一”的优势）。

我认为人类这一明显不可避免的二分习性——在我看来，这是我们最初制造出科学与人文对立这一模型的唯一原因——太普遍、太强 82
有力了，而不能认为它仅仅是一种只在特定时代受到特定文化类型青睐的社会传统。我也怀疑有谁会将我们对二分法的偏好归因于自然的客观真实——就好像我们命名平等但对立的两半的策略，体现了划分大部分种类的客观自然现象的一种内在“正确”的排列原则一样。当然，我不否认，我们生活中的一些公认基本的方面暗示它们可以被自然地解析为对比鲜明的两块，尽管我们也很好地认识到在其边界处有一些模糊不清——日与夜、男和女，它们分别是我们对外部和内部秩序的最初二分。（埃德蒙·伯克〔Edmund Burke, 1729—1797〕，这位伟大的英国政治家及美国革命的支持者，尽管他的人生观大体上保守，却讽刺地评论，虽然没人能在光明和黑暗之间画一条明确的界线——因为黎明和黄昏都是短暂的中间区——但它们还是差不多可区分的。）

不过，当我们考虑到同样广阔、同样基础的生活各方面的总体时，我们就无法为二分辩护，将它看作是一种自然的客观秩序原则。的确，宇宙“事物”给我们感官留下的印象常常是复杂荫蔽（shaded）的连续体，尽管不可否认，沿途有快有慢，有大步也有小步。自然并没有为人类的分类立下二分、三分、四分或任何“客观的”基石；我们所选择的框架中的大部分，和我们指定的类别数量中的大部分，都记录的是人类在自身心智能力的灵活性容许下，从各地自然差异所提供的丰富可能性中做出的选择。一年包含了多少个季节（如果我们愿意按季节来划分的话）？我们应当在人的一生中识别出多少个阶段？

我强烈怀疑，我们对二分法的偏好深深植根于我们的基本心理架构中，作为人类大脑的一项演化特性——但不是作为一项独特的适应特性，至少在我们历史的这一时刻不是。克劳德·列维－斯特劳斯（Claude Levi-Strauss）和他的法国结构主义学派是在这样的前提下发展他们关于人类本性和社会史的理论的：我们已演化出了对二分分类的一种内在偏好，作为我们理清自然和文化复杂性的基本认知工具。我们可能是从雄对雌、夜对日这些经验上可辩护的划分开始的。但接着我们将这些具体的例子扩展到更大且更主观的一般情形中，比
83 如自然对文化（列维－斯特劳斯名作中的“生与熟”），或者精神对物质（哲学二元论中），或者美对崇高（伯克的美学理论中）；由此，颇为悲剧地进入道德评价，带来革出教门、有时候甚至是战争和大规模的破坏这样的后果。当我们用有意识的评判——这也是我们物种演化得来的另外一项独一无二的（且常常是危险的）特性——来加固根据外表做出的简单划分时，我们就将一种形式上的二分转变为好与坏的道德区分；而随着好与坏进一步强化成为必定胜利的上帝与已被架上火刑台的恶魔，这一转变就会轻易滑入政治悲剧甚至是种族灭绝的深渊。

我们可以猜测这样一种强烈的二分倾向可能的演化基础。我相当

怀疑这一内在倾向只不过代表了大脑演化过程中留下的“包袱”：最初的大脑简单得多，其构造只为快速做出决定，打或逃，睡或醒，结成配偶或继续等待——在一个由无意识动物构成的达尔文式世界中，所有这些决定都关系重大。或许我们从未能超越一种为触发简单二分而建立的策略的运作机制，因而不得不在这样一种有偏见的、不够好的思维基底上构建我们更大的复杂性。

我们总是选用二分框架来描绘学术生活中永无休止的斗争，我坦率地承认我对于这一做法的谬误（有时甚至是邪恶）总是感到消极且有些愤世嫉俗——这些斗争中表现出的狂妄自大、自命不凡的敌意总是如此愚蠢，尤其是当诚实的时刻迫使我们承认，影响所表露情绪之激烈程度的往往是公共认可的程度和对停车位的差别使用权，而非严肃的智识内容问题。若在这个问题丰富的历史过往下看待它，驳斥科学与人文学科之间有着“天然的”、内在的冲突这一观念的最有力论证很可能取决于这一独特情形，即这一设想的斗争的连续四个回合中，没有一个片段为真实的二分对立提供了任何像样的证据，相反，它们阐明了我们在学科分类时存在极大的复杂性、人为性、偶然性，以及不断转移的忠诚。因此，如果“科学”与“人文学科”不能被理解为因真实持久的智识差异而被困在相当持续的斗争中的两个充分稳定的实体，那么我怀疑我们关于它们持续冲突的强烈印象，只不过记录了我们将虚假的二分模型过分简单地强加在了一个完全不同且微妙得多的故事上，而这本该是一个在误解和偶尔冲突的情形（甚至时 84
期）之中进行实质且富有成果的交互的故事。

1. 17 和 18 世纪的崇古派与厚今派。我已经相当详细地讨论了有许多科学革命的早期领袖支持厚今派的事业，他们肯定通过观察和实验获得的新知识的力量，不赞成文艺复兴恢复古人的智慧作为智识增长的最好秘诀的倾向——这一论点尤其体现在培根的悖论和牛顿的格言中。但是著名的古今之争不能被解读为一种二分斗争，可以用科学家（厚今派）对人文学者（崇古派）这样的图谱来完全充分地替代，也就是，作为科学与人文学科漫长的持续冲突中的一场起始小冲突。正如前文几次指出的那样，这一过分简化的双重二分以任何合理标准来评判都是站不住脚的。第一，西方历史上的许多最伟大的博物学家，尤其是在 15、16 世纪文艺复兴全盛期，都遵循崇古派的路线，强调将关于有机体的现代知识与亚里士多德和普林尼的明显优越但未被完整保存的洞见相关联。格斯纳与阿尔德罗万迪，这两位后来在科学革命中成为 17 世纪经验主义者的“替罪羔羊”（见本书第 39—47 页格鲁和雷的评论）的学者，就作为崇古派的同盟和卓越的博物学家占据了一流地位。

第二，几乎所有的科学革命领袖，按照当时的一般观念都算是接受过良好教育的人，他们都学过标准的拉丁语和希腊语文集，并且都尊崇（并自由地引用）这些作品，甚至在他们为厚今派的观察方法辩护时。第三，传统古今之争的核心并不在于新科学方法能获得此前难以获得的知识这一论点。相反，崇古派的支持者们提出了不同的、更微妙的论证：他们认为，科学可以恰当地坚称有许多新发现，但这并不等同于说，现代的写作形式必定也超越了古代的文风，因为按照一项普遍原则，一切事物都随时间而改进。事实上，这些博学的古人已恰当地区分了科学与更为主观的文体风格领域，前者具有累积特征，但并没有相似的基础可以使我们相信后者也在改进。

毕竟，古今之争的核心在于文学之争，而非科学与人文学科之间
的竞争。《大英百科全书》的相关文章指出，厚今派学者或许占了科 85
学成功的便宜，据此类推以支持他们的人文主义主张，但基本的斗争
并未使科学与人文学科针锋相对：

> “崇古派”坚持称，希腊罗马的古典文献是唯一的优秀文学典范；“厚今派”则挑战古典作家们的至高地位。近代科学的崛起诱使一些法国知识分子想当然地认为，如果笛卡尔已经超越了古代科学，那么也就有可能超越其他古代艺术。对古人的最初攻击来自笛卡尔信徒的圈子，为了捍卫一些大体上基于基督教而非古典神话的史诗……最终两个主要问题浮现了：文学是否像科学一样从古至今是进步的［注意双方都认同纯粹的科学进步］，以及，如果是进步的，那么是线性的还是循环的。

2. 科学与宗教的战争：一项 19 世纪的发明。崇古派与厚今派之间“书的战争”，曾被错误地解读为试图压制现代科学的初期发展，现在早已从公众的记忆中逝去了，也不再有明显的影响。但前进中的科学与学术或社会传统的镇压力量之间这场虚假的二分战争中的第二场，仍持续地对流行文化施加强烈的、有害的影响—— 19 世纪末的一项提议称，科学与宗教之间的一场“战争”为西方世界的历史变革提供了首要动力。（至少我可以肯定，就个人而言，我们这一代人少年时期在公立学校学的就是这个模型，尽管我那些在教区学校的伙伴

们可能接受的是不同的教育。）

泛泛而言，这一颇有影响的模型的起源可以追溯至19世纪末理性主义思潮中的一次强劲的反教权运动，更具体地，可以追溯至19世纪出版史上两个最为成功的故事，尽管这两本书有着完全不同的目标（上文曾提到过，见本书第29页）。1874年，医生兼业余史学家德雷珀（J. W. Draper）出版了他的《科学与宗教冲突史》（*History*
86 *of the Conflict Between Science and Religion*）。[*]一代人之后，安德鲁·狄克森·怀特（Andrew Dickson White），康奈尔大学的第一任校长，于1896年出版了他的两卷本权威著作《基督教世界的科学与神学战争史》（*A History of the Warfare of Science with Theology in Christendom*）。

德雷珀是作为一个信奉新教的“老派美国人”（old American）写这本书的，在写作时遵循了美国偏见史上的一种可悲的传统，即，惧怕天主教的影响，尤其惧怕当时大部分美国天主教徒的外来移民和无产者身份。他的书，不过是一本充满抨击谩骂的反天主教之书，在

---

* 作为历史的一个古怪注脚，德雷珀先生（当时十分有影响，现在已大体被遗忘）曾在1860年的一个尤其引人注目的时刻出现在演化生物学的世界。我们都知道1859年T. H. 赫胥黎与牛津主教塞缪尔·威尔伯福斯（Samuel Wilberforce，亦被称为“圆滑的山姆”）就达尔文的异端邪说进行辩论的著名故事——尽管我们通常是以一种虚构的形式讲述这一故事，将它作为前进中的科学在与宗教的二分战争中获得的又一个胜利。（确实，保守的威尔伯福斯对演化论并无好感，但许多自由派神学家可算是达尔文最坚定的支持者。）这场对抗常常被描述为两方之间计划好的、正式的辩论。事实上它是一场自发的争论（即使不是完全出乎预料的，考虑到所卷入的人物和他们各自预期的参与），发生于德雷珀在英国科学促进会年会上发表正式演讲之后的讨论期间。德雷珀的演讲题目是“在达尔文先生的观点下思考欧洲的智识发展”（“The Intellectual Development of Europe Considered with Reference to the Views of Mr. Darwin”）。

其中论证新教的自由精神可以与极为有益且无论如何都不可避免的科学的进步和平共处，而教条的天主教达不到这样的和解，因此应当被取代或击溃。

德雷珀十分明确地表达了这一二分对立的论点：

> 因此，真实的情况就是，罗马基督教与科学各自的拥护者都认为，它们绝对无法相容；它们不能共存；一方必须屈服于另一方；人类必须做出选择——二者不可兼得。

怀特则完全相反，在他的书中，他既是科学的朋友，同时也非常支持宗教有其恰当的精神和领域。怀特创建康奈尔大学时对它的定位是非宗派大学，但这受到当地许多牧师的反对，他们无法容忍自己的地盘上出现一所自由的高等教育机构，怀特为此备受困扰。这位热诚 87
的、主张基督教不同教派大联合的有神论者，因此写了这本书来劝说他的同伴们，科学的前进有益且势不可当，这并不会给真正的宗教带来威胁，而只会破除教条和迷信。怀特的这段论述非常有名：

> 在整个现代史上，为了想象中的宗教的利益干涉科学，无论此种干涉可能曾是多么尽责、谨慎，最终的结果都是给宗教和科学带来极为悲惨的不幸……而另一方面，所有未受阻碍的科学探索，无论它的某些阶段在当时看起来可能对宗教多么危险，最后总是给宗教和科学两者都带来至善。

这一科学与宗教相冲突的模型——它显然是对科学与人文领域相冲突这一西方智识史的错误二分的最强大模拟——在两种可能的理由上都不成立：作为一对逻辑上可辩护的对立，以及作为一种精确的历史描述。我在《万古磐石》一书中已经对此做了总体论证，这本书表达的是绝大多数职业科学家和神学家的共识，并非是我的原创构想。用最简短的总结来说就是，由于科学和宗教所处理的是人类生活中如此不同（且同等重要）的方面，因此它们在逻辑上并不存在二分对立——我称这一原则为“诺玛原则”（NOMA），即科学和宗教享有“非重叠的权力领域”（non-overlapping magisteria, noma），或者说，非重叠的教导职权（teaching authorities）。科学试图记录并说明自然界的事实特性，而宗教所处理的则是关乎我们生命之意义与恰当品行的精神问题和伦理问题。自然的事实根本不能指示正确的道德行为或精神意义。

科学与宗教争战的模型作为对历史的描述同样是站不住脚的。首先，没有人能论证说这一模型符合17世纪科学革命的奠基者们，因为这些伟人诚挚的宗教信念几乎不容置疑（真正的无神论在当时的学者之间一点都不受欢迎）。至多，人们或许对笛卡尔私下的态度心存怀疑，因为他很少提及上帝，即便有也很形式化（尽管这并不一定能说明他不虔诚）。但我想不出还有哪位17世纪的顶尖科学
88 家，曾在他的一生或作品中对神学信仰的力量和重要性表达过一丁点怀疑。

正如许多学者用文献证明的那样，所谓的科学与宗教之战的标准情节要么是被极大扭曲的，要么是完全虚构的。比如，历史学家拉塞

尔（J. B. Russell）用了《发明扁平地球》（*Inventing the Flat Earth*, Praeger, 1991）一整本书来表明，德雷珀、怀特以及“战争”模型的其他构建者们如何简单地发明了哥伦布作为一个精通科学的航海家，与那些坚称他将从扁平地球的边缘坠落的宗教权威进行英勇斗争的老故事。事实上，基督教的共识从未摒弃或挑战古希腊罗马对地球是球形的认识。哥伦布的确在萨拉曼卡（Salamanca）和其他地方与牧师们进行了著名的辩论，但没有人质疑地球是圆的。（质问他的人穿着牧师袍，是因为当时大部分的西班牙学者都是由教会培训、任命、雇用的，他的对手包括当时当地最好的天文学家和地理学家。）此外，他的质问者们是正确的，而哥伦布完全错了。辩论双方争辩的是地球的直径，不是它的形状。如他的神职批评者们所正确证明的那样，哥伦布大大低估了地球的尺寸，因此本不可能通过向西航行到达西印度群岛（the Indies）。哥伦布幸运地赢得了永久的声名，仅仅是因为在近便的半途处横亘着一大片先前未知的陆地。（由于哥伦布的错误，北美土著获得了“印第安人”〔Indians〕这一称呼。）

即使伽利略于1633年被迫改变论调的经典故事，也无法作为科学与信仰之战中的一个片段而站住脚。在我的书中，乌尔班八世仍然是个反面人物，伽利略也仍然是个英雄，但伽利略同时也是一个极其缺乏外交策略的莽夫，为自己带来了不必要的麻烦。毕竟，他获得了一份官方许可来出版他那本论托勒密对哥白尼的书。教会当局仅仅要求他“公正地”呈现两方的争论，将日心说描绘为一种数学假说而非一种经验真理——这是一番仍将使哥白尼占上风的“客套话”。如果伽利略这样做了，那么哥白尼的观点将通过其更出色的论证本身而获胜。然而，伽利略克制不住他想要嘲弄托勒密一方的欲望，将书中为这一方辩护的角色命名为“辛普利丘”（Simplicio，意为“简单”），并为他准备了与他的名字一样“智慧”的论证。没有什么庞大的“教会势力”谴责伽利略，教会科学家中的重要骨干大都哀叹——如果说
89 不得不默默地哀叹——这位可敬同事的命运，他们都清楚他是秉实直言，并无反宗教的意图。（参见《朝臣伽利略》〔*Galileo, Courtier*, by Mario Biagioli, University of Chicago Press, 1993〕，这本书就伽利略事件提供了一种更微妙的观点。）

19 世纪末战争模型的形成直接起源于当时周围的偶然事件——包括达尔文理论对传统的人类起源观的深层挑战，和占据着教皇宝座、越来越尖刻且极度保守的皮奥·诺诺（Pio Nono，也就是教皇皮乌斯九世〔Pope Pius IX〕，他在我的英雄榜上并无一席之地，不过我认为他是 19 世纪最令人着迷的人物之一）——而非源于二分模型依据达尔文学说的挑战获得了任何更大的有效性。因此，对它的揭露一直持续到我们当下，我们时代最著名、最具猜想性的科学与宗教斗争的例子——即，《圣经》直译者们试图禁止或削弱在美国公立学校中传授演化论——在任何公正或精确的论述中都不能被如此描绘。大部分职业神学家，包括过去 50 年中的教皇——从保守的皮乌斯十二世（Pius XII）到约翰·保罗二世（John Paul II）——都在声明中多次明确表态，支持演化论的事实性，并认识到经验主义的自然没有哪方面可以挑战宗教在科学的逻辑和权威之外的伦理和精神领域的合法角色。相反，与演化论的公开斗争是由为数不多但乐于发声且在地方上有势力的基要主义者进行的，他们宣扬《圣经》的字面真实性——

但可以毫不夸张地说，这并非当前大部分宗教信仰者之间的流行看法。那群在 1980 年代早期成功地组团成为原告挑战阿肯色州的神创论法律（McLean v. Arkansas），由此开启了一系列诉讼，最终带来 1987 年最高法院中胜利的人中，神学家要多于科学家。

3. 冷战时期的两种文化。1959 年，我还是个安提亚克学院（Antioch College）的本科生，沉迷于年轻人幼稚的想象，以为可能除了世界职业棒球大赛（World Series，不过当时它是个让人痛心的话题，因为纽约的三支球队中刚刚有两支为了更光明的前景搬去了加利福尼亚）之外，学术辩论比其他任何形式的竞争都包含着更多令人兴奋的内容和无疑更多的潜在启发。但就在这一年，C. P. 斯诺在剑桥的里德讲座上发表了著名的题为“两种文化”的演讲，他的演讲毫无恶意，回过头来看甚至相当枯燥无味，却开启了其后所有大吵大嚷式学术辩论的先河。这个演讲最初获得了它应得的关注，不过若不是英国最著名、最尖刻的文学评论家 F. R. 李维斯（F. R. Leavis）于 1962 年发起了现代争论史上最激烈的反攻，我怀疑这一构建科学与 90
人文学科二分论中的插曲是否会成为这样一场著名的辩论。（显然，出于某种难以克服的本能，没有人能平静面对如此这般指名道姓、连珠炮似的攻击和贬低，但只要稍微冷静地想想随之而来的关注和潮水般涌来的同情所具有的好处，郁闷也就烟消云散了。斯诺在轻笑着想起《以赛亚书》〔*Isaiah* 1:18〕中的名句时怎能不受益呢：“你们来，我们彼此辩论，耶和华说：你们的罪虽像朱红，必变成雪白。”）

不过后来当美国文学学者莱昂内尔·特里林（Lionel Trilling）于 1962 年发表最有效的批评时，斯诺的境况并不这么好。莱昂内尔故技重施了李维斯的许多猛烈攻击，只不过去掉了曾为斯诺赢得如此多同情的针对人身的部分。回想起我本科时（我于 1963 年离开安提亚克前往哥伦比亚深造）对这场辩论的热情及密切跟进，现在为了写作本书再重读，却只留给我一种失望和无事生非的感觉。

斯诺论证，学术生活已经因为学者们分裂成彼此怀疑、蔑视、互不理解的阵营而撕裂，并称他这一假定的二分阵营的两方是“文学知识分子”对“科学家”（物理学家“最具代表性”）。我相信斯诺所识别出的只是一种英国的地方现象——而且很大程度上是由于傲慢的牛津、剑桥大学的偏狭——并错误地将他的观察提升为一般情形。斯诺在职业生涯之初从事科学，最后成为大学管理层和一位受人尊重的小说家，写了一系列以学术生活迷你剧为主题的书，合名为《陌生人与兄弟》（*Strangers and Brothers*），也就是说，他曾频繁地、专业地在两个世界生活过，当然了解其内部运作。但我忍不住想，他错误地将傲慢死板、大体上属于上层阶级的传统英国文学团体这一特殊类群等同于更广阔、更多样的人文学者群体，并且他未能意识到——即使在陈述这一要点时——英国的教育系统使学生在年纪很小时就进入了学科专业化的轨道，这加重了他们对本学科的狭隘忠诚和对其他领域的忽视，到了西方国家中的极端水平。不过还是听一听斯诺是怎么说的吧，他在“两种文化”演讲一开始就提出了他的论点：

> 我相信整个西方社会的智识生活正越来越分裂成两个极端群体：……一端是文学知识分子，顺便一提，他们喜欢在无人关注时称他
> 91 们自己为“知识分子”，就好像再没有其他知识分子一样。我记得大概在

1930年代的某天，G. H. 哈代［G. H. Hardy，那位伟大的数学家］有些疑惑地对我说："你注意到现在是怎么用'知识分子'这个词了吗？似乎对它有了一个新的定义，显然不包括卢瑟福（Rutherford）或爱丁顿（Eddington）或迪拉克（Dirac）［都是当时的顶尖物理学家］……或我。看上去的确相当奇怪，你也知道。"一端是文学知识分子，另一端是科学家，其中最具代表性的是物理学家。在这两端之间隔着互不理解的鸿沟——有时（尤其是在年轻人之间）是敌意和反感，但首要的是缺乏理解。他们眼中的对方形象是古怪而扭曲的。他们的看法是如此不同，甚至在情感层面他们也找不到多少共同语言。

在我看来，斯诺的论点尽管成功地传播了20世纪最有影响力的科学与人文二分对立的主张，但它有两个致命缺陷。首先，如上文讨论的那样，我相信斯诺错误地将一种英国的地方现象扩展成了全球模式。其次，正如斯诺自己后来认识到的那样，他在论证的核心部分混淆了两个相当不同且互相独立的要点，它们的不连贯严重损害了他整个论证的逻辑。斯诺在他关于科学与文学的论点中加入了政治争论，满怀好意但又带着点英国式家长作风。他认识到富国与穷国之间的不平等是现代生活中最不公、最具煽动性的特征。他的关切在他的脑海中变得如此强烈，以至于他对我们最近的千禧年之交做出了已发表的预测中最糟的预测之一：

贫富之间的不平等已被注意到。它已被穷人最敏锐、最自然地注意到。正因为他们已经注意到了，这种不公就不会持续很久。无论我们所

> 知道的这个世界上的其他什么东西会存续到 2000 年，这种不公将不会。一旦变富的诀窍被了解，正如现在这样，这个世界就不会维持半富半穷的状态。这种状态是不会持续的。

“两种文化”引起的辩论主要源于斯诺论题中这一被遗忘的第二
92 部分，而不是基本主张为科学与人文二分的第一部分。事实上，到了我们这个时代，两部分都已差不多被遗忘了。我大部分的科学同事知道斯诺，很可能也知道他那著名演讲的题目。然而，尽管他的演讲仍有印刷版本，但我几乎不知道近年有谁曾读过这篇短文。在某种意义上，斯诺那引人注意的二分题目太成功了，因此大家都记住了名字，以及那个一句话漫画形象，而忘记了论证并忽视了文本本身。

斯诺论题第二部分所引起的激烈辩论，源于人文学者们合理地感受到，尽管斯诺的好意不可否认，但他无可辩解地简化了发展中国家的贫困问题，并因吹捧他自己的科学同事们是唯一的、药到病除的救世主而给穷人痛上加辱。因为斯诺的确论证说，解决贫困问题只需要为当地充分地训练足够多的科学家和工程师——这是一个简单的技术解决方案，几年之内就能轻松完成。他提到了中国，尽管明智地拒斥了种族主义，但同样过分简单地无视了文化与政治问题：

> 至于完全工业化一个大国的任务，比如在今日的中国，只需要有决心培训足够的科学家、工程师和技术专家。决心，和极少几年。没有证据表明，有哪个国家或种族在科学的可教性上强于其他任何国家或种族：倒是有许多证据表明全都差不多。传统和技术背景看上去出人意料

地无足轻重。

斯诺承认这种专门知识和技术必须从西方进口，他也的确就家长作风发出了一个小小的警告，作为他就社会性困难给出的唯一一个轻微警告。但他接着立即重新陷入天真的乐观主义，并伴随着另一个令人震惊的论述（他的人文同事们如此解读），即认为与其他人相比，科学家们天然具备以一种合作且敏锐的态度与其他人一道工作的能力：

> 有许多欧洲人，从圣弗朗西斯·泽维尔（St. Francis Xavier）到施
> 韦泽（Albert Schweitzer）[1]，高贵但如父亲一般地将他们的生命献给了
> 亚洲和非洲。但这些并非是亚洲人和非洲人现在会欢迎的欧洲人。他们
> 想要那些作为同事一起干活，无所保留地传授知识，可靠地完成技术工 93
> 作，然后离开的欧洲人。幸运的是，这是科学家很容易就具有的态度。
> 他们比大部分人都能免于种族感受，他们自己的文化在其人际关系方面
> 就是民主的。在他们自己的内部氛围中，拂面而来的是人人平等的微风。
> 这就是为什么科学家将在亚非各地对我们有益。

到了 1963 年，斯诺发表了一篇长文重估并修正他关于我们时代科学与人文二分的决定性主张——《两种文化：再回首》（“The Two

① 圣弗朗西斯·泽维尔（1506—1552），罗马天主教传教士、耶稣会创始人之一，曾前往东南亚多国传教，1622 年被封为圣徒。阿尔贝特·施韦泽（1875—1965），法国管风琴师、医生、学者，人道主义者，于 1913 年左右前往非洲服务，1952 年获诺贝尔和平奖。——译注

Cultures: A Second Look”)，这在很大程度上是为了回应李维斯和特里林所掀起的风暴。他对围绕他最初演讲的批评所做的几乎彬彬有礼、有时候带点讽刺、一贯坚定而且完全不琐碎的评论，只因其文体和公正获得了喝彩。我尤其欣赏他那带着揶揄的总结："从一开始，短语'两种文化'就遭到了一些抗议。单词'文化'（单数或复数）被反对；同样，数字'二'也受到反对，只是要有实质内容得多。（我想，还没有人抱怨过其中的定冠词吧。）"

不过，斯诺的许多思考接着从自我辩护走向了承认和自我批评。尤其是——这也是为什么我要在批评二分法时详细地解读斯诺的观点，同时也简单给出了我想要杂合狐狸和刺猬的主要原因——斯诺实际上投降了，并在曾激发了他最初论证的假定上颠倒了立场——他最初假定可以有效地将智识生活二分解析为截然相反的文学与科学阵营（无论他多么谴责这种对立并希望促进其消解或消失）。即便在最初的演讲中，斯诺也感觉到并承认我们出于方便一分为二这一做法的问题：

> 数字 2 是一个非常危险的数字：这就是为什么辩证是个危险的过程。应当带着怀疑审视对任何事物进行二分的尝试。我想了很久对它进行改进：但最后决定放弃。我所寻求的要比一个时髦华丽的比喻多一点，但比一张文化地图少很多：为了这些目的，两种文化的说法大致是恰当的，再过分细分任何一点将弊大于利。

但到了 1963 年，斯诺已重估了这一基础决策及随之而来的模型。

他显然认识到，因为选择了极端案例作为典型，他实际上多么严重地 94
夸大了他的两方：身处上层阶级的牛津剑桥的文人先生们代表所有的人文学者，投身于物理科学中“最硬的”定量和实验研究方法的科学家们代表所有研究事实自然方方面面的人们。这些年，斯诺显然考察了这两个人为的端点之间的广阔区域——不是一个小小的容纳少数怪人的过渡区，而是存在一大片区域，里面有大量学者，他们很可能构成了一个连续体的大多数，这个连续体显然不能被描绘成一个由两端的罕见极端界定的二分体。

此外，我想斯诺现在意识到，尽管较之于二分体，单轴连续体是个更丰富、更真实的模型，但智识生活向太多的方向展开，无论如何都不能被描述成围绕着单轴的。我视这一承认为可敬的投降，是在学术这个特殊的拳击场认输。斯诺的阐述表明，我们大致描绘为“社会科学”的学科或许应当被构想为第三种文化，这就暗示着有第四种、第五种，以及引申开来，将是最初激起所有争议的二分模型的消亡！因此，我视关于斯诺“两种文化”的讨论史为二分法之谬误与危险中的一课（尽管我显然并不否认类似的简化在激发讨论和更好的解决方案上的价值）。斯诺写道：

> 我越来越对这波辩论表面之下涌现的大量智识主张印象深刻，它们自发形成，没有组织，没有任何引导或有意识的导向。这些主张似乎来自各个领域的知识分子——社会史、社会学、人口统计学、政治学、经济学、政治体系研究（government，美国学术意义上的）、心理学、医学，以及诸如建筑学之类的社会艺术。它看起来是个大杂烩：但其实有

> 着内在的一致性。它们都关注人类如何生存或曾经如何生存——并且不是依据传奇，而是事实。我并不是暗示它们彼此意见一致，而是说在对核心问题——比如科学革命中的人文作用，这是整个事件的斗争焦点——的研究路径上，它们至少展现出一种家族相似性。
>
> 我现在明白了，我本应预料到这一点，但我并没有，对此我没有多
> 95 少借口。我人生中的大部分时候都与社会史学家有着紧密的智识联系：他们对我影响很大，他们最近的研究是我许多主张的基石。然而我用了很久才注意到，用我们惯常的表述来说就是，正成为有点像第三种文化的那种事物的发展。如果我没有成为我所接受的英国教养的囚徒，习惯于怀疑除了已建立的知识学科之外的任何事物，仅对那些“硬”科目无保留地熟悉，那我或许会更快注意到这一点。对此我很抱歉。

4. 后现代主义与千禧年的“科学战争”。随着围绕斯诺版本的科学与人文二分对立的辩论逐渐沉寂并进入堆积过时之物的学术冷宫（也就是，它们仍然是编年史的材料，但不是当下的热情所向），一个甚至更一般化并且，如果有什么区别的话，显然火药味更浓的篇章出现了，用美国的俗话来说，就是“老调重弹”。

在本科时期痴迷于斯诺“两种文化”辩论的表观深度之后，随着我的犬儒主义渐长（在更乐观的时日，我会用“智慧”取代“犬儒主义”来描述我的成熟），我逐渐认识到，所有这些二分斗争事件中的大部分严酷强硬的对峙并非源于辩论双方所实际采取的立场，而是源于一方所发明的通过嘲弄来抹黑对方并赢得辩论的极端假想敌。历史由胜利者书写，这不是愤世嫉俗，而是人类事务中的一个古老真实的

原则。并且胜利者们在炽热的辩论场上发明的故意的错误描述往往会持续存在，尽管人类事务中的另一个（且更好的）传统是，宽宏大量应当与胜利随行。

我花了许多年，经历了许多困惑，才认识到这一独特的窍门与修辞。最初我会轻易接受胜利者关于刚被征服的另一立场的神话。接着我查找被征服者的相关资料以求证——但是我从未找到任何哪怕与胜利者夸大的叙说相接近的东西，这种叙说使我方的胜利如此悦耳、如此必然。我并不因此怀疑胜利者的漫画，而是更努力地寻找我方转嫁给敌手的立场。直到很久以后，我才获得了勇气和智识上的成熟去怀疑，然后实际上用更勤勉的研究证明了，胜利者常常将他们对手的观 96
点扭曲至荒谬的极端。

可以的话，我想走进忏悔室，承认我发表的第一篇作品中就有一个尴尬的例子：我写了一篇关于地质学中的均变论的文章，提出了一些我持续引以为豪的新奇论点。但从地质学的第一堂课起，我就学到，19 世纪一场二分辩论中的“坏人”，被称作是（嘘，切）“灾变论者”，是一群反科学的神学辩护者，他们支持全球范围内的阵发性地质变革，因为他们教条地接受了奇迹和《创世记》中的六千年纪年的字面有效性。但是我读啊读，却从未发现对上述说法的一点点肯定。相反，所有重要的灾变论者们似乎都像均变论者们一样同意，地球是古老的。他们也有意避开奇迹，认为它们属于自然法则的过程之外，因此无法提供科学说明。事实上，灾变论者们似乎在论证一个理论上可敬（如果说事实上可疑）的论点，即我们古老地球上的地质动力曾经主要是阵发性的，但是完全自然的——而不是均变论者们所青睐的累积渐变。

但当时我还是个正要发表自己第一篇文章的年轻本科生（Gould, 1965），我完全没有勇气相信自己的发现。因此我继续阅读文献，直到我发现一位灾变论者的一句引语可被解读为为神学辩护。我引用了这单独一句话，然后假设我肯定是错过了所有其他类似的。毕竟，标准文献中如此受人尊重、如此大一统的论述怎么会错得如此离谱呢？现在我了解得更清楚了，但我希望我在1965年时就有勇气这样说。然而笔尖还在纸上移动，写啊写，继续向前……

我回想起我羽翼未丰时在科学中的这一段窘迫往事主要是因为情绪引导。现在，作为一个在业的科学家和一个讨论科学史和科学影响的评论家兼随笔作家——也就是，作为一个羽翼丰满、有着合理范围的狐狸技能和对刺猬事业的强烈信仰的成年人，而不像是第三幕即斯诺“两种文化”时那样，作为一个口齿不清、初出茅庐的年轻人——我可以从这一职业生涯提供的有利角度来观察科学与人文之间二分战争的第四幕同时也是最新一幕的发展。我十分失望地看着（且过度沉默，我本当更畅所欲言），被认为存在的两方在对抗中形成了他们假想的战线，这场对抗很快就获得了一个几乎“官方的”、完全以军
97 事比喻的名称：“科学战争”。但我从未见过比这更清楚的“皇帝的新衣”谬误，因为这一独特的发明并没有披上名为真实的衣物。我只能回想起本科参加反核运动时的一句讽刺箴言：“如果他们宣战却无人应战该怎么办？”①

① “如果他们宣战却无人应战该怎么办？”（What if they gave a war, and nobody came?）这句话是越战期间嬉皮士的一句反战标语，因夏洛特·凯斯（Charlotte E. Keyes）写的一篇文章而流行起来，文章名为“设想他们发动了一场战争却无人应战”（Suppose They Gave a War and No One Came）。——译注

“科学战争”被半官方地化身为一场古老的二分之战中的第四场战役，据称它使美国大学人文与社科院系的一群激进的、自称为“后现代的”学者们（尤其代表了一个名为“科学元斟”〔science studies〕的新领域），与同机构中传统科学院系的研究者们相对抗。被称为“相对主义者”的后现代批评家们，据称认为科学不过是我们人类无限的、本质上主观的致知方式中的一种选择，它并不真正握有能证实自然之实在性的方法。相反，后现代主义者们嘲讽地（在某些情况下可能也是天真地、无意识地）指出，科学家们采用这套话语，称他们走在通向客观知识的特许道路上，不过是通过虚张声势来获得资金、权力和影响力罢了。另一方面，被称为“实在论者”的职业科学家们则否认了对科学实践进行任何社会分析的有效性，甚至不愿意承认无意识的政治偏好和心理偏好可能会影响科学信仰（除了那些未能在其工作中完全理解或运用适合的“科学方法”的个体研究者，他们的失败明确且可校正）。此外，据称这些实在论者还坚称，科学独自握有通向任何形式的可知真理的方法论钥匙，并且科学，至少就其技术表现而言，是西方历史上所有前进和完善的原因。

这样的印象流传到国外：科学家们，与人文、哲学和社会研究领域的科学分析者们，使自己受困于一场全面斗争，斗争涉及科学的任何专业特权领域，事实上已关涉到事实真理和科学进步这样的概念——一场真正的“科学战争”。每一方的极端者都用荒谬可笑的漫画描绘想象中的对立方，并且，鉴于大家都喜欢看热闹，美国为数不多提供质量尚可的知识分子文章的媒体在其新闻评论中满怀激情地描绘这场“科学战争”，以至于不知情的读者可能会真的想象校园里布满了由教授们把守着的路障，彼此互相投掷充满言辞臭味的炸弹。

是的，如果一个人找找文献，会找到一些要么不明智地夸大所
98 设想的冲突，要么轻易就会被误读为正在这样做的评论——因此二分
的印象只会加深，至少暂时如此。比如，文人一方的斯蒂芬·科里尼（Stefan Collini）为斯诺《两种文化》1998年的重印版写了一篇导言，想想他这三句关于“科学战争”之发展的论述的顺序吧。他首先精确地描述了对科学史学家和科学社会学家的一些相当合理的评论：

> 一个更广泛的科学社会史项目已将注意力集中在“外部”因素的作用上，比如科学家本人的阶级出身，引导研究朝向某些方向而非其他方向的政治与文化力量，以及职业精神和公正无私的理想所迎合的社会需求和心理需求。

科里尼继续写道，仍然是在描述而非评判：

> 但更激进的是，许多最近的著作已致力于表明，甚至科学知识本身的构成是如何依赖随文化不同而不同的规范和实践；以此来看，“科学”不过是许多组文化活动中的一组，像艺术或宗教一样向世界表达了其所在社会的取向，且同样与基本的政治和道德问题密不可分。

我并不反对这一更激进的主张——科学家们应当考虑其社会角色和社会嵌入的微妙、更普遍的程度。毕竟，科里尼并不是在否认事实真理存在，以及科学可能精确地找到了其中一些。但是，尤其是在

敏感时期，人们可能会原谅一位过度紧张的科学家做出这样一个扩展的、虽然未明确说出的推断——尤其是当科里尼接着在下一页引用了一位重要的“相对主义者”沃尔夫·勒佩尼斯（Wolf Lepenies）的一种甚至更具挑衅性的主张时：

> 科学不能再给人这样的印象：它代表了对实在的忠实反映。相反，它其实是一种文化体系，并且它向我们展示了一种异化的、由利益决定的且特定于某一确定时空的实在形象。

现在来看他们这些带有潜在火药味的言辞。实际上我怀疑，也许
勒佩尼斯只是想要以一种有趣的方式揭露科学和科学实践内在地嵌入 99
到周围文化变化着的规范中——并揭示我们在试图获得政治支持时愿意遵循那些规范（无论是否有意识），正如每个领域的人都在做的那样。也许勒佩尼斯并不是在否认，尽管社会实在在变化，但科学仍然建立起精确的或者至少在技术上有用的对事实世界的描述。但人们很难指责科学家认为勒佩尼斯可能是在否认科学真理的概念有任何可理解的意义——因此假定的第四场战役中的这一假想方获得了“相对主义者”的称号。

科学家们的反击并不常见（原因见下，多少有些令人惊讶，且很大程度上并不被人领情），但挺有趣，有时也令人不安。我的一些同事因“相对主义者”阵营的一些非常荒谬且极端的言论——多来自装腔作势者而非真正的学者——而无可非议地感到困扰，并且误将这些不常见的、纯粹一派胡言的简短片段当作是一种严肃且有用的批评

的核心。接着，他们错误地相信整个“科学元斟”领域对科学和真理概念本身发动了一场疯狂的攻击，于是他们反击了，找出一些不负责任的相对主义者的少数愚蠢的主张（毕竟，每个领域都必须承受其偏激分子带来的重负），然后对科学进行了极富争论的辩护，最终无益于任何人——因为他们所描述的那种严肃的敌人并不存在，并且也没有人会欣赏一场针对自己真正关心的更微妙问题的尖刻谩骂，尽管谩骂对象是这些问题的夸张讽刺版（如此连珠炮般抨击的一个令人印象深刻的例子是格罗斯〔P. R. Gross〕和莱维特〔N. Levitt〕于1994年出版的《高级迷信：学术左派及它与科学的争吵》〔*Higher Superstition: The Academic Left and Its Quarrels with Science*〕）。

科学阵营最聪明的反击既令我感到乐不可支，又让我倍感担忧。我的朋友、纽约大学物理学教授艾伦·索卡尔（Alan Sokal）进行了一项不同寻常的“实验”，以弄清某些社会批评家是否哪怕理解那些落入他们所谓的仔细审查中的科学概念的内容。索卡尔写了一篇优美但相当令人憎恨的恶作剧模仿文，佯称作为一个之前顽固不化的实在论者，他已经领悟了相对主义，现在接受社会建构论的典型论证，放弃科学结论的客观事实实在性。

我想索卡尔并没有预料到他的尝试会如此成功——但是，嘿，一旦你参与了，你就是参与了，识破你就是**他们的**事了。因此索卡尔
100 将他这份手稿——其中满是笑点和线索，任何有点科学知识的人都可以看出这是一篇纯粹的恶作剧文——寄给了《社会文本》（*Social Text*），后者是科学战争中相对主义者阵营的首要期刊（按照这场战役的惯常分类）。编辑们显然乐昏了头，竟会有如此一位著名的、获

得重生的皈依者，这样的展望蒙蔽了他们的怀疑批判能力——于是他们将索卡尔的文章当作一篇严肃的文献发表了，以展示他们的观点在敌人阵营中获得了胜利。无需多说，当索卡尔立即承认他的内容和意图，从而使整个事件充满欢乐地登上了《纽约时报》和世界上其他重要媒体的头版时，《社会文本》的编辑们顿时颜面扫地。

好了，索卡尔已经清楚地证明了一点——但是哪一点呢？我承认我对这个事件感觉复杂（索卡尔和我详细讨论过这个问题，但没有答案，因为坦白讲，我从未能整理好我自己对此事的复杂感受）。那篇恶作剧文十分出彩，结果也有趣得无以复加——并且索卡尔的确细想了“我的”立场。但恶作剧也是一种非常粗率无礼的武器，在一个敌对的世界中其意图常常会产生出乎预料或事与愿违的结果。太多的人将这一事件解读为是在全面普遍地控诉对科学的所有社会批判，和科学史中任何更强调社会情境而非纯粹论证逻辑的研究——我知道这不是索卡尔的意图，也不是他想要的结果。而我，作为一个在业科学家，正好认为对科学所进行的社会分析中有大量学术工作不仅非常重要、值得尊重，而且对那些很少思考其研究的历史背景和直接社会情境的科学家们来说很有用，如果他们能更好地理解其信仰和实作所受到的这些非科学因素的影响，他们将从中极大受益。

那么，索卡尔是否揭示了整个科学元勘领域不过是一群装腔作势者或气大声粗的不学无术之辈呢？我并不这么认为。坦率地说，我认为他只是揭露了《社会文本》编辑们的傲慢或者说懒惰，他们被来自“另一”方旗帜鲜明的支持所诱惑，尽管他们对索卡尔文章中所讨论的物理问题一无所知，但他们没有进行“同行评审”的标准程序，即请一位物理学专家对这篇文章进行评审，而在大部分的专业期刊中，这一步是正式且绝对必需的。任何物理学家都将会迅速意识到这是一篇恶作剧文（任何认真的、不因其表面内容而乐昏头的外行读者，都会有各种理由对这篇文章心生疑窦）。因此，索卡尔的恶作剧文得以
101 发表，是谴责了整个领域，还是仅仅暴露了少数编辑的粗心大意，使他们在失望懊恼之余吃一堑长一智？我在这个事件中看到的只有后者，这一较小的后果以及它所传递的严格限定的信息。但是，像我上面提到的那样，恶作剧可以是一件危险的武器——少数从业者因为渎职令自己陷于尴尬窘迫之中，许多观察家却由此不再认真对待整个科学史和科学社会分析领域，而它是现代学术中十分重要且多产的一个分支。

最后，为了证明我关于这些所谓的“科学战争”并不存在的观点——从而揭示二分战争的第四幕不仅是扭曲的，而且确实是虚构的——让我再透露我的科学家同行们的一个行业秘密以得出最后的结论，这个秘密是我们少数有文学抱负的科学家们可能更愿意隐藏的。我的确深深爱着我的同事们，至少他们中的大部分。我对他们的献身精神和专业技能肃然起敬。但是，坦率地、直言不讳地说，大部分科学家都是狭隘的。没有人可以指责我们十足的单向度性；你们的普通科学家们愿意在辛苦工作一段时间后读一些供消遣的书，看看最新的电影，为主场球队大声喝彩。我们中的许多人，甚至可能大部分都还算是聪明的。我们会参观博物馆或听音乐会而无过分抗议，并且常常带着愉悦；我们甚至可能玩某样乐器玩得相当好。但是我们中的绝大部分甚至从未——我的确是说**从未**——梦想过阅读其他领域的专业学

术文献，尤其是那些声称如下这般的文献：将科学看作是一种制度，对它进行深刻的、批判性的、充满洞见的分析；或者揭露科学家的心理，认为他们是有普通内驱力的普通人；又或者将科学的历史描绘为一种社会嵌入的制度。我是说，为什么要读局外人写的关于科学的文章呢，既然我们每天都活在其中？

我并不是为我同事中所普遍存在的这种“类庸俗”（philistinism lite）辩护，相反，我为此哀叹。不过，尽管我可以哀叹，但这一普遍趋势的存在并不能被否认。大部分科学家从未读过科学史或科学哲学领域的一篇专业文献；我的大部分同事也叫不出该领域任何一位领袖的名字——无论是上一代的托马斯·库恩（Thomas Kuhn）或卡尔·波普尔（Karl Popper），还是我们当前所谓“科学战争”中不那么赫赫有名的人物。因此不存在“科学战争”，最显而易见、最无可辩驳的原因就是：绝大部分科学家从未听说过所谓的争执，并且没有兴趣思考诸如科学知识是社会建构的而非基于事实的这种在他们看来极为费解的相对主义论证。如果向大部分科学家讲述“科学战争”的 102
话——这个小实验我至少做了 50 次——他们会满脸狐疑地看着你。他们从未遇到过这样的事，从未读过任何有关它的东西，并且也不屑于打断自己的工作来了解它。噢，是的，偶尔会有些聪慧的、混迹于城市知识分子圈的科学家参与了“战争”，并且被激怒——导致了格罗斯和莱维特公开表达愤怒，或者索卡尔充满讽刺意味的戏弄。但我大部分的同事对于这场据称以他们的名义或针对他们进行的战争一无所知。并且，正如之前引用的一句古老的格言指明的那样，没有对手，就没有战争。

我尤其哀叹科学与人文之间这第四幕假定的、错误的冲突，因为双方阵营混合了许多极端的观点，事实上所谓的两方并无一人持有这些观点——而“相对主义者”和“实在论者”代表团中明智之士的真实同时也更微妙的观点表达了重要的洞见，双方实践者本可以从对方的观点中获益，只要他们注意对方，认识到那种极端的漫画形象是有害的虚构，并学会欣赏对方公允的要点：（1）科学史学家和科学政治分析家们对社会建构的强调；（2）实践科学家们对科学方法获得可靠的、技术上有用的知识的非凡能力和成功的强调，这些知识关乎的对象是只能被称作是物质实在的事实结构（无可否认，这一称呼是根据推论得出的，但我们还能推论出什么呢？）。

换句话说*，我们必须拒绝这一广为流传的看法：一场科学战争
现在定义了对科学这一制度的公开分析和学术分析，这一假想的斗争
103 被描绘成一场激烈的冲突，参与科学实作的实在论者们与追求对科学
进行社会分析的相对主义者们针锋相对。大部分的前线科学家们可能
对其学科的历史有着幼稚的想象，因而极易受到客观性神话的诱惑。
但我从未遇到过一位彻底的科学实在论者，认为社会语境完全无关，
或认为它仅是个将被普遍理性和无可争议的观察的双重光芒消除的敌

* 本节其余部分以及下一节有关培根假象（Bacon's idols）的部分，部分源于我为《科学》杂志千禧年系列之“发现之路”（Pathways of Discovery）专题所写的专业开篇文章。我承认，编辑们为这本面向职业科学家的顶级杂志中极不常见的历史系列所选的名字，突出显示了人文学者们的合理担忧。因为这一题目突出了将历史设想为朝着真理的前进（“道路”常被理解为是笔直的），从而绕过了科学史学家们有关社会嵌入和建构的洞见。此外，我们的重要杂志屈尊特刊一个历史系列，仅作为千禧年的“装饰”，这一事实的确强调了这一事业在大部分科学家意识中的边缘地位。这篇文章可被看作是本书的灵感之源兼梗概。我以此为我用自己的作品“两头拿钱”的做法辩护。

人。当然也没有前线科学家会拥护二分法另一极的彻底相对主义。至于公众，我猜测，误解了科学家们无例外拒绝彻底相对主义的根本原因。许多怀有同情和兴趣的非专业人士给我写信、提问，在他们看来，科学家们不会是相对主义者，因为他们的职业致力于解释我们浩渺神秘的宇宙这一如此宏大荣耀的目标，因此必定会预设“在那里”有一个真实的实在等待被发现。事实上，正如所有的科学家们都深深明白的那样，他们之所以认为相对主义无条理是出于几乎相反且完全日常的动机。科学中的大部分日常活动都只能用乏味、无聊来形容，更不用说花费高昂、令人沮丧。爱迪生（Thomas Edison）在设计其著名的发明公式时计算得很好：百分之一的灵感加百分之九十九的汗水。如果科学家们不相信如此耗费精力、如此严苛、如此单调乏味的重复性工作能够揭示关于一个真实世界的真实信息，那么他们还如何能打起精神清扫笼子、跑胶、校对仪器、重复试验呢？如果所有的科学都是作为纯粹的社会建构而出现的，那人们干脆躺在摇椅里想象伟大的思想好了。

同样，除了一些愤世嫉俗、自我营销的演说家，我从未遇到过一位严肃的社会评论家或科学史家支持任何接近于纯粹相对主义学说的事物。科学作为一项典型的人类活动必定反映了周围的社会情境，这一真实且富有洞见的基本陈述并没有暗示没有可及的外部实在存在，也不是在暗示，科学作为一项社会建构的制度，无法渐进地获得对自然的事实和机制更充分的理解。

对科学的社会和历史分析并不会威胁到这一制度的核心假设，即存在一个可及的“真实世界”，我们实际上已设法越来越有效地理解

它，因此可以有效地声称，科学在某种重大意义上“是在进步的”。相反，科学家们应当珍视好的历史分析，有两个非常令人信服的理
104 由。第一个，真实、勇敢、有缺陷、社会嵌入的科学史比通常那些不真实、缺乏实质内容的描述要有趣、精确得多，在后者看来，科学就是在万能且脱离实体的理性和观察武器（“科学方法”）的推动下，战胜过时的教条和社会约束，向着真理大步迈进。第二个，这一更复杂的社会和历史分析对科学这一制度和科学家们的工作都会有所帮助——就制度而言，通过揭示科学是一种可理解的人类创造力形式，而非一种神秘的、对日常想法和感受不友好、仅向受过训练的专业人士敞开的事业；就个人而言，通过粉碎只会让人忽视自我反思的客观性神话，并鼓励研究、审视引导我们的思维且阻碍我们潜在创造力的社会情境。事实上，如果要向我的科学同事们证明，狐狸式的多样性有益于我们实现更好地从事“正统”科学这一刺猬式的目标，我能想到的最好例子就是从阅读人文学科对科学家的社会角色和个人心理的分析中所获得的益处。

二分法如何由来及如何破解

如果说，二分法大体上代表了这样一种错误的解析自然结构或人类话语形式的模式，尤其是，如果我们在将科学与人文学科之间的交互史刻画为二分斗争中的一系列片段时每次都令人痛惜地错了，那为什么这种推理谬误就像谚语中的烂铜币[①]一样，总是出现来毒害我们

① 英语中有句谚语，“A bad penny always comes back”，意思是坏铜币总会再回到手中，喻指不受欢迎的人或物总是一而再、再而三地出现。——译注

的理解、破坏我们的关系？我将重述我们的系统和感知总是被二分法控制的三个主要理由，以此结束这段批判但充满希望的评论（因为我天性中乐观的一面促使我相信，揭露错误可带来对它的改正，无论胜算多大，也无论有什么艰难险阻）。其中第三个同时也是最重要的理由也将赋予我一种文学破格自由，停止当前漫谈式的写作，以一种紧凑呼应的方式结束这一小节：它将带领我们回到本章一开始对弗朗西斯·培根的讨论中去，这位常常被误解且被低估的科学革命的化身，同时也是位智慧的社会评论家和哲学评论家，他在很早以前就以他的人生经历和论证对二分法提出了最好的反驳。

1. 历史上的地盘之争。无论保持分离又彼此尊重的理由可能有多么严丝合缝，也无论此种平等互助的关系可能会证明多么有益，当
地盘之争的历史——无论奖品是真实的土地和资源还是仅仅是智识空 105
间——在一开始就有一方充当全体的主管时，人类事务的一个基本缺陷就使得如此高尚的共享无法实现。没有人（或者说至少没有哪个机构会全体一致同意）自愿割让领土，无论这一举动和战略最终会多么有益。因此，如果说人类基本的好奇心迫使我们去问为什么天是蓝的、草是绿的这样的大问题，并且如果——不得已而求其次（faute de mieux）——在现代科学崛起并宣称对探究自然世界的事实方面拥有恰当主权前，这一话语落在了神学的管辖之下，那么一些神学家将会抗拒宗教退出那个它从未恰当胜任的领域（而另外一些神学家会看得更远并强烈支持）。

同样，如果文艺复兴时期的人文学者假定他们查明、解释古典文献的技艺可以最好地解决所有关于事实性自然的问题，那么这一正统

的部分追随者将会抗拒一种新制度——现代科学——的合理主张：观察和实验是实现这一目标的更有效方式。如果心怀善意，那么随着时间的流逝，这些不可避免的喧嚣和怀疑将沉淀为基于双方利益的可敬和平（用我们时代的术语来说就是“双赢”的局面）。但我们可能应当将最初的那些激烈的冲突视作是不可避免的——这也是本书第一部分的基本主题，论现代科学“萌生之初的仪式与权利”。并且我们应当将我们的任务局限于谴责并纠正此种冲突在其早期的合理存在之后的持续——因为这一不可避免的开局着法只会在新领域已取得其与生俱来的权利之后才会造成破坏，到那时宽宏大量与互相支持应当占据上风。

2. 心理的希望。除了上述关于地盘之争的论证外，还有另外一个实际的、强有力的理由使得科学家们必须理解他们事业的局限之处。我们生活在泪之谷中，好人常常没有好报。生活的这些不如意的方面无法被避免。因此，我们特别需要在我们想要避免但无法拒绝的现实之中，维持一个留存人性至善的王国，一片基于价值和意义、充满乐观精神的宁静之地。然而我们的希望和需求常常如此之高，以至于我们总是试图使事实自然笼罩着“所有事物都明亮而美丽”的持久神话，或者如《诗篇》作者大卫王那样徒劳地希望并自我欺骗：
106 “我从前年轻，现在年老；却未见过义人被抛弃，也未见过他的后裔沦落街头”（37: 25），直到现实一次又一次逼我们咬紧牙关，并向必然低头。

科学只能记载这些我们所有人都宁愿否认或缓和的现实。并且由于人类长期以来都可悲地倾向于屠杀那些传递坏消息的无辜信使，科学的确需要明确并捍卫它作为信使而非说教者的角色，然后坚称，那些公认违背了长久以来的希望和传统的信息，如果加以恰当解读的话，其实包含着解决方法的种子和真正乐观主义的理由。也就是说，科学必须坚称，无论自然的事实状态如何，我们对道德和意义的向往和追问属于不同的人文领域，包括艺术、哲学和神学——并且无法被科学的发现所裁定。事实或许可以丰富并启发我们的道德问题（如关于死亡、生命的开始的定义，或者在生物学研究中使用胚胎干细胞的正确性等）。但事实并无法给某些行为“应该与否”或我们生活的精神意义等问题指定答案。如果我们对这些区分有清晰的认识，那么科学所探明的自然的那些令人不快的事实，对人文研究并不会构成威胁，甚至可能会通过以不同的方式提出新的议题来促进我们在道德和艺术领域的对话。

不过，科学家们必须认识到并理解，合理的恐惧常常会战胜坚实的逻辑从而导致对信使不公正的怀疑，尤其是当如此漫长的传统保持着错误的二分并导致彼此的敌意时。因此，我的确承认华兹华斯非常热爱自然，我也不会对他的恐惧感到不快，但当他在一首赫赫有名的诗中优美但不幸有瑕疵地写下这些篇章时，我必须批判他的论点：

> 自然挥洒出绝妙篇章，
> 理智却横加干扰，
> 它扭曲万物的美丽形象。

我们谋杀以便剖析。[1]

我只会对诗人们说，作为理解的一种方式，科学必须进行剖析，但绝不会毁掉整体的美丽与欢愉。我的一些同事轻率地声称科学在美学和道德判断中有决定性作用，对此我深感遗憾。对我们所有的华兹华斯，我将只会保证并强烈地肯定，我的职业绝不会挑战，而只会钦佩你们对那些“眼泪所不能表达的深沉思绪”的识别和崇敬——这是华兹华斯《不朽颂》（“Ode on Intimations of Immortality”）的最后
107 一句，爱默生认为这是最好的英文诗（我同意这一点）。我还会提醒华兹华斯先生，“一丛丛金黄色的水仙花”[2]，他眼中的自然之欢愉的化身，也在我的领域按照我的规则生长——在得知他的欣赏和鼓舞时，我只感受到了快乐和感激。

3. 与生俱来的二分习惯。我已在之前论证过，科学与人文学科对立这一错误但顽固的模型的基础是二分法，这一折磨人的事物，无论如何因历史和心理学的特殊原因而加剧，都很可能是作为思维功能的一个演化特性而深深植根于我们的神经线路，它曾适合于我们那些脑力有限得多的远古祖先，但现在却作为一种认知包袱被继承了下来。这种来自我们演化过去的障碍造成了极大的危害，它致使我们误解了界定我们当前生活及所面临危险的那种复杂性——这样，无论二分法现在可能在简化情势、使人做出当机立断的认知决策方面仍能提

① 出自华兹华斯的诗篇《转折》（“The Tables Turned”），此处译文来自杨德豫先生的译本，译文有改动。——译注

② 出自华兹华斯的诗篇《我如云一般独自游荡》（“I Wandered Lonely as a Cloud”），又名《咏水仙》。——译注

供什么益处都不值一提了，尽管这些决策对一些祖先来说意味着“行动或死亡”，但它们现在很少以相同的方式影响我们目前的生活了。

根据一个公认具有讽刺意味的循环悖论（即为了清除主要障碍，一个必要条件是心灵必须反思自身），我们揭露并去除科学与人文学科之间二分对立谬误的最好机会在于表明，关于科学程序的一个强有力神话——这个传说造成了这样的印象：科学作为一种客观活动，与人文学科创造性工作中潜在的所有那些思维怪癖和主观性是严格分离的——建立在一个错误的设想之上，只有通过审视诸如我们对二分法本身的倾向这样的内在思维偏好才能最好地揭露这一错误设想。正如这些普遍存在的认知偏好影响了其他人类活动一样，它们也同样强烈地影响了科学家们的工作——甚至更强，因为科学家们如此坚定地将自己封闭在一种否认这些偏好的效力甚至其存在的意识形态中。还有什么影响力，能比一种因为游戏规则阻止了对问题的恰当感知而无法被感知的强大影响力更普遍，或者说更能暗中为害呢？

这一客观性神话——即科学家是通过使他们的思维免受社会偏见的约束，并学会在已确立的“科学方法”的规则下直接观察自然来获得他们的特殊地位这一信念——离间了科学与人文学科，因为科学史、科学社会学和科学哲学的研究者们知道，这样一种思维状态是无法达到的（尽管他们并不怀疑科学获得关于自然界的可靠事实知识的能力， 108
即使这种知识必须由有缺陷的人类推理，以奇妙的迂回方式来获得）；然而科学家们却将人文学科的同事们做出的这些真实且有益的分析误作是对其事业纯洁性的攻击，而非把它们当作是有意的肯定，即我们的所有思维活动，包括科学，只能由勇敢的人类来追求，无论他们有多少缺点（以及我们通常从缺点而非理想化中学到更多）。

如果科学家们承认其事业不可避免的人类特性，如果人文领域的科学研究者们承认尽管科学工作带有所有的人类缺点，但仍具有为人类真知宝库添砖加瓦的力量，那么我们或许可以打破二分法的枷锁，握手言和。对潜在于所有科学工作中的内在思维偏见的第一次且在很多方面仍然是最好的分析，是在培根本人写的一篇最重要的论文中——这个局面尤其具有讽刺意味，因为自那之后，培根的名声就与那个点燃了长达数世纪的二分战火的相反立场联系在了一起。由于下文紧接着描述的原因，仅仅记录事实，然后只根据这些事实清单得出逻辑推论的“客观”过程，就成为英语术语中的“培根方法”，从而将这位科学革命化身的大名与那个离间了科学和其他智力活动的神话紧密联系在一起——我们将看到，这完全不是培根的意图。

比如，达尔文自传中有这样一段著名的陈述，在其中他带着少见的对他自己的人生和工作的误解（或者说误记），这样描述他对演化论最初的模糊感知：“我的第一本笔记始于 1837 年 7 月。我以真正的培根原则为指导，在没有任何理论的情况下大规模地收集事实。”当然，达尔文没有也无法如此进行。从一开始他就检验、再检验、提出、否定并改善了一批广阔且不断变化的理论构想，直到通过思维偏好和事实确证的复杂协调，最终发展出自然选择理论。为了反驳他自己的天真声明，我只需重复我很喜欢的一句达尔文的话，之前已引用过几次：“观察若要有用，那它必定要么支持要么反对某种观点，有人竟看不到这一点，真是太奇怪了。”

培根常被认为是这一观点的使者，即，将事实看作是纯粹列举

性的、累积性的，是科学中理论认识的基础。他这一可疑的、完全不 109
应得的名声源于他在《新工具》（*Novum Organum*）一书中纳入的归纳推理表格，这是该书的第一个实质部分，在此之前是对他计划中的《伟大的复兴》（*Great Instauration*）一书的介绍。从未有过谦逊之名的培根，在年轻时就誓言要“管辖所有的知识”。为了打破对古典权威毫不质疑的尊崇（即认为古典文本是不朽的、最佳的）这一首要障碍，培根誓言写一部基于推理原则的《伟大的复兴》（或者说“新的开始”）。通过利用那时尚处于发展中、现在被称作“科学”的经验程序，这些原则可以增加人类的知识。

亚里士多德的追随者们将他有关推理的文章合编在一起，命名为《工具论》（*Organon*）。培根因此将他论经验推理方法的著作命名为《新工具》，即科学革命的“新工具”。“培根方法”这个术语，正如达尔文使用并理解的那样，遵循的是《新工具》中的表格式程序，首先陈述、分类观察，然后基于表格中的共性从中得出归纳推论。

也许培根的表格的确太依赖根据共性来罗列、分类，而对明确的假说检验依赖太少。也或许因此，其方法论的这一特点的确支持了那个错误地将科学与其他形式的人类创造力分离的客观性神话。但如果我们考虑到培根所处时代的情境，尤其是他需要强调事实新奇性的力量，以驳斥将文本权威作为通向真知的唯一道路的广泛信仰，我们或许会理解这种我们现在会认为过于夸张或过度的强调（主要是科学太过成功的后果）。

不过，一个巨大的讽刺缠绕着《新工具》，因为这本著作通过其表格方式（tabular devices），确立了培根作为这一首要的科学神话之教父的名声，即认为科学是一种“自动的”纯粹观察和推理的方法，与所有那些草率贪婪的人类思维形式都无关；科学由此深受在西方历史上绵延了三百余年的、错误地代表了它与人文学科之关系的二分法的毒害。事实上，《新工具》中最才华横溢的部分——培根并未隐藏其光芒，后来的历史学家、哲学家和社会学家们都很了解这部分——已经驳斥了培根神话，它界定并分析了我们人类存在的思维障碍和社会障碍，它们太根深蒂固而无法保证人类心理或学术中的任何纯粹客
110 观主义理想。培根称这些障碍为“假象”，而我将论证，它们侵入的必然性粉碎了所有用来分离科学与其他创造性人类活动的二分模型。这样，培根应当被尊为一种非二分的科学概念的首要代言人，即科学作为一种典型的人类活动，不可避免地产生于我们思维习惯和社会实践的核心之中，且不可改变地与人性的弱点和人类历史的偶然性纠缠在一起——不是分离而是嵌入，但它仍然运转着推进我们对外部世界的普遍理解，并由此促进我们在对“事实真理”这样一个概念任何有意义的定义下接近它。

培根论证，旧有的三段论式逻辑法只能玩弄语词，并不能直接接近“事物”（也就是，外在世界的对象）：[*]“三段论由命题构成，命题由语词构成，而语词是事物的象征和标记。”如果心灵（和它的语

---

* 此处相关的所有引用都来自我手头的一本英译本《新工具》，由吉尔伯特·沃茨（Gilbert Wats）于1674年翻译出版。这本书最初是用培根时代唯一的通用语拉丁语写给所有的欧洲知识分子的。具有成长和循环讽刺意味的是，这一宝贵的共同点随着拉丁语的衰落和18世纪民族主义的兴起而消失了。直到现在，人们才重新认识到需要一种国际科学语言，并且几乎达到了有效建立的程度。不过，这次被选中的是英语——对我们来说很棒，对其他一些人来说则很恼人！

词工具）能够无偏好地表达外部自然，那么这样间接地接近事物或许是足够的；但我们不能以如此机械的客观性来运转：“如果心灵的这些观念（可以说，它们是语词的灵魂）……被粗鲁轻率地与事物相分离，四处漫游；没有被完美地界定、限制，并且在许多其他方面有错误；那么所有一切将轰然倒塌。”培根总结，因此“我们拒绝证明（demonstration）或三段论，因为它推进的方式是混乱的；从而使自然从我们手中逃脱”。

培根继续谈到，相反，我们必须将对外部事物的观察与对内在偏好（既包括思维的也包括社会的）的审查结合起来，找到一条通向自然知识的道路——正如我们发展的现在被称作现代科学的程序。因为这种新的理解形式“不仅是从心灵的秘密橱柜，而且恰是从自然的内部……提取出来的”。至于心灵的倾向性和局限性，感官经验的两大主要不足阻碍了我们对自然的理解：“感官之罪有两种，要么太贫乏了，要么欺骗我们。”

第一宗罪，“贫乏”，指明了人类知觉的生理范围的客观局限性。
许多自然物体无法被观察到，“要么因为整体太微细，要么因为其部 111
分太细小，或者因为距离太遥远，或者因为行动太慢或太快。”

而第二宗罪，“欺骗”，指的是一种更为积极的思维局限，由我们施加于外在自然的内在偏好所定义。“感官所提供的证据和信息，”培根声称，“源于人类的类比，而非世界的类比；断言感官是事物的尺度是错误的，会带来危险的后果。”培根令人印象深刻地将这些积极的偏好比喻为“假象”——或者“假象，心灵被它们占据了”。曾经所有的英语学童都会学习这个比喻，现在却很少有人再记得了。

培根识别出了四种假象，并将它们分成了两大类："被引起的"和"内在的"。被引起的假象特指外部施加的社会和意识形态偏见，因为它们"偷偷溜进了人类的心灵，或者是通过哲学家们的体系和宗派，或者是通过腐化的证明法则"。培根将这两种被引起的偏见分别称为"剧院假象"，其局限性源于那些陈旧无益却又作为约束性神话而持久存在的理论（也就是"哲学家们的体系"）；以及"市场假象"——这是培根最令人印象深刻的原创性概念——其局限性源于错误的推理模式（"腐化的证明法则"），尤其是源于语言未能给重要的理念和现象提供语词，因为我们无法恰当地概念化我们表达不出的东西。（著名的阿根廷作家博尔赫斯〔Jorge Luis Borges〕非常推崇培根，他写过一个非常精彩的故事，名字叫作"阿威罗伊的搜寻"〔Averroes' Search〕，讲述了这位最伟大的中世纪伊斯兰教亚里士多德评注家的苦恼，他努力想要理解亚里士多德《诗学》〔*Poetics*〕中的两个单词，但却徒劳无功，因为在阿威罗伊自己的语言和文化中没有可想到的与这两个单词相对应的表达：喜剧和悲剧。）

但如果说这些被引起的假象是从外部进入我们的心灵，那内在的假象就是"内在于智力本性中的"。培根识别出了位于人类社会相反尺度上的两种内在的假象："洞穴假象"，代表了每个个体的性情和局限性的独特之处；和"族类假象"，指的正是（我们现在会在这里加上"演化了的"）人类心智结构中内在的缺陷。在人类本性自身的这些族类假象中，我们必须突出地纳入以下两点：我们总是难以承认甚至想象概率的概念，以及那个推动本书的主题——我们可悲的将复杂
112 局势二分为冲突对立方的倾向。

在他的一个重要洞见中，培根明确地利用这些假象来肢解客观性的神话，他认为，科学不可避免地必定要在我们的思维弱点和社会约束下工作，通过运用我们的自我反思能力来理解——因为我们无法消除——那些在我们试图抓住事物本质时总是与外部实在交互作用的假象。我们或许可以识别并在很大程度上避免外部施加的剧院假象和市场假象，但我们无法完全驱除源于内部的洞穴假象和族类假象。这些内在假象的影响只能通过审慎和警觉来减少："前两种假象（指剧院假象和市场假象）若付出十二万分努力尚可被消除，但后两种（指洞穴假象和族类假象）则绝无法被连根铲除。能做的只有揭露它们，并提醒、说服心灵那同样不可靠的官能。"

培根用一个令人印象深刻的比喻结束了他对假象的讨论，将我们的科学探索描述为思维弱点与外在事实的相互作用，而非向着真理的客观迈进——科学是我们的思维倾向与自然实在的联姻，其目的是为了人类的福祉："我们假设……我们已准备并装点了心灵与宇宙的婚房。现在愿婚礼之歌响起，愿从这一结合中能产生许多发明帮助人类，它们或可在某种程度上克服或减轻人类的困难与匮乏。"

我只能表达最后的愿望，希望这样一种讨人欢喜的结合的完成或许不仅能永久地摧毁无益的二分神话，而且通过思维模式（它们在人文学科中如此长久地被理解、如此精妙地被实践）与观察、实验技艺（它们由科学如此富有成果地开发）的有益杂合，或许还可以产生一群混合后代，它们将揭示，科学与人文学科之间对立二分的概念是对我们思维能力和复杂性的愚蠢否定——这个陷阱对人类潜力的害处和限制，不亚于我们之前划分并不存在的人类种族并使之分离、不平等的做法。

6

113 成熟狂欢中的重新整合

是的，“拆毁有时，建造有时”（《传道书》3：3）。我们现在显然处于传道者所称的第二阶段，在这个我们应当雇用建筑师和砖瓦匠的时刻却给拆迁分队高津贴、高薪水，这在我看来是完全不适宜的，更不用说是无益的。现代科学在其17世纪婴儿期的最初话语中处处流露出对文艺复兴人文学者之对立要求的对抗态度，这是无可非议的，当时这位新来的小孩正挣扎着在一场宏大的智识掷刀游戏[*]中获得立足之地。不过，除了人类的狭隘和“传统”实践的分量外，我看不出还有什么可理解的正当理由能为科学与人文学科间的继续冲突辩护。我这么说有两个基本原因：（1）科学在很久之前就成功地接管了我们精神生活版图中由经验指定和由逻辑分配的区域；（2）我们精神生活的全部版图既包括了分配给我们的每一栋不同追求大厦的大片土
114 地（每种狐狸方式都得一片），也包括了大块的用于辩论、游戏、联

* 掷刀游戏是我小时候男孩们常玩的一种游戏，在纽约的不同区分别被称作“国土”（land）或“领地”（territory），游戏规则是划定一块特定的地面，参与者将一把小刀掷向其内，若扎入地面则沿其线划分地盘。

合展示和在舒适的公园长凳上无止境闲聊的共享空间（也就是我在前言结尾所提倡的那种谨慎且富有成果的联合）。

然而令人遗憾的是，科学既倾向于要求自己作为一种整体上“更好的”致知方式而享有优越性（或至少享有特权地位），还倾向于非法入侵那些按照基本的礼仪需要获得明确邀请作为宾客进入的大楼。科学家们倾向于将他们自己的历史描绘为通过成功地应用一种普遍的、不变的“科学方法”，向着真理的稳步迈进；这种方法只需要时间来清理被神学的严规戒律或其他一些社会障碍所束缚的“糟糕”过去的那些已成拖累的神话，并积累证实自然的真正运行模式所需要的经验数据。

当其他制度随着变幻不定的社会风尚摇摆时，只有科学在负重前进，这种赋予科学特权地位、认为它“独立”的观点在19世纪末德国物理学家恩斯特·马赫（Ernst Mach）的“实证主义”哲学和编史学中获得了它“最纯粹的”表述——由此“罪有应得”地收到了那些理解所有人类学科之真正复杂性与偶然性的智识史学家们的敌意。这一基本进路，如此傲慢地宣称在制度史中享有特殊地位，也如此公正地被几乎所有的现代科学史学家们拒绝（经典陈述可参见库恩的《科学革命的结构》〔*The Structure of Scientific Revolutions*, 1962〕与汉森的《发现的模式》〔*Patterns of Discovery*, 1958〕），但它仍激发了大部分科学家关于其学科历史的普遍寻常却不加批判的信仰，并且仍然装点着科学领域几乎每一本本科生教材中对过去杰出人物的义不容辞的介绍。

严肃的历史学家们并不认真对待这种不真实的、线性累积进步的历史观，他们用一个古怪的专门术语来描述它，这个术语完全不是来自科学，而是来自一群书写历史时用过去来验证他们自己政治立场的辉格原则的学者。伟大的英国历史学家巴特菲尔德，在一篇发表于1931年、之后一再重版的著名论文《历史的辉格解释》（*The Whig Interpretation of History*，大概中篇小说的长度）中，将这种态度命名为辉格史或辉格式历史。尽管巴特菲尔德是从一群特定的政治史学家那里取名的，但他认识到这种表述方式一直受到少数对其学科的过去有兴趣的职业科学家们的青睐。在前言中，巴特菲尔德将这种自私的进路定义为："存在于许多历史学家中的一种倾向，即站在清教徒
115 和辉格党人的立场书写历史，倘若革命成功了即给予赞扬，强调过去的某些特定进步原则，从而生产出一个即使不是赞颂、美化，也是认可、支持当下的故事。"

我批判大部分科学家的这种必胜信念有两个主要原因：首先，因为辉格式的主张宣称科学及其历史作为人类知识的一种原初的、进步的形式享有特权，由此疏离了其他领域的同事。其次，一个有趣的讽刺是，对辉格式核心假设——即科学家们使他们自己摆脱了周遭的社会和心理规范，只遵循通向真理的笔直狭窄的道路——的解药，源自我们共同体中处于现代性开端的一位科学家，弗朗西斯·培根，和他对我们的社会偏见和认知偏见之"假象"的分类和分析（见第五章的讨论，本书第111—112页）。

科学家们只有认识到他们自己的行业作为一项典型的人类事业，充满了必须进行这项工作的这个物种所有的精神特质，但仍能够抵达对物质实在更充分、更深刻的理解，这是它自己的特色（因为每个学

科都能宣称自己有**某些**有趣的独特性）——只有这样他们才能与其他学科的同事们恰当地握手言和。

不过我不打算以这样一种抽象的、不可操作的方式继续上述为人熟知的反对科学史中的辉格党原则或实践的论证——因为我们科学家倾向于且理当对不具备任何直接操作魅力的全面宏大的主张保持怀疑。相反，如果我们能向我们的同伴科学家们表明，抛弃辉格史的客观性神话，承认（或许甚至是拥抱）所有科学活动中的人类弱点和社会嵌入，将极大改进我们自己行业的日常实践，这样论证就会变得有说服力得多。因此，我将回到 17 世纪格鲁和雷的著作，来表明所假定的“客观性”有着不可避免的、普遍存在的人性面（human side）（参见之前第三章中对这些著作的讨论），并提出两个非常实际的原因来说明为什么科学家应当对我们所有工作的这一人类特性给予充分的尊重和注意:（1）我们自己的理解会有很大的收获，或者说，为了成为更好的刺猬而变成一只狐狸;（2）这将极大地改善疑虑重重的公众的恐惧和误解，在一个科学研究如此依赖政府资助的民主体系中，我们需要他们的支持——或者换句话说，即是向怀疑的人们表明，刺猬真的可以是有用且具有合作精神的，尽管他们有那些明显的刺。

1. 理解科学各方面的社会嵌入性，可以与人文研究形成必要的联结，同时极大地有助于科学家们的专业工作。 116

客观性神话最有害的影响在于它阴险地（当然是在技术意义而非道德意义上）使科学家们无法认识到他们自己的偏见。在大部分领域，学者们都会理解没有人是一座孤岛，普遍愚行的丧钟为我们所有人而鸣。但大部分的科学家实际上相信他们自己行业的术语，相信

"科学方法"使他们免受对特定社会结果、认知模式或心理立场的无意识偏好的束缚。这样，最坚定地服从于事实实在的学术信徒就充满讽刺意味地成为最轻信的主观偏见受害者，他们相信自己学科的标准程序构建了阻止那些障碍的屏障，从而在这一信念的诱骗下陷入了自满。但正如在我们的政治标语中时刻警惕成为自由的永久代价[①]那样，科学研究中公正和最客观的代价必定是严格的自我审查。通过阅读、尊重我们那些人文学科和社会科学领域同行的作品——这些学科是研究所有探究形式和风格中都不可避免存在的人性面的主要"家园"——我们科学家能最好地理解一般原则自身和特定偏见的主要陷阱。

从苏格拉底的劝告"认识你自己"（gnothi seauton），到"医生，治愈你自己"的告诫，再到耶稣关于不存在可以投下第一个石块的无罪之人的暗示，我们的箴言制造者们明白自我意识是可获得知识中最难的（尽管是最近的）这一基本原则和矛盾。这样，由于我们在识别、清除我们自己的偏见时会经历如此困难——因为即使我们真认识到它们源于我们内部，我们也总是错误地将它们等同于在逻辑上显而易见或在事实上已被证明的真理——对遥远祖先的历史研究就提供了对培根式假象的最大洞见，这些假象在我们努力理解这个奇妙复杂的宇宙时横亘在了自然之前。因为当我们揭示出，那些我们认为确凿无疑比我们聪明因而对他们尊崇有加的人，会将"明显的"社会影响如此随意地描述为明显的事实实在时，我们就应当已准备好承认那个虽

① "自由的代价是时刻警惕"（Eternal vigilance is the price of liberty），美国开国元勋之一托马斯·杰斐逊语。——译注

然令人痛苦但的确不可避免的推论，即我们必定也沉溺于尚未被认识到的、在后人看来同样可笑的假设中。

下面这段评论摘自格鲁给皇家学会的献词，它毫不自知地展示出一种最古老、最普遍的性别偏见（同时也在一个更普遍的层面上展示了我们所有分类框架背后的主要认知偏见——二分法自身，以及通常 117
强加在简单划分的几何结构上的价值判断）。正如培根追随数世纪的传统，将自然描述为被动的女性，将发展科学的气魄描绘为男性积极主动地探索了解她（且培根并不回避用一连串比喻来描述在《圣经》意义上强迫和占有，或者说“了解”曾经贞洁的自然小姐），格鲁颂扬皇家学会的一位富有的资助者将他的土地（自然的部分慷慨馈赠）用于学术利益，并将一些收入用于出版格鲁编纂的学会藏品目录：

> 我作这篇致辞不仅仅是为了向您致敬，也是为了向美德自身致敬。在向其他人展现您榜样般的深谋远虑之后，他们或许会效仿您，将他们财产的多余部分用于慈善目的，正如这座城市将见证您所做的那样；或者用于促进具有男性气概的研究，正如当前的情形一样。

鉴于我认为语言监督（language police）在任何情形下通常基本都挺傻，并且鉴于格鲁的话显然已在任何可想象的诉讼时效之外，我并不认为这段特定的评论有更深的含义，而是仅仅记录了当时人们多么轻易、多么广泛地根据性别来评判。不过当我们考虑雷的《鸟类学》（*Ornithology*）中的一个更微妙并且广泛得多的例子时，我们就可以轻易地测知二分法假象在实际应用中的深远影响——因为雷在这里欣然接受了这一偏见（在不知不觉中，我必须这样假定，尽管他的话在现代人听来令人吃惊），试图在这一所谓的客观基础上实现博物学的首要目标：发展一种事实上精确的对有机体的分类或者说归类。

正如之前讨论过的那样（见本书第43—47页），受过科学革命所倡导的新方法论洗礼的雷，将他的论证架构为有针对性地驳斥文艺复兴学者们在呈现博物学材料时所遵循的基本程序：编纂概要，其首要目标是完整（有历史记录以来所有公开的意见和出版的印刷物），而非甄别真假和事实精确性；并且强调经典主张和文献是所有知识的源泉和完美守护神。雷与格斯纳和阿尔德罗万迪的百科全书传统决裂，誓言要甄别真假、去伪存真，因此只在行文中纳入了刺猬精
118 神的内核：可证实的精确性。但什么样的主张、哪些有机体应当被呈现，哪些应当被略去？尤其是，一个物种应当由哪个标本（或哪一组标本）来代表，因为雕刻师们无法画出每一种类多个代表的每一个变异。雷列出的四条标准最好地揭露了或者说明了有其他可能选择时的明显偏见，而雷，仅仅是按照他自己的本能（我必须这样假定），告知了一个在他看来由客观所要求的决定，以至于他只需简单地肯定而无需为之辩护：*

---

* 举几个例子，以免我们怀疑关于社会实践或人类关系之结构的一些根深蒂固或几乎无可置疑的假定会以令人惊恐的速度朝着未曾预料的方向（不管我们欢迎还是哀叹）改变。我的同时代人有谁能料到，吸烟会从半数以上成年人的一项主要的、“无害的”公共娱乐成为我们时代的首要社会恶习。诸位在刻画1930年代的电影中是否注意到，每时每刻都有至少半数的演员在吸烟。我这个岁数的人也会记得——尽管我们的孩子很难会相信——曾经每顿飞机餐都会免费附赠小包

> 现在有必要告知读者，我们采用了何种简要的方式来避免插图雕刻中不必要的花费：
>
> 1. 如果同一鸟种（species）的画像在多个作者或我们自己的文章中都出现了，我们只挑选其中我们认为最好的一幅进行雕刻。
>
> 2. 我们大多数时候都满足于只提供一种性别的画像，即雄性的。
>
> 3. 我们省略了所有没把握的画像，包括那些我们不知道它们是否是
> 真实存在的鸟类，或那些无法判定它们属于哪个种的。 119
>
> 4. 对于那些仅仅大小不同，或者在其他无法在图像中表达的方面不同的，我们仅给出了较大只的图像[也就是，体型较大的那只]。

我可以将第一点作为一种有价值的普遍性来接受（先不管“最好”的定义）。我当然也赞同第三点是雷对科学革命之观察理念的恪守，对先前那些编纂家之混乱的摒弃。但我们还能如何理解第二点和第四点呢，除了将它们理解为其中未阐明的对男子气概和强大的根深蒂固的偏好，记录了作者们自身的存在（或至少是抱负）状态？

进一步深入雷分类有机体时所使用的一般方法的核心，我们会发

香烟。那时候，一个人并不敢要求邻近座位的乘客不要吸烟，因为这样一个请求会被视为是对不可剥夺的民主权利的最肆无忌惮或极不礼貌的攻击，除非你同时抱歉地附上一纸证明你有特殊呼吸系统问题的诊断书。为了表明在一个更重要的社会问题上我们所取得的改进（仍为未来的改善留下了非常大的空间），我清楚地记得我那主张人人平等的父亲说过的话。大概在 1950 年，我看见一对年轻的异族恋人手牵手地走在曼哈顿的街道上（并非是种族隔离区），我吃惊地看着眼前从未见过的这一幕：“斯蒂夫，不用因为你这样吃惊地盯着看觉得愧疚。有一天，随着世界的改进，这样一种混合看起来就不奇怪了，他们不过是一对各有着金发和深褐色头发的浪漫情侣。”我父亲，一个多少有些过分乐观的人，很少能精准地预测社会变革，但我很高兴他在这件事上做了正确的预测。

现在其分类法的基本结构中嵌入了一整套社会评判体系（不过很可能被雷概念化为由生物学的客观事实所暗示、在逻辑上必要的决定，如果他真以任何明确的方式考虑了这个问题的话）。雷使用当时仍广泛使用的（尤其是在实际鉴定手册中）一套常规做法来组织他对鸟的分类：二分检索表（the dichotomous key）。这些检索表，尽管通常是从左向右而非从下到上画的，但仍然遵循了分叉树的几何秩序，最大最包容的类别在底部（检索表的左手侧，对应于一棵树的主干），之后每个分叉点都意味着将较大的单元依次分为两个较小的单元，记录了单元间越来越细微的差异。

有趣的是，分叉的基本几何结构防止了对分叉产生的两个单元的相对地位进行任何判定。当主干平均分成两枝时，任何一个分枝都能声称自己更优越，因为分叉点正如中心点，分叉产生的两个分枝能自由地围绕这一中心点旋转到任何可抵达的位置。因此，当我们将一枝画在左边而另一枝在右边（对向上生长的树来说），或者当我们将一枝画在上另一枝在下时（对从左向右分叉的体系来说，如雷的体系），我们只是遵循了一种任意的惯例（an arbitray convention）。左和右，上和下，总能互相交换而完全不改变体系的拓扑结构。

然而，身处一个代表的可能不仅仅是西方生活中的文化事件，并且很可能记录了一些关于等级与控制的固化本能的社会惯例中，我们倾向于将大和上与力量和正义相等同，而认为下和小没那么有价值。
120 在这种语境下，雷为陆地鸟类所绘的检索表（图 19）尽管据称是对自然事实的客观绘制，但实际上宣扬了无意识偏见的力量。注意在每个分叉点，雷如何将两类中更受社会青睐的放在上方，而将按照人类

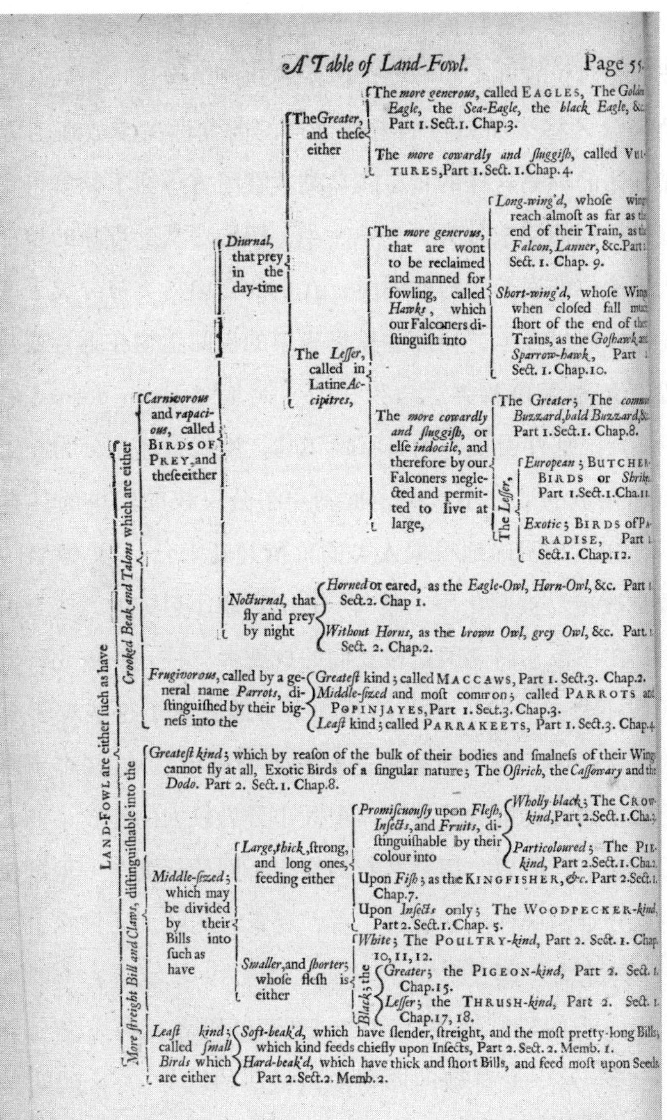

A Table of Land-Fowl. Page 55.

LAND-FOWL are either such as have

- *Crooked Beak and Talons* which are either
  - *Carnivorous* and *rapacious*, called BIRDS OF PREY, and these either
    - *Diurnal*, that prey in the day-time
      - The *Greater*, and these either
        - The *more generous*, called EAGLES, The Gold *Eagle*, the *Sea-Eagle*, the *black Eagle*, &c. Part 1. Sect. 1. Chap. 3.
        - The *more cowardly and sluggish*, called Vul- TURES, Part 1. Sect. 1. Chap. 4.
      - The *Lesser*, called in Latine *Accipitres*,
        - The *more generous*, that are wont to be reclaimed and manned for fowling, called *Hawks*, which our Falconers distinguish into
          - *Long-wing'd*, whose wing reach almost as far as the end of their Train, as the *Falcon*, *Lanner*, &c. Part Sect. 1. Chap. 9.
          - *Short-wing'd*, whose Wing when closed fall mu short of the end of the Trains, as the *Goshawk* an *Sparrow-hawk*, Part Sect. 1. Chap. 10.
        - The *more cowardly and sluggish*, or else *indocile*, and therefore by our Falconers neglected and permitted to live at large,
          - The *Greater*; The comm *Buzzard*, *bald Buzzard*, &c. Part 1. Sect. 1. Chap. 8.
          - *The Lesser*,
            - *European*; BUTCHER- BIRDS or *Shrike* Part 1. Sect. 1. Cha. 11.
            - *Exotic*; BIRDS of PA- RADISE, Part Sect. 1. Chap. 12.
    - *Nocturnal*, that fly and prey by night
      - *Horned* or eared, as the *Eagle-Owl*, *Horn-Owl*, &c. Part Sect. 2. Chap 1.
      - *Without Horns*, as the *brown Owl*, *grey Owl*, &c. Part Sect. 2. Chap. 2.
  - *Frugivorous*, called by a general name *Parrots*, distinguished by their bigness into the
    - *Greatest* kind; called MACCAWS, Part 1. Sect. 3. Chap. 2.
    - *Middle-sized* and most common; called PARROTS and POPINJAYES, Part 1. Sect. 3. Chap. 3.
    - *Least* kind; called PARRAKEETS, Part 1. Sect. 3. Chap. 4.
- *More streight Bill and Claws*, distinguishable into the
  - *Greatest kind*; which by reason of the bulk of their bodies and smalness of their Wing cannot fly at all, Exotic Birds of a singular nature; The *Ostrich*, the *Cassowary* and the *Dodo*. Part 2. Sect. 1. Chap. 8.
  - *Middle-sized*; which may be divided by their Bills into such as have
    - *Large*, *thick*, strong, and long ones, feeding either
      - *Promiscuously* upon *Flesh*, *Insects*, and *Fruits*, distinguishable by their colour into
        - *Wholly black*; The CROW-*kind*, Part 2. Sect. 1. Cha.
        - *Particoloured*; The PIE-*kind*, Part 2. Sect. 1. Cha.
      - Upon *Fish*; as the KINGFISHER, &c. Part 2. Sect. 1. Chap. 7.
      - Upon *Insects* only; The WOODPECKER-*kind*, Part 2. Sect. 1. Chap. 5.
    - *Smaller*, and *shorter*; whose flesh is either
      - *White*; The POULTRY-*kind*, Part 2. Sect. 1. Chap. 10, 11, 12.
      - *Black*; the
        - *Greater*; the PIGEON-*kind*, Part 2. Sect. 1. Chap. 15.
        - *Lesser*; the THRUSH-*kind*, Part 2. Sect. 1. Chap. 17, 18.
  - *Least* kind; called *small Birds* which are either
    - *Soft-beak'd*, which have slender, streight, and the most pretty-long Bills; which kind feeds chiefly upon Insects, Part 2. Sect. 2. Memb. 1.
    - *Hard-beak'd*, which have thick and short Bills, and feed most upon Seeds. Part 2. Sect. 2. Memb. 2.

图 19

的主观判定不那么有价值的放在下方——尽管如上文解释的那样，两个分枝的相对位置并不影响整个体系的几何结构。

第一分区将诸如高贵的老鹰这样的肉食性鸟类放在上方，而将如喋喋不休的鹦鹉这样的食果实鸟类放在下方。在下的食果实鸟类分枝接着又根据体型三分为大、中、小，按顺序从受青睐的顶部排列到处于从属地位的底部。与此同时，在上的食肉鸟类被分成了两类，可敬的昼行性居民在上，而那些鬼鬼祟祟的夜间生物在下。夜行性的又被分为有角和无角两类，角鸮在上，无角鸮（non-horned owls）在下（图20）。那些受祝福的日行性飞鸟，则根据体型分为在上的"较大"类和在下的"较小"类。被剥夺了公民权的较小的鸟再次被分类，不过这次是明确地根据人类的价值判断来分，"更慷慨的"在上（"想要被改造、被驯化用于猎鸟"），"更胆小迟钝的，或者说也更难驯服的"在下，它们"因此被我们的放鹰者忽视，并被允许逍遥地活着"。（我不禁要评论，当前的感性很可能会赋予这些难驯服的种类更高的地位，因为它们机智地避免对人类有用。）这些难驯服的、不那么受尊重的种类接着又按照体型大小分为较大的和较小的，前者在上，后者在下。最后，用一个新的意想不到的标准——地理位置——来最后划分难驯服种类中的较小者，受青睐的欧洲居民在上，不那么看重的"外来者"则在下。

至于较小的昼行性飞鸟中的"更慷慨"者，则完完全全采用了"多即是好"这一受尊敬的原则来做最后的区分，"长翅的"更受青睐，在上，"短翅的"则在下。与此同时，真正位于顶端的大型昼行性食肉猛禽则被最后分为两类，"终极王者"——"更慷慨的"老鹰

TAB . XII .
Bubo.
The Great Eagle
Owle.
Otus sive Asio.
The Horn- Owle.
Scops Aldrov.
The little Horn Owle.
F. H. van Hove. Sculp.

图 20-1

图 20-2

击败了下方“懦弱懒惰的”秃鹫。上帝保佑美国，并请照料好他们的美洲鹫吧。

从雷的检索表中的特定社会偏见（基于体型、性别、分布范围和是否华美）到存在于任何此类所谓客观叙述中的更深偏见，我们也必须将选择二分法自身看作是划分的基础——按照培根对我们的认知偏
好的分析，这是他所说的主要“族类假象”之一。世界很大程度上是 122
以连续统的形式，或其他系列的复杂的、远远多于两值的合理离散状态出现在我们面前。当我们将这一复杂体强塞进一个连续二分的简单体系中时，我们的确是在构建有用的简单化——因为这样的相继排序的确与我们头脑从多面的等级系统中抓取一个结构的能力相应。但当我们采纳这一几乎是自发的思维框架而不迫使我们自己思考其他不那么意气相投但或许更有益的选项时，我们会错过何种更真或更有洞见的分类方式呢？

说来也奇怪，我曾经认为生物学家们发明二分检索表是为了以可
能的最清晰的方式展示林奈体系，这暴露了我自己的狭隘。毕竟，我 123
是在本科生物学的基础课程中学到构建二分检索表的规则和技艺的，并且，如上所述，这样的检索表植物学家和动物学家们已经使用了数世纪。不过，事实上，二分检索表代表了我们最古老、最普遍的认知发明之一，用来组织复杂的信息体系，已使用了数世纪，覆盖了所有学科。事实上，在曾有人想到基于经验分类有机体的数世纪之前，中世纪的经院学者们就已追随圣托马斯（Saint Thomas）和亚里士多德学派的逻辑，使用二分检索表作为他们展现任何分类的概念结构的首
要装置。（鉴于分类是亚里士多德学派理解原因的首要技术，这一分 124

析框架的潜在用途和覆盖面极大。）

比如，1586 年，在雷为鸟的分类构建二分检索表的一个世纪前，法国法学家尼古拉斯·亚伯拉罕（Nicholas Abraham）为学童出版了一本逻辑学和伦理学课本。他在其中以一幅严格二分的检索表来呈现其分类的基本要点，与一百年后雷所使用的形式完全一样*。他也像雷那样（想必是无意识地），在每一次划分时都将喜爱的类别放在上方，将地位不那么高的放在下方（图 21）——尽管这些分枝的基础几何结构并无法指定任何“上”或“下”。在他的首要区分中，亚伯拉罕将道德判断的基础分成了在上的“依据头脑”（Mentis）和在下的“依据习俗”（Moris），因为理性决定胜过社会习俗。图 21 接着展示了对更受青睐的依据头脑类别的进一步划分，根据其原因分成了在上的“依据智慧”（Sapientia）和在下的“依据判断力”（Prudentia），因为理智击败了情感或便利。“依据智慧”最终被分成了在上的“依据理解”（Intelligentia）和在下的“依据知识”（Scientia），因为精心做出的抽象论证要胜过事实逼迫下的决定。“依据判断力”最后被

* 生物学家们总是狭隘地认为，他们如此机智构思出来的发明后来扩展到了其他学科——而事实上，是我们篡夺了其他人的发明或术语。举个我喜欢的例子，林奈将猴子、猩猩和人类所在的哺乳动物目命名为“灵长目”（Primates）——在拉丁语中意为“第一”——这显然是指他们更出众的智力。鉴于所有的生物学家都将这一术语视为我们的财产，当我们遇到某个国家或较大地区的教会使用“primate”来称呼其首席主教时我们会觉得好笑——因为我们的脑海中只会浮现这样一幅景象：一位戴着主教王冠的神职人员，在当地动物园的一个笼子里趴着给自己挠痒。但教会其实早在林奈借用的几个世纪之前就正当地拥有了这一术语。至少一些神职人员对我们的占用报以良好的幽默感。加拿大大主教（安立甘宗主教）发言人给一位倒霉的问卷调查编纂者的精彩回信，曾在世界范围内的生物学家间广为流传，那份问卷调查是关于地方动物园里的猴子和猩猩的。发言人报告说他那受尊敬的老板并未被囚禁，也不喜欢香蕉，而是与他妻子和孩子住在房子里。

分为在上的“依据深思熟虑”（Bono consulatio）和在下的“依据个人决定的敏锐度”（Sagacitas），因为集体的一致胜过个人判断的不确定性，无论那个人多么睿智。

但为了表明我们族类的这一首要假象的深厚与古老，考虑下面这个来自中世纪经院传统核心的例子吧，它来自我的私人藏书中 126
最古老的那本的页边标注。这是一本圣托马斯·阿奎那评注亚里士多德的佳作，大约是你能得到的此类书中最经典的了，在其中，最伟大的中世纪学者详细评述了最伟大的古典领袖。它于1487年或1488年在科隆（Cologne）出版，就在古登堡发明印刷机的一代人之后。

如果我可以冒险发一通几乎令人尴尬地流露个人感情的评论，那我要说，我几乎无法解释我自己在研究这份来自智识生活史上最伟大的发明之初的文本时的喜悦。（藏书家们称1500年之前出版的所有书籍为“古版本”〔incunabulae〕，其字面意思是来自摇篮。）因为上面的注释如此之多，其古老的手写风格很难与出版之时本身的风格相区分，以至于用墨水添加的注释常常使总的冗词加倍。我的想象力并不特别活跃，因此无法像有些人那样享受重构的乐趣，当他们看到来自古希腊神庙的一根柱子的遗迹时，他们的脑海中不仅会浮现出整座建筑的样子，而且还有其原初使用者和居住者的日常与感受。不过，不知怎的，我却可以根据这本书中的注释来复原当初的场景，因为书中的注释如此之多，且是用黑色墨水写就（有时是用红色墨水），因此完整地保存了下来。我能看到一位15世纪末的购书者，可能是一位大学生或一位有抱负的牧师，晚上坐在灯烛旁（因为这本书有几页上

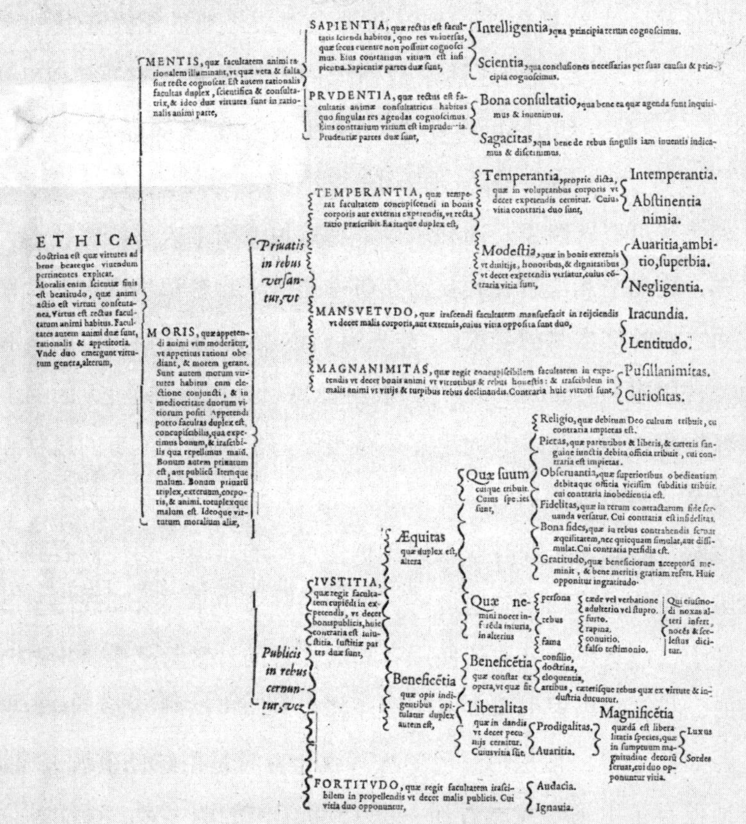

Nicolai Abrahami Guisiani Isagogethica in tabulam contracta. Ad virum non MINVS VIRTVTE, QVAM GENERE PRÆCLARVM, D. IACOBVM BRALEONIVM, BRISSELIÆ DOMINVM.

COgitanti mihi sæpius (vir ornatissime) quam ex omnibus lucubrationibus meis tibi potissimum consecrarem, ad animum erga te meum testatiorem relinquendum: Isagogethica nostra in tabulam coacta imprimis visa est aptissima, nec iniucunda tibi futura. Quid enim homini omnibus virtutibus cumulatissimo, præclara virtutum institutione congruentius atque iucundius esse queat? At tu natura ingenuus ingenuis disciplinis tantam ab ineunte ætate operam nauasti, vt summam rerum sapientiam sis consecutus. Quam dum exteras regiones peragrans nationis cuiusque homines doctrina & ingenio omnium præstantissimos inuiseres, variasque variarum ciuitatum leges ac consuetudines studiosè animaduerteret, non modo plurimum auxisti, sed & singularem tibi comparasti prudentiam, quæ vt in rebus gerendis, ita & in dicendo in te elucet maximè, cum opportunè soleas de rebus quibusuis non minus grauiter quam ornatè disserere. Te vero temperatiorem perspexi vsquam neminem. Tam mansueto magnoque præditus es animo, vt magnam tui admirationem excites. Est in te tanta morum sanctimonia, & vita innocentia vt omnia æquitate atque iustitia metiaris. Tanta benignitas, vt non mediocrem in benè de cunctis mortalibus merendo oblectationem capias. Nec minus in te obscura est in propulsanda illata alteri iniuria fortitudo. Tua autem humanitas atque vrbanitas omnibus te charissimum reddunt hominibus. Ergo cum omni reluceas virtutum genere, nostram virtutum delineationem non minus tuo nomini accommodate inscriptam, quam tibi gratissimam fore iudicaui. Accedat quod mihi aliquando tecum de recta virtutum distributione instituenda communicanti, maximè probare videbaris sumptam ex animi facultatibus virtutum descriptionem, quam ad amussim sequutus sum, quoniam ego (cum virtus sit rectus animi habitus) accuratè ex animi viribus virtutes definire atque diuidere, ac cuique animæ facultati erga hoc vel illud obiectum suam virtutem accommodare rationi consentaneum esse duxi. Sed eo maiorem tibi voluptatem allaturam esse nostram Moralem chartulam existimaui, quod hac possis tuas exornare porticus, in quibus Peripateticorum more, soles quotidie deambulando philosophari, ad delectas in illa virtutes quarum tu studiosissimus es, frequenter recolendas, vnaque ABRAHAMVM vt tibi charissimum, ita tui obseruantissimum ab obliuione vindicandum. Quod vt facias etiam atque etiam rogo. Vale, Parisijs, è Collegio Landuneo, xii. Cal. Octob. 1586.

ETHICA doctrina est quæ virtutes ad bene beateque viuendum pertinentes explicat. Moralis enim scientiæ finis est beatitudo, quæ animi actio est virtuti consentanea. Virtus est rectus facultatum animi habitus. Facultates autem animi duæ sunt, rationalis & appetitoria. Vnde duo emergunt virtutum genera, alterum,

MENTIS, quæ facultatem animi rationalem illuminant, vt quæ vera & falsa sint recte cognoscat. Est autem rationalis facultas duplex, scientifica & consultatrix, & ideo duæ virtutes sunt in rationalis animi parte,

SAPIENTIA, quæ rectus est facultatis sciendi habitus, quo res vniuersas, quæ secus euenire non possunt cognoscimus. Eius contrarium vitium est insipientia. Sapientiæ partes duæ sunt,

Intelligentia, qua principia rerum cognoscimus.

Scientia, qua conclusiones necessarias per suas causas & principia cognoscimus.

PRVDENTIA, quæ rectus est facultatis animæ consultatricis habitus quo singulas res agendas cognoscimus. Eius contrarium vitium est imprudentia. Prudentiæ partes duæ sunt,

Bona consultatio, qua bene ea quæ agenda sunt inquirimus & inuenimus.

Sagacitas, qua bene de rebus singulis iam inuentis indicamus & discernimus.

MORIS, quæ appetendi animi vim moderãtur, vt appetitus rationi obediant, & morem gerant. Sunt autem morum virtutes habitus cum electione conjuncti, & in mediocritate duorum vitiorum positi. Appetendi porro facultas duplex est, concupiscibilis, qua expetimus bonum, & irascibilis qua repellimus malũ. Bonum autem priuatum est, aut publicũ. Itemque malum. Bonum priuatũ triplex, externum, corporis, & animi. totuplexque malum est. Ideoque virtutum moralium aliæ,

Priuatis in rebus versantur, vt

TEMPERANTIA, quæ temperat facultatem concupiscendi in bonis corporis aut externis expetendis, vt recta ratio præscribit. Ea itaque duplex est,

Temperantia, propriè dicta, quæ in voluptatibus corporis vt decet expetendis cernitur. Cuius vitia contraria duo sunt,

Intemperantia.

Abstinentia nimia.

Modestia, quæ in bonis externis vt diuitijs, honoribus, & dignitatibus vt decet expetendis versatur, cuius cõtraria vitia sunt,

Auaritia, ambitio, superbia.

Negligentia.

MANSVETVDO, quæ irascendi facultatem mansuefacit in reijciendis vt decet malis corporis, aut externis, cuius vitia opposita sunt duo,

Iracundia.

Lentitudo.

MAGNANIMITAS, quæ regit concupiscibilem facultatem in expetendis vt decet bonis animi vt virtutibus & rebus honestis: & irascibilem in malis animi vt vitijs & turpibus rebus declinandis. Contraria huic virtuti sunt,

Pusillanimitas.

Curiositas.

Publicis in rebus cernuntur, vt

IVSTITIA, quæ regit facultatem cupiẽdi in expetendis, vt decet bonis publicis, huic contraria est iniustitia. Iustitiæ partes duæ sunt,

Æquitas quæ duplex est, altera

Quæ suum cuique tribuit. Cuius species sunt,

Religio, quæ debitum Deo cultum tribuit, cui contraria impietas est.

Pietas, quæ parentibus & liberis, & cæteris sanguine iunctis debita officia tribuit, cui contraria est impietas.

Obseruantia, quæ superioribus obedientiam debitaque officia vicissim subditis tribuit. cui contraria inobedientia est.

Fidelitas, quæ in rerum contractarum fide seruanda versatur. Cui contraria est infidelitas.

Bona fides, quæ in rebus contrahendis seruat æquilitatem, nec quicquam simulat, aut dissimulat. Cui contraria perfidia est.

Gratitudo, quæ beneficiorum acceptorũ meminit, & bene meritis gratiam refert. Huic opponitur ingratitudo.

Quæ nemini nocet inferẽda iniuria, in alterius

persona — cæde vel verbatione; adulterio vel stupro.

rebus — furto. rapina.

fama — conuitio. falso testimonio.

Qui eiusmodi noxas alteri infert, nocẽs & scelestus dicitur.

Beneficẽtia quæ opis indigentibus opitulatur duplex autem est,

Beneficẽtia quæ constat ex opera, vt quæ fit consilio, doctrina, eloquentia, artibus, cæterisque rebus quæ ex virtute & industria ducuntur.

Liberalitas quæ in dandis vt decet pecunijs cernitur. Cuius vitia sũt.

Prodigalitas.

Auaritia.

Magnificẽtia quædã est liberalitatis species, quæ in sumptuum magnitudine decorũ seruat, cui duo opponuntur vitia.

Luxus

Sordes

FORTITVDO, quæ regit facultatem irascibilem in propellendis vt decet malis publicis. Cui vitia duo opponuntur,

Audacia.

Ignauia.

图 21

有蜡烛油），正苦苦思索，试图弄清大师们的逻辑，并迅速写下他的摘要，以免忘记。

这位勤奋的注释者在亚里士多德《论动物》（*De Anima*）的边注中包括了几个分叉检索表。它们并不总是遵循纯粹二分的模式，比如有些检索表将它们的主要研究对象分成了三个或五个子类。但严格二分的检索表，就像亚伯拉罕1586年对伦理的分类和雷1678年对鸟类的分类那样从左向右展开的，有很多。在圣托马斯评论亚里士多德《论动物》第二卷中的一个注释例子引起了我的兴趣，我认为它实际上证明了人类在分类复杂体系时，强烈地倾向于连续二分这一备受青睐的思维策略。因为，在这个例子中，亚里士多德就如何形成三个类别给出了两个建议：或者构造一个有三个有序类别的单一连续统；或者一棵二分树，先一分为二，然后其中一个子类再一分为二，这样整体仍然是三。我手上这本书的注释者选择了两次划分的二分树策略来 127
产生三个类别。

亚里士多德在这里讨论了我们“理解力”（intellectus）的不同类别。圣托马斯指出，我们的理解力能“借由行动或冲动”（ad actu）或“借由潜能”（potentia）来显露自身。[*] 接着他集中讨论了纯粹潜能借由哪些模式能导致行动。圣托马斯首先提出了分成三个阶段的单一连

---

* 在印刷史的这一早期阶段，出版商们尚未充分认识到活字的优势和变换力量。这本1487年的印刷书，仍然大量使用许多神秘模糊的缩写词，将整个文本变成速记式的。这些常用的缩写词在抄本时代极大提升了文本的生产速度，但到了印刷时代，当每个单词的活字只需排版一次时，这些缩写词并没有节省多少时间，也许节省了一些空间——但代价是给阅读带来了极大的模糊和困难。因此这些缩写词逐渐退出了使用，完整书写文本的现代传统逐渐形成。但在这本1487年的书中，缩写词仍大量使用，尽管是以活字排版。因此，比如，*potentia* 这个单词在印刷体和我那位读者的页边批注中都变成了 *pona*。

续统：理解力被分成了三类（intell[e]c[t]us e[st] in triplici dispo[sition]e)。（我在括号中补充了被省去的字母，正如之前脚注中解释的那样，印刷商非常依赖于缩写词。）但他紧接着提议另外一种选择，即进行两次划分的二分分类。在将主干分成行动和潜能之后，行动类别保持独立，不再继续细分。但“潜能”（pona）类别必须接着进行二分：这一模式分成两类（ille mod[us] s[u]bdividit i[n] duos），其中一类被称作“附近的”（propinqua），指较容易被激活；另一类被称作“遥远的”（remota），指不那么容易被动员的。

这样，我们可以将整个系统概念化为一个由三个状态构成的连续统，从最接近的到最遥远的（直接行动、易激发行动的潜能和更难被动员的潜能）；或概念化为一个两次二分的分区，首先分成行动和潜能，接着行动不再被划分，潜能则被进一步划分为易于和不那么易于被动员的。这些清楚的选择，很可能是我们认知能力范围内的两个最基本的选项（一个单一平滑的连续统对一组连续二分的分区），注意
128 我们那位勤奋的注释者面对这两个选项是如何选择的。他用优美的笔迹画了一个二分检索表，从左向右经过两次划分，第一次分为在上的“借由行动”（actu）和在下的“借由潜能”（pona），接着“借由潜能”又被分为“附近的”（ppinq）和“遥远的”（remota）。

还有一个小脚注太甜蜜了而不能省略（尽管与二分分类这一主题无关）。现代人会在酒吧间流连纵饮，而我们这位勤奋的研究者，在他留下的一句拉丁语描述中，以这种跨越了数世纪的传统方式展现了他的人性。圣托马斯在其讨论的最后指出，“附近的”这一类别中易被激发的行动会被外在于智力本身特性的环境所压制。他特别提到了

两个：悲伤或醉酒（dolor vel ebrietas）。我们的评注者忠实地在下一页，用他优雅的笔迹记下了这些障碍之一：醉酒阻碍知识（Ebrietas impediat scientia[m]）。我只提到这一批注是因为在这本书的末尾，在印刷的“阿门”（AMEN）和几百页大量的评注之后，我们的研究者终于决定让自己以中世纪的方式放松一下，他写道：“好了，小伙子们，现在让我们结束这些透彻的研究，去草坪上喝一杯吧。”（大意如此）（Claudite jam rimos pueri sat prata biberunt）关于理解力潜能就说这么多吧，至少就这个快乐的结尾来说够了！

最后再举一个例子来表明，二分法这一族类假象的触须远远伸展到了序列检索表中的简单分叉之外——通过允许几个二分选项互相渗透，并列出所有可能的排列作为潜在的类别，可以构建出更复杂的分类系统。这个例子来自著名的法国内外科医生安布鲁瓦兹·帕雷（Ambroise Paré, 1510—1590），在其中，人类的二分认知偏好强加了错误的解决方案，阻碍了医学数世纪的发展。古老的四体液医学理论乍一看可能并未透露任何二分基础，但事实上，这一错误体系的分类植根于热对冷、湿对干这两对二分划分的交叉组合。

按照这一理论，身体的健康需要四种不同要素或体液（humors，字面意义为“液体”）的平衡：血液（blood）、黏液（phlegm）、胆汁（choler）和黑胆汁（melancholy）。突出四种体液之一种会依次导致不同的性情或个性风格，继而标示出特定的人类倾向，至少是描述性的：乐观的（sanguine）、冷淡的（phlegmatic）、易怒的（choleric）和忧郁的（melancholic）。如果体液严重紊乱，那么肌体 129
功能失调就会随之而来——不是源于任何外在介质的入侵（后来的微

生物致病论是这样解释的)，也不是因为未能纳入必要的营养物(至少不是直接影响，而仅仅通过它们对体液之生成的影响)，而是直接源于内部失衡自身。疾病就这样被解释为体液之间的失衡，这样，对疾病的治疗就必须集中于如何减少过分活跃的体液并恢复被削弱的成分。体液理论由此激发了对一大批治疗程序的数世纪信仰，包括放血(为了减少血液体液)、发汗、通便、呕吐，等等，而在现代人看来，这些治疗程序即使称不上野蛮，也是完全无效的。

但在缺少任何直接证据证明这些液体存在的情况下，为什么古典医学却如此强烈地坚持有四种，且只有四种体液？对这一问题的标准解答，与两种在科学革命之前欣欣向荣、后来随着科学革命的成功而消逝的思维模式是如此对应，它首先援引的是人体小宇宙与宏观世界大宇宙之间的一致；其次，援引双重二分的四个可能类别来界定小宇宙和大宇宙的相应划分。正如四体液(血液、黏液、胆汁和黑胆汁)平衡了小宇宙一样，也有四种元素(气、水、火和土)构建了大宇宙。在每种情形中，这四种体液或元素代表了物质的两大基本二分的所有可能组合：热对冷，湿对干。

帕雷的图表(来自我1614年版的帕雷作品集，见图22和23)清楚地列出了这一体系的所有方面：血液与空气相对应，代表又热又湿的物质；黏液代表水，又冷又湿的元素；胆汁与火相对应，又热又干；而黑胆汁代表土，冷且干。(注意性情是如何从这一概念中产生的：热且湿的人是血液质的，或者说乐观且冷静的；冷且湿的人是黏液质的，或者说反应迟钝的；热且干的人是胆汁质的，或者说易怒的；冷且干的人是黑胆汁质的，或者说易悲伤的。)

LES
OEVVRES
D'AMBROISE PARE'
CONSEILER, ET PREMIER
CHIRVRGIEN DV ROY.
CORRIGEES ET AVGmentees par luy-mesme, peu au parauant son decés.
Diuisees en vingt-neuf liures.
Auec les figures & portraicts, tant de l'Anatomie que des instruments de Chirurgie, & de plusieurs Monstres.
SEPTIESME EDITION.
Reueüe & augmentee en diuers endroicts.

A PARIS,
Chez BARTHELEMY MACE',
au mont S. Hilaire, à l'Escu
de Bretaigne.
1614.
Auec Priuilege du Roy.

图 22

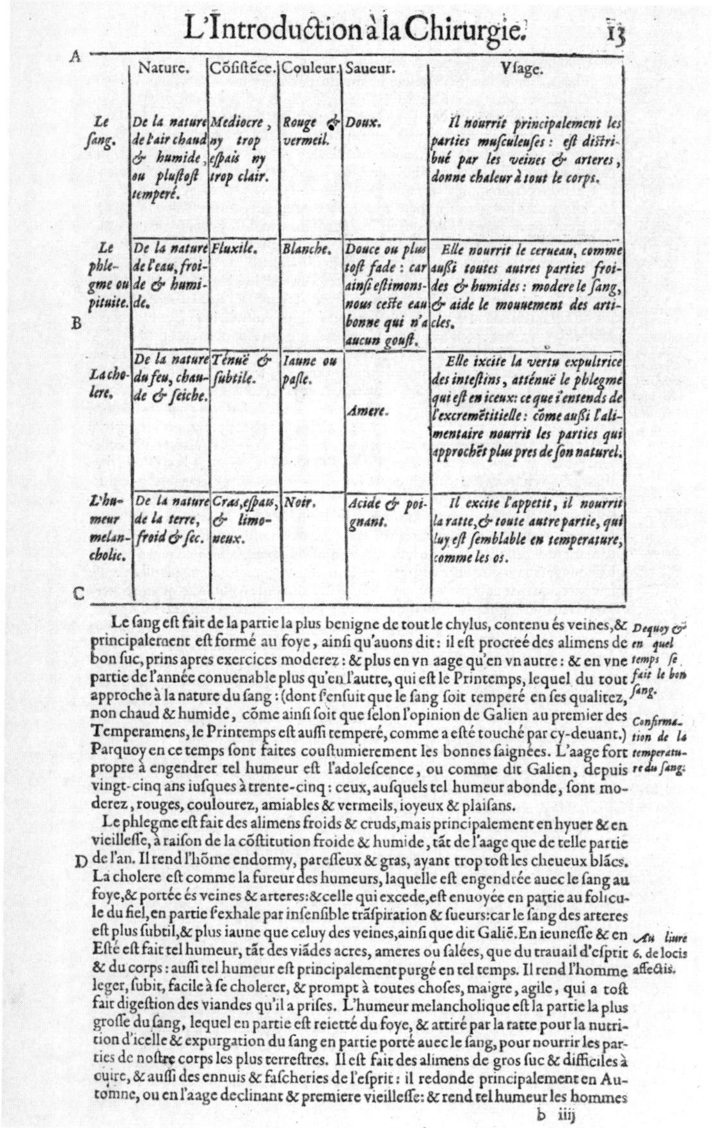

	Nature.	Cõſiſtẽce.	Couleur.	Saueur.	Vſage.
Le ſang.	*De la nature de l'air chaud & humide, ou pluſtoſt temperé.*	*Mediocre, ny trop eſpais ny trop clair.*	*Rouge & vermeil.*	*Doux.*	*Il nourrit principalement les parties muſculeuſes: eſt diſtribué par les veines & arteres, donne chaleur à tout le corps.*
Le phlegme ou pituite.	*De la nature de l'eau, froide & humide.*	*Fluxile.*	*Blanche.*	*Douce ou plus toſt fade: car ainſi eſtimons-nous ceſte eau bonne qui n'a aucun gouſt.*	*Elle nourrit le cerueau, comme auſsi toutes autres parties froides & humides: modere le ſang, & aide le mouuement des articles.*
La cholere.	*De la nature du feu, chaude & ſeiche.*	*Ténuë & ſubtile.*	*Iaune ou paſle.*	*Amere.*	*Elle ixcite la vertu expultrice des inteſtins, atténuë le phlegme qui eſt en iceux: ce que i'entends de l'excremẽtitielle: cõme auſsi l'alimentaire nourrit les parties qui approchẽt plus pres de ſon naturel.*
L'humeur melancholic.	*De la nature de la terre, froid & ſec.*	*Cras, eſpais, & limoneux.*	*Noir.*	*Acide & poignant.*	*Il excite l'appetit, il nourrit la ratte, & toute autre partie, qui luy eſt ſemblable en temperature, comme les os.*

Le ſang eſt fait de la partie la plus benigne de tout le chylus, contenu és veines, & principalement eſt formé au foye, ainſi qu'auons dit: il eſt procreé des alimens de bon ſuc, prins apres exercices moderez: & plus en vn aage qu'en vn autre: & en vne partie de l'année conuenable plus qu'en l'autre, qui eſt le Printemps, lequel du tout approche à la nature du ſang: (dont ſ'enſuit que le ſang ſoit temperé en ſes qualitez, non chaud & humide, cõme ainſi ſoit que ſelon l'opinion de Galien au premier des Temperamens, le Printemps eſt auſſi temperé, comme a eſté touché par cy-deuant.) Parquoy en ce temps ſont faites couſtumierement les bonnes ſaignées. L'aage fort propre à engendrer tel humeur eſt l'adoleſcence, ou comme dit Galien, depuis vingt-cinq ans iuſques à trente-cinq: ceux, auſquels tel humeur abonde, ſont moderez, rouges, coulourez, amiables & vermeils, ioyeux & plaiſans. *Dequoy & en quel temps ſe fait le bon ſang.* *Confirmation de la temperature du ſang.*

Le phlegme eſt fait des alimens froids & cruds, mais principalement en hyuer & en vieilleſſe, à raiſon de la cõſtitution froide & humide, tãt de l'aage que de telle partie de l'an. Il rend l'hõme endormy, pareſſeux & gras, ayant trop toſt les cheueux blãcs. La cholere eſt comme la fureur des humeurs, laquelle eſt engendrée auec le ſang au foye, & portée és veines & arteres: & celle qui excede, eſt enuoyée en partie au folicule du fiel, en partie ſ'exhale par inſenſible trãſpiration & ſueurs: car le ſang des arteres eſt plus ſubtil, & plus iaune que celuy des veines, ainſi que dit Galiẽ. En ieuneſſe & en Eſté eſt fait tel humeur, tãt des viãdes acres, ameres ou ſalées, que du trauail d'eſprit & du corps: auſſi tel humeur eſt principalement purgé en tel temps. Il rend l'homme leger, ſubit, facile à ſe cholerer, & prompt à toutes choſes, maigre, agile, qui a toſt fait digeſtion des viandes qu'il a priſes. L'humeur melancholique eſt la partie la plus groſſe du ſang, lequel en partie eſt reietté du foye, & attiré par la ratte pour la nutrition d'icelle & expurgation du ſang en partie porté auec le ſang, pour nourrir les parties de noſtre corps les plus terreſtres. Il eſt fait des alimens de gros ſuc & difficiles à cuire, & auſſi des ennuis & faſcheries de l'eſprit: il redonde principalement en Automne, ou en l'aage declinant & premiere vieilleſſe: & rend tel humeur les hommes *Au liure 6. de locis affectis.*

b iiij

图 23

在上述长篇的讨论中，我只提到了科学家们能从其人文学科的同事们那里获得的一个有用洞见（虽然按照我的判断，这是最主要的好处）：通过积极承认对自然界的所有事实研究都受到了思维怪癖和社会的影响来揭露客观性神话（而不是对不可避免的损失愤世嫉俗且绝望地耸个肩）——因为诚实的承认只会使科学家们对他们必须使用以获得其精确结论的思维过程产生自我意识，并在实践中更为老练。但 132
我也想比较简要地提到两个额外因素，它们同样是在人文领域内更被了解、理解，并受到了更广泛的研究——这是运用狐狸的宝贵策略，为过度受限或未经充分检查的科学实践增添一些极好的、完全可敬的、具有真实效力的细微变化。

我想要表达的第二点是，人文学者们正确地强调，那些讲究文风的作品的优点与恰如其分，并不仅仅是一种装饰或浮夸的特质，而是一项有助于注意力和理解的基本辅助手段。科学家们则倾向于主张，尽管当然应该培养简洁清晰的文风，但文风作为一种形式问题而非实质，为它费心并无助于研究物质实在——事实上这是成为我们职业俱乐部会员的一枚虚拟徽章。

事实上，对交流模式之重要性的这种明确否认，很不幸，引发的不仅仅是存在于许多科学家身上的那种温和形式的庸俗，他们不仅认为语言技能不重要，而且事实上贬损其同事幸运拥有的任何对文风的敏锐感，认为那是无关的陷阱，并质疑作者在呈现自然数据时遵循客观性的能力。这样，以一种近乎倒错的方式，不善文辞几乎成为一种优点，似乎它即意味着正确地关注自然的原始经验，而非着力于提纯人类对此的呈现方式。（不过，有几个颇具讽刺意味的例子，可以证明最好的科学家总是会理解勤勉的数据收集和典雅简洁的交流各有其价值：约翰·雷那篇否认优美文笔之重要性的文章，也是以他独具特色的极佳散文风格来写作的——参见本书第 47 页的引文。那句著名的箴言，“风格成就人”〔le style c’est l’homme même〕并非出自文坛领袖之口，而是源自 18 世纪法国最好的博物学家乔治·勒克莱尔·布丰〔Georges Leclerc Buffon〕，他同时也是一位伟大的作家，他的四十四卷的《博物志》〔*Histoire naturelle*〕，无论风格还是内容都同样广受赞誉，是第一部以近代进路研究自然的伟大的百科全书。）

因为我们切断了自己与人文领域那些更密切地关注交流模式的学者的联系，我们转动了我们自己的自我参照之轮，发展出一套人造的写作标准和规则，它们实际上确保了科学文章在我们俱乐部之外不具备可读性。我们的一些传统或许也可被称作是滑稽的，因为它们完
133 全没能达到所声称的目的，并且其规则使得写作风格笨拙不堪，而任何一位优秀作家都会立刻看出这些规则将造成严重的后果。举个我喜欢的例子，科学家们训练自己用所有英文模式中最不适当的那种来写作：冷酷无情的被动态。如果你问科学家们为什么，他们会用两个标准的辩护理由来回复：表达的简洁性和陈述的客观性。事实上这两个理由没有一个成立。与相应的主动陈述相比，被动态的句子通常更长；而即便没有那个可怕的主语“我”，依然可以轻易传递出傲慢和颂扬个人的气息。你认为下面哪个句子更简洁、更谦逊，并且更贴切巧妙：“所做出的发现无疑是我们时代意义最深远的进步”，还是“我发现了一种解决那一顽固问题的程序……”？

至少有时候，我们对这种文字野蛮风气的不加质疑的忠诚会产

生一些幽默效果，点亮办公室沉闷的一天。比如，有一次我删改了下述说明，它来自一份毕业论文，其主人是位真诚的毕业生，致力于遵守规则、加入共同体，然而缺乏基本的英文散文写作训练。在论文中他想要强调，他对人类头骨的复杂测量不是一个上午就能完成的，因此他不得不在实验中途暂停一次。他写道："接着房间被留下来吃午饭"[①]——我只能想象这样的场景：当人类占用者在中午休息时，那些实验室设备抓起一个烤牛肉三明治狼吞虎咽。

这种对风格的不注意，与文笔质量并不会影响论证的力量这一积极信仰相结合，至少赋予了少数通过极好的训练或运气而恰巧文笔非常优美且极有说服力的科学家们一种公认不应得的恩惠。在人文领域，在评判任何论证的逻辑敏锐度时，那些言辞带来的力量会被识别出来，并被恰当地扣除。但科学家们相信只有数据的质量和陈述中的逻辑才能服人，恰恰无法认识到文笔的纯粹力量，即使是在支持一个模棱两可的案例时，因此会在不知不觉中被影响。举两个我喜欢的例子来说明有的写作文笔虽好，论证却可疑：查尔斯·赖尔（Charles Lyell）之所以成为地质学之父和渐变论的使者，更多是因为其三卷本《地质学原理》（*Principles of Geology*，于1830至1833年间出版）中优美流畅的文笔，而不是因为其渐变论的真实性或其野外工作的质量多么可靠。（赖尔的视力很差，这使得他对地层和地形的个人观察 134
在发展或支持其观点中的作用不大。）相反，作为一个受过训练且有

① 英文原文是"The room was then left for lunch"，"leave"既有"留下"之意，也有"离开"之意，毕业生的本意是"接着，我离开实验室去吃午饭"，但他不恰当地用了被动态。——译注

着极高天分雄辩地写作（毕竟，这是他原初日常工作的首要目标）的律师，赖尔赢得均变论这个案子更多是因为写了一份才华洋溢的辩护状，而非因为他提供的经验证据。另一例，在20世纪，弗洛伊德（Sigmund Freud）是通过他无与伦比的文学才华而名声大噪，成为一支重要的社会力量，显然不是因为他荒谬可笑、不受支持的人类精神理论。如果《梦的解析》（*The Interpretation of Dreams*）是用更科学的、冷冰冰的被动语态写成的，那我很怀疑弗洛伊德先生的理论是否还会获得其名字的字面意义所体现的状态——喜悦①。

鉴于我致力于科学与人文学科互相启发，并且不想如此苛评我自己的同事和我所尊敬的职业，就让我在抨击的最后指出——以免我那些人文学科的读者们变得洋洋自得——关于沟通，我们科学家也弄明白了一两种狐狸式的技巧，你们应当重视科学世界凭直觉摸索出的那些粗糙天真的操作。我们也许普遍文笔不好，并且遵循的是我们自己构建的、在任何恰当文体的理想下都毫无意义的规则，但在口头表达上我们通常比你们好很多——其原因与我们在写作上的失败逆向相关：因为在这个领域，与写作不同，我们并没有为了错误的目的而订下蹩脚的规则，但你们这样做了，无视恰当沟通的自然倾向，因而失败了。

艺术和人文学术领域的一个秘密是，这些学科的学者们在报告文章时几乎总是在念先前准备好的文本。我发现这一奇怪的做法总是会事与愿违（这是个委婉的外交用语，掩盖了那些否则我会忍不住使用的强标签），有许多原因。最重要的是——人文学科那些将话语看作

① 德语单词“freud”的字面意思是喜悦、快乐。——译注

是其惯用手段的人们应当比其他任何人都更了解这一原则：书面英语和口头英语是非常不同的语言，绝不应当被混淆。在最好的情况下，书面文本是有节制的、正式的且非重复的（因为读者总是能返回到第一次阅读时错过的那些部分）。而口头语则相反，它必须利用重复来加强那些已经淡入不可恢复的时间空洞中的重要观点，必须更加不拘礼节地进行，以免在人与人面对面交流时出现障碍。

我怀疑有谁会否认在阅读马丁·路德·金的演讲《我有一个梦想》（“I Have a Dream”）时感受到的差异。它毫无疑问是 20 世纪
或其他任何世纪最伟大的演说之一，但其文本本身作为书面英语并 135
不好，因为它如诗一般地重复“让自由之声响彻”和“我有一个梦想”，并不适宜于默读。还有一个不那么有说服力的例子，我一直都不明白为什么如《凯西在击球》（“Casey at the Bat”）这样的打油诗会成为最著名的美国棒球诗——直到我听到有人大声朗读，才明白这首诗是为朗诵而非默读而作的，而朗诵是 19 世纪客厅聚会中的一项常见活动。那笨拙但却完美押韵的韵律和诗句在口头表演时非常适合，但却不适合**白纸黑字**出现在静静阅读的眼睛前。

其次，大部分人都不擅长大声朗读，在读的时候没有语调和情绪的变化，且眼睛死死盯着文本。因此，就算有一份书面文本适于朗读，也很少有人能令人满意地承担这项任务。最后，我们必须从几乎是道德的角度为受折磨的学者考虑。为什么我要不辞辛劳地去参加一场演讲，仅仅为了听某人实时地、蹩脚地念一份文本，而鉴于已有印刷版，我本可以自己阅读，并且可能仅花十分之一的时间却获得更大的收获？

在我继续这番夸夸其谈时，请允许我提及另一件我经常抱怨的事：人文学者们在会议上做报告时几乎完全不展示任何图片——即便是那些明显包含有视觉内容的主题。除了艺术史学家们，他们习惯良好，总是会同时使用两台幻灯片放映机。事实上，人文学者的会议上很少有幻灯机，即使有外国演讲者要来且准备展示一些图片时。我一直开玩笑地宣称，如果要以我的名字来命名什么自然原则的话，我将指定下列规则为“古尔德定律”：如果你是位科学家，受邀向人文学者们做报告，请记得提前要求他们准备幻灯机。（科学家们总是会用到图像，因此知道总是会有幻灯机。事实上，许多科学演讲犯了相反的过失，我们总是倾向于在走上讲台后立即关灯，使房间变暗，从而将许多听众送进梦乡，然后开始围绕一系列幻灯片进行演讲。科学家们之间流传着一个老笑话：如果伽利略最初是在一场现代学术会议上介绍他的《星际信使》〔*Sidereus nuncius*〕——他那本革命性的“小册子”，报告他第一次用望远镜观察天空——他的开场白会是什么？答案当然是：“请放第一张幻灯片。”）

我将仅仅描述我最古怪的一次学术经历作为证据。几年前在巴黎举办了一场重大的国际会议，庆祝伟大的自然博物馆（the Natural
136 History Museum）成立两百周年。人们很难想到有比这更具视觉性的主题了（毕竟，灵长目动物是视觉动物），一位接一位的演讲者讲述他们有关博物馆的标本、邻近动物园的动物，还有那些曾经引领世界学术的博物馆馆长的故事。但是没有一位来自人文学科部门的讲演者展示幻灯片。事实上，只有三位报告人呈现了视觉材料：马丁·路德维克（Martin Rudwick）和我，都是受过训练的职业科学家，但现在也从事科学史领域的学术工作（马丁在这方面是真正专业的，我则是一个了解情况的业余爱好者）；以及该博物馆蜡像模型藏品的管理者，他很难不展示他照管下的那些了不起的藏品的图像。

人文学者们本应是优良语言的专家兼守护者，我不知道他们为什么未能理解书面英语与口头英语之间有差异这一基本要点。我只能推测，他们如此恐惧自发演讲时出现任何口误的可能——一个错位的介词，上帝保佑！——以至于他们忽视进行有效表达的恰当直觉，选择更安全的预先进行充分准备。（正如假日酒店曾经的广告语："没有意外。"）但我们都应当听从一位精通所有交流模式的大师的明智建议，托马斯·亨利·赫胥黎（Thomas Henry Huxley），他说讲演者有三种方式讲演，不过第三种几乎总是最好的：（1）即席演讲，或者用现代话说，没有经过多少思考或准备"即席发挥"，这是绝不应当的，哪怕只是为了避免由此展现的对听众的不敬；（2）念写好的稿子，讲演者通常也应当避免这样做，原因见上；以及（3）经过准备但不用讲稿，或者说之前精心准备或认真思考过，但在讲演时直接用口语表达，这是赫胥黎所建议的，一个好的讲演者应当总是这样做。事实上每一位科学家总是在脱稿讲演。我不认为我们这样做是因为我们就口语和书面语之间的区别发展出任何特有的理论，而主要是因为我们重视不拘礼节（但不是粗心大意），绝不会为了念稿十分钟而花费数小时写作。我猜测人文学者们未听从赫胥黎的原则，是因为他们担心脱稿演讲会被误当作即兴演讲，然后公正地受到谴责。我们都需要明白两者间的关键差别。

我要说的第三个要点，也是最后一点，与其他两点的重要程度相

当或更甚，但之前已讨论过，在此只需要总结一下：科学或许有个统
137 一的目标——记录物质世界的事实特征并解释为什么自然以如此方式运作，而不是以其他可能的方式；大概来说就是，确定事实并解释理论。但自然以多种方式来展现它的壮丽，科学中的传统程序并不总能以最优或最具洞察力的方式解析这些模式——并非因为“科学”本身从原则上不能产生认识经验世界之方式的合理区间，而是因为充满偶然的科学史和传统的科学社会学青睐某些模式，并在很大程度上忽视了其他模式。尤其是，西方科学实践继承了科学革命留下的遗产，强烈青睐定量的、实验的技术，这些技术如此卓越地适合于解答相对简单的体系，即由少数服从于实验控制的确定变量按照因果设定，并按照不变的自然法则运行。这些法则不会给予研究对象的现象学以历史，而总是在可限定的环境下以可预测的方式起作用。

然而，有许多事实对象，它们显然属于科学的一部分，并且在原则上能被按照自然法则运作的经验方法恰当地说明，但它们处理的是不同种类的异常复杂且具有历史偶然性的体系——比如，大陆和地形的历史，或者生命系统发生的模式——这些体系完全无法根据在实验室实验中检测、应用的自然定律来推断或预测，而是非常依赖于先前历史状态的独特特征，这些历史状态处于一个完全服从于事后说明但事前不可预测的叙事序列中。这种叙述性说明本可以在科学中获得发展，但却在这些领域中不受重视或被忽视，因为西方大学中学科专业化的独特历史将这一认知方式主要分配给了人文领域的历史学家。我们的智识分类并没有必要以这种方式发展，但它的确这样发生了——这样，社会定义的“科学”制度就未能滋养且常常完全未能理解几个

重要的、规定了经验世界许多方面的说明模式，在最糟的情形下，甚至认为它们不属于它的领域，因此原则上不值得而明确拒绝。（但按照更广泛的定义，它们是科学的一部分，并且按照狐狸灵活选择可行策略的良好进路，它们也在合理选择的范围内。）

这一历史领域不但追求尝试着解释演化论的永恒普遍性这一较常规的科学目标，而且试图了解生命独特历史中的那些独特事件和模式的原因。作为一个主要研究工作在该领域的科学家，我发现，在我 138
追求理解那些只能详尽地、壮丽地发生一次的偶然历史序列中的因果关系的本质时，我所在学科的标准方法相当不充分，甚至常常是误导性的。我因此积极地寻求那些研究人类历史的理论家们的洞见。尤其是，我从未理解偶然性在生命历史中扮演的关键——且明显可被认识的——角色，直到我明白为什么南北战争中南方输了，不是因为北方军队和火力更优越而导致的可预测、不可避免的后果，而是许多特殊事件的偶然结果，这些特殊事件每一个都本可能向着相反方向展开，但却因为一些可解析的原因而未能如此，这些原因实际上与一般自然规律（甚至与伏尔泰的妙语“上帝总青睐军营更大的一方”）无关，而是决定性地取决于个体决定的突然改变。

总之，这里讨论的三个主题应当可以证明人文研究提供的实用价值——更不用说在一个普遍和平的世界中带来的抽象馈赠——它们作为三个狐狸式的策略，对科学的**运作**世界有着极大的潜在好处。将我们错误分离的学科更完美地联合起来，将为推进经验科学的日常工作提供洞见和研究方法的巨大好处。尤其是，我在此称赞了人文学科在以下三个领域中的优越理解力：（1）承认并分析所有创造性工作包括经验研究之中及背后的社会影响和认知偏见；（2）强调在呈现、接受任何好的论证时关注文风和修辞的重要性；（3）发展出特定的致知模式，它们是科学需要的，但由于其自身历史的偶然原因从未强调甚至轻视，反而在人文领域繁荣兴盛。简而言之，人文研究可以教会科学家们认识到嵌入性、价值类型（value style），并使他们接触到额外的说明模式。作为回报，科学也同样为人文学科提供了许多——因此，在许多世纪的互相怀疑和诋毁后，重新统一应当在每个人的优先任务列表上占据高位。

2. 赞同地应用、理解人文研究中的"用户友好型"主题，将有助于科学被疑虑重重的公众认可、接受。打破科学与人文学科间的人为障碍会更有帮助。

人文研究有助于扩展、改善我们自己对自然世界的探索，作为
139 其另一方面，同样的主题能帮助我们在这个充满怀疑和分离的现代世界中忍受（并减轻甚至是抛弃）我们面临的其他主要磨难：科学是当代社会中的一种异化的、难以理解的力量这一流传甚广的看法；以及，一种更有害的普遍印象，即科学实践以某种方式证明属于人类尊严的伦理规范是错误的，或者科学甚至因它固有的程序和危险的知识而威胁到人类的延续。

人文学科的洞见为第一个两难困境即科学异化的看法提供了一个直接的出口。科学的魅力总能为它赢得许多人的热爱。我们只需要想想一个孩子在地下室操弄化学仪器或显微镜这样熟悉的场景。但这样的画面同时也包含了怀疑和限制的种子——因为那个孩子是个男孩，并且也是个孤独的书呆子，更愿意独自待着而不是与他的同学或邻

居的小孩玩棍球[1]游戏（现在是足球了，我想）。事实上，众所周知，我们科学家未能承担起我们的责任，去培养、维持公众的兴趣和支持。我们构建了一系列晦涩难懂的行话，使我们看起来像个顽固的浑身是刺的刺猬球，从而将那些感兴趣但未受过相关教育的人赶走。并且我们给人留下这样的印象，科学是一种不公开的神职，只有在特定领域——尤其是高等数学——受过严格的训练才能理解，而这并不符合每个人的能力或理解力，由此永久地吓跑了许多本来会为之着迷的人。

有几个科学学科中的创造性前沿工作的确需要这种数学训练和实验技能——但并非每个人都能聚集必要的能力，具备所需的精力，或者赢得恰当的接近机会，正如无论如何练习，我们中都只有少数人能将小提琴拉得足够好，从而赢得世界顶级乐团的入场券。这样就出现了一个重要的悖论：为什么我们认为古典音乐是任何有意愿、有时间想要深入赏析并恰当理解它的门外汉都可触及的，而我们会假设科学必须保持难以理解，甚至对那些潜在感兴趣的人也如此？尽管他们不会拨动实验室的调节控制器或计算二重积分，就像我无法像全盛期的帕瓦罗蒂（Pavarotti）那样表演普契尼（Puccini）的歌剧。人们不需要修炼到最高层次以便能以一种相当复杂的方式来理解——无论在音乐中还是在科学中都是如此。然而我们将可接近性赋予了《今夜无人入睡》（*Nessun dorma*），同时却拒绝给予 $E=mc^2$ 同样的地位。

我认为科学的晦涩难解和难以接近是纯粹的神话，很不幸地由科学实作的一些传统方面煽动（但同时也由其他方面制止，不幸的是它 140

① 棍球（stickball），美国儿童在街上玩的一种类似于棒球的游戏。——译注

们并不如此明显可见或者说还未被欣然承认为科学的一部分）。我相信——并且尝试着付诸实践，写了大概十五本面向一般读者的书——即便最复杂最深奥的科学概念，都可以在不加简化或不丧失真正理解所需的细节和专业概念的前提下，用通俗易懂的大白话解释清楚。

此外，我认为这种面向大众的写作是人文传统的一个必要部分，而非一项粗鲁的、最终导致惊人扭曲的简化练习。毕竟，数世纪以来的这项集体努力包括了一些非常杰出的先例，它们应当使每个人对这一事业获得普遍成功抱有希望——其中最著名的有伽利略，他决定用意大利语日常对话来写他那两部最伟大的著作（包括加速了其政治生涯毁灭的哥白尼文献），面向普通读者，而不是写成只供大学学者和教士们阅读的拉丁论文。（另一方面，牛顿的《原理》则令一般读者觉得晦涩难懂，因它是用拉丁语写作，且有大量数学。）我们也必须向达尔文表示敬意，他明智而公平地决定将《物种起源》（*Origin of Species*）写成一本面向公众的通俗书籍，而非一本面向科学家的专业著作。

科学的第二个问题是被认为丑陋、不道德，而不仅仅是晦涩、难以接近。这个问题带来了更大的麻烦，但实际上解决起来要简单些，至少原则上如此。我并不否认，一个基本的观察是，技术能力上的任何重大增长同时也会带来滥用的可能，这是预期善行的邪恶孪生兄弟。一个中世纪的希特勒，仅仅有十字弓做武器，并不能像生活在现代的希特勒那样造成巨大的损失，或者说至少不会如此迅速，后者可以手握核弹，或劫持一架飞机，残忍地将它变成一枚爆炸性的制导导弹。此外，我无法否认科学常常是技术进步的主要推动力。

但我们也必须强调一个常见的区别，不能轻描淡写认为这对科学来说太过细微或自私，相反，它代表了对最终责任的恰当分配。（我在这里给出的是我将在第九章更充分论证的一个重要论点的梗概。）科学，其本性是对事实性理解和说明的探索，并不能给任何问题开出道德上的药方。所有那些错误地放置在科学门口的悲剧，都源于我们在道德上和政治上的失败。当然，我承认，科学至少以两种重要的方式影响了我们的道德话语。首先，有几个深刻的道德困境只是以抽象的形式存在，或者说从未进入我们的意识，直到科学提供工具使它们进入现实。一个明显的例子是，人们不会支持将受孕那一刻作为生命 141
开始的**伦理**定义（在这样一个不可打破的生物学事件的连续统中，并不会有清晰的生命的**事实性**“开始”），直到人们理解，并且能确定受孕的生物学。事实上，在缺乏这些知识的大部分基督教史上，法律权威和道德权威都将胎儿在子宫中的胎动作为生命开始的界定点（和第一个清楚的迹象）——因此，按照当时的神学标准，在此之前的流产并不会被算作是不合法或不合道德的。但没有哪项对受孕和怀孕的生物学研究能够指定生命的法律起始或道德起始的伦理、神学或仅仅是政治的“时刻”。

其次，科学的巨大威力极大提升了潜在破坏的大小和速度，这迫使我们立即注意那些自身尚未入侵到我们意识前线的伦理问题和政治问题（无论我们如何将它们理解为抽象的或是未来的潜在危险）。一个最明显的例子是，我们知道存在人为灭绝，从 17 世纪末渡渡鸟的灭绝到 20 世纪初旅鸽的灭绝都给了我们这方面的经验。但是，那些清理土地、改变环境的技术的一个直接后果是，灭绝的速度和范围已经加快到一定程度，以至于我们可以不夸张地说，我们正生活在生命地质史上的第六次大灭绝期。并且鉴于环境运动的口号——灭绝意味着永远失去——代表了事实实在，而非带有情绪的耸人听闻，拯救就真的成了一个机不可失时不再来的问题。（物种，作为独一无二的生物实体，是在数百万年间通过演化而来的，并不能像报废的汽车轮胎那样被取代或替换。如果我们失去了世界上的半数物种，我们所有人都将在这个贫瘠的星球上陷入贫困。一座在其人类居民外仅有鸽子、老鼠和蟑螂的城市，并不能拯救我们的精神或尊崇演化的壮丽多样性。）

但尽管科学的影响力迫使我们注意这些当前危险的伦理维度，我们仍必须坚定地拒绝一个常见然而完全错误的推论，即科学本身就其本性而言，一定是反宗教的、不道德的，或内在地与审美冲动和感性相对立。科学是在不同的事实理解领域运转的。任何完满的人类生活
142 （刺猬的一种真正的智慧之道）必须由所有这些独立的维度及它们多产的交互来丰富：伦理的、美学的、精神的和科学的（狐狸的独立且必要的贡献范围）。

正如本书之前几次提到的那样，当面对我们完整存在的这些其他领域时，科学很快就触碰到了其逻辑界限。比如，科学只能前进到**道德的人类学**（anthropology of morals）为止。也就是，我们或许可以记录我们多样文化中不同道德信仰的相对频率和公开阐明的理由。我们甚至可以推测，在我们作为非洲大草原上的猎人和采集者处于原初的达尔文状态时，一些特定的常见实践的演化价值。我们的确想要深思这一信息，哪怕只是为了知晓人类灵活性的界限，并理解哪个道德

决策可能难以制定，哪个更容易。而科学，在原则上，就**道德的道德性**（morality of morals）无话可说。因为即使我们能表明，一个特定的信仰（比如，杀婴，或者某种情况下的种族大屠杀）是为了自然选择之下的达尔文优势而出现的，并且在大多数人类文化中都仍然是可接受的，这些事实声明仍不能以任何方式给予该行为以道德有效性。我们只能通过我们道德推理的力量来拒绝这些做法。在最好的情况下，科学的事实知识可能会帮助我们理解在我们努力达到恰当的道德标准时所必定面临的困难，甚至可能会提出一些有用的策略来赢得此种一致同意。

相似地，如果我们真诚地承认，事实科学并不能入侵关于生命的意义和价值之类的精神问题，它们适宜由神学家提出，那么这将以两种重要的方式使我们免受敌视。首先，在逻辑上，将事实问题与精神问题相分离将允许在各自领域恰当地追求专长，没有因僭越而激起的愤怒，并且由此可以展望基于互相尊重的有效对话。

其次，在实际中，在当代美国，如果我们错误地要求在道德或神学辩论中拥有决定性话语，那么科学只会溃败。由于一些我并不打算要理解的原因，美国在一点上在西方国家中“一枝独秀”：其公民中的大多数都公开承认，信仰一种相当传统形式的最高存在（Supreme Being），在他们的生活中占据了中心位置。（我承认，我看不出这样一种信仰有任何实际影响，比如在致力于帮助同伴时有更高的道德自觉或目的更严肃。不过我片刻不曾怀疑这一公开宣布的信仰的诚挚 143
度。如果人们坚持说这样一个信仰在他们的生活中占据了中心位置，那么，以上帝之名，的确是这样。）考虑到这一确凿的社会学事实，如果笃信宗教的人们相信，科学天生就与他们的精神信仰相对，那么，如果我可以用句白话来表达的话，科学完蛋了。因此，我们最好的策略——以及根据第一个论证，在任何情况下智识上最健全也最诚实的立场——要求对这些宗教信仰（科学家中有许多也共享了这些信仰）保持真诚的尊重，并且继续强调，科学不会对这些生命情感支持的中心支柱造成任何威胁。

简而言之，我的三个论证的“摘要”就是，科学需要人文学科来教会我们认识到自己事业古怪且相当主观的一面，教会我们理想的沟通技能，并给我们的能力设置恰当的边界——这样，我们就可以将我们的事实技能与我们的道德智慧结合成一道屏障和武器，在这个有着紧迫危险的时代，为了人类至善而携手合作。

7

甜蜜与光明，作为冷酷且治愈的真相 144

在这部分的结尾，我将用开头的一个故事来结束。我将回到17世纪末18世纪初崇古派与厚今派的辩论，对“另”一方最后说一句话。我介绍了培根关于我们当下的高龄（及随之而来的智慧）的悖论，讨论了科学的厚今派给出的最好论证和疗救之手；以及牛顿的警句，他说我们现在之所以看得更远仅仅是因为我们站在了古代巨人的肩上，从而承认这个名为科学的婴儿的弱小状态。但除非我对来自崇古派的最好辩论也给予公平的聆听，否则我就无法通过同时强调共性并统合双方的不同长处来兑现我修补科学与人文学科间古老裂隙的论证。聆听另一方，哪怕只是为了表明，即使在挑衅中，一个好例子的说服力也能获胜，并且即使是如此强有力的辩护，也为这里所提议的联合和治愈留下了充足的空间。

我选择这个故事来结束也是出于另一个动机，既非常独特同时也很普遍。“甜蜜与光明”（sweetness and light）这一短语存在于我
最早的记忆中，因为我母亲喜欢它传递的意象，常常引用这一固定搭 145
配。不过我承认，尽管赞许其温情，但我总认为这一隽语无用，且相

当无意义，无论因纯粹私人的原因而激起的感觉多么温暖。毕竟，还有什么能比喜爱一种好吃又好看、如此明显招人喜欢的东西更模糊或更不模糊呢？

不过，当作为一个成年人思考学科划分的问题时，我却偶然发现了这一显然无害且被广泛使用的短语的源头。（我承认，我之前甚至没有想过这个短语会有一个具体的起源——因为，一种如此明显美好的东西只需要"存在"，不用要求有一个具体的发明时刻。）但接着我发现"甜蜜与光明"不仅自吹有一个有趣的起始，而且还是被作为一个箴言发明出来，以代表某种相当特定且有党派性的事物，而不仅仅是表达一种温和且明显永恒的真实。因为这个短语明确提到了人类对蜜蜂制造出来的两种物质的最好利用——蜂蜜和蜂蜡，分别带来甜蜜（仍然大量供给）和光明（至少在爱迪生先生之前）。为这一短语负责的那只蜜蜂，出自讽刺文学大师乔纳森·斯威夫特无疑犀利的笔下，他同时也是位古人拥护者。他发明了这一特殊创造作为一个比喻来推进崇古派与厚今派的论辩，后者在这则寓言中由一只蜘蛛象征。因此，甜蜜与光明概括了古典人文主义在反对正处于好斗婴儿期的科学新世界时的要点。如果斯威夫特先生的在天之灵（毫无疑问仍然好斗）能够原谅形而上的征用，我还想将他这个著名的短语用于描绘科学和人文学科小心翼翼（见本书前言最后一行）但**可达成的**结合所能带来的**至善**，这一过程通过使用狐狸和刺猬的不同但同样出色的计谋来完成，科学和人文二者虽结合但仍彼此独立，互相尊重。

我们不再站队，但必须找到一种方法来调解并融合这两种伟大且真实的方式。换句话说，我们必须从蜜蜂和蜘蛛的总体中产生出甜蜜和光明，而不是将这一奖赏作为一方针对另一方的武器。但为了理解这一扩展的力量，我们必须首先理解甜蜜与光明的真实故事*，其最主要来源是乔纳森·斯威夫特于1704年发表的一篇著名讽刺作品， 146
《圣詹姆斯图书馆上周五发生的古书与现代书之战的完整实录》（“A Full and True Account of the Battle Fought Last Friday Between the Ancient and the Modern Books in St. James's Library”），通常简称为《书的战争》。如果两派间制定了协约，且各安其位，那么本可相安无事。但图书管理员在摆放时肆无忌惮地混合带来了不和谐：“在摆放书时他总是犯错，将笛卡尔匆匆放在亚里士多德旁；可怜的柏拉图被分到了霍布斯……维吉尔则与德莱顿挤在一起。”

在斯威夫特这个故事的初期，双方都利用培根悖论来推进他们各自的论证：

> 火药味越来越浓，双方唇枪舌剑，对彼此的敌意也越来越多。这里一位落单的古人，与一整架现代人挤在一起，公正地提议辩论这个问题，并用显明的原因证明，因为是他们长期拥有，所以优先权应当归于他们……但这些［现代人］否定了上述前提，并且似乎很纳闷，古人如何能坚持声称他们更古老，因为非常显而易见的是（如果他们愿意想一想的话），现代人才是两者中更年老多智的。

斯威夫特在文中花了很长的篇幅来描述实际的战争，并且很少隐

* 本章剩余部分改自我之前的一篇文章，它不可避免地被命名为“甜蜜与光明”，发表在我的《干草堆中的恐龙》（*Dinosaur in a Haystack*, New York, Harmony Books, 1995）一书中。

藏他自己对古人的同情——正如在下段引文中，亚里士多德未击中培根，相反杀死了笛卡尔（这位伟大的法国厚今派落入了他自己理论的旋涡中）：

> 接着，亚里士多德看着培根滔滔不绝的狂怒样子，举起弓箭瞄准后者的头部，射出了他的箭，不过并未射中那位英勇的现代人，而是从他的头上擦过；但却接着射中了笛卡尔……巨大的痛楚，让英勇的笛卡尔眩晕混乱，直到死亡像一个极有力的星体，将他吸入了他自己的旋涡。

斯威夫特为这场战争设计了一场文字开幕式——一共三页的佳作，构成了西方文学中最伟大的长比喻之一：蜘蛛（代表厚今派）与蜜蜂（代表崇古派）的辩论。在图书馆，有一只蜘蛛居住在“一扇大窗户的最高角落”。他圆滚滚的，并且很满足，“通过消灭数不清的
147 飞虫，他膨胀到了最大限度，后者的遗骸散落在他宫殿的门口，就像某种庞然大物洞穴口的人类骸骨一样”。（我猜测，斯威夫特并不知道大部分圆网蜘蛛的雄性都很小，并且不结网——因此他的主角无疑是个“她”。就此而言，细想一下，那只勤劳的蜜蜂也是如此，但在这个文本中也被称作“他”。）

斯威夫特清楚确定了其主角们的效忠对象。蜘蛛，从他自己的身体内部吐出这样一张数学上复杂的网（不依赖任何外部帮助），是一个科学的厚今派：

> 通向他城堡的大道上布满了障碍和栅栏，全都遵循的是“现代”［斯威夫特自己加了斜体］防御方式。穿过几座庭院，来到中央，或许可看到城堡主人本尊在他自己的寓所，通过四周的窗户监视每条大道，还有多个港口可以随时出发，应对每一次捕猎和防御。在这座大厦，他已平和富足地居住了一些时日。

接着，一只蜜蜂穿过一扇破裂的窗格，恰巧“落在了蜘蛛城堡的一面外墙上”。他的重量撞破了蜘蛛的网，随之而来的震动和骚乱惊醒了蜘蛛，他匆匆忙忙跑出来，担心“恶魔正带着他的所有军团而来，为其数以千计蒙难的臣民报仇，他们被敌人杀戮并吞噬”。（很不错的手法。恶魔〔Beelzebub〕，是魔鬼的俗名，字面意思是“飞虫的首领”。）不过他发现只有那只蜜蜂，于是用一种至此之后被称作斯威夫特体的方式咒骂道：“你昏了头了吗……婊子养的……你就不能看着点，不这么该死？你以为我整天无所事事（以魔鬼的名义），专跟在你屁股后面修修补补吗？”

蜘蛛冷静下来后，承担起他作为厚今派的智识角色，用他这一方的核心观点严厉指责蜜蜂：你拥护古人，像个毫无创新能力的可鄙寄生虫一样，自己无所创造，只能从其他人的古老洞见中搜寻食粮（野地里的花，既有公认赏心悦目的美物，也有荨麻）。我们厚今派从我们自己的天才与发现中构建新的智识结构：

> 你算什么？不过是个没有房子或家的流浪汉罢了，没有储备，也
> 没有遗产。生来没有任何属于你的东西，只有一对翅膀和一支蜂管 148

（drone-pipe）。你的生计是在自然中四处劫掠；是田野和花园中的强盗；为了偷窃，会像抢劫紫罗兰那样抢劫荨麻。而我是个顾家的动物，生来就自带储备。这座大城堡（表明了我在数学上的改进）完全是我亲手所造，所用材料也完全是从我身体内部取出的。

接着蜜蜂替所有古代学问的信徒做了回应：我借，但并未因此造成危害，并且我将我所借的转变成极美极有用的新东西——蜂蜜和蜂蜡。而你，尽管宣称仅靠自身建造，但仍然必须屠杀许多飞虫来获得原材料。此外，你自吹自擂的那张蛛网脆弱、短暂而且易朽，无论据称它在数学上多美丽（而对古代知识的提取可以永存）。最后，你如何能宣称你自己生产蛛丝是德行，如果其原料是基于你自己内部的毒物，其效力是破坏？

的确，我拜访田野和花园里的所有花朵，但无论我从它们中采集到了什么来丰富我自己，都没有对它们的美丽、气味或味道带来哪怕一丁点损害……

的确，你夸耀说对其他生物都无所亏欠，完全是从你自己内部抽丝结网；也就是说，如果我们可以通过所产出的来评判脉管中的液体，那么可以说，你的胸腔中存贮了许多脏物和毒物；并且，尽管我绝不会贬低或轻视你对这两种物体的真实储备，然而我怀疑，它们的增加，你多少得感谢一些外部援助……简而言之，问题是这样的；这两者中谁更高贵，一个在方圆四英寸大小的地方懒洋洋地静观，在无法抑制的洋洋自得中，自己捕食、产出，将一切都变成排泄物和毒液，最终除了飞虫残骸和蛛网外什么也没生产；另一个，则通过广泛的搜寻，对事物进行漫长的探索、仔细的研究、准确的评判和辨别，最终带回来蜂蜜和蜂蜡。

在随后近三百年中，没有哪位作家更敏锐地阐明了这个问题，尽管斯威夫特是以极端的形式。大部分认真考虑过的人都会选择蜜蜂与 149
蜘蛛之间的某处，但两方的极端主义者都仍然援引与之前相同的论证。当前蜘蛛派的信徒们宣称传统学术中的“伟大之书”（现在包括了诸如斯威夫特这样曾经的现代人及他的《格列佛游记》）对现代研究者来说已不值一读且不重要——因此或许最好放在一边（或者只选取一些节选，匆匆浏览一下即可），转而直接阅读现代文学和科学。在最糟的情况下，他们可能会积极地贬低这些古老的支柱，认为它们不过是那群被称作已故欧洲白人男性（dead white European males，缩略为 DWEMs）的满怀偏见的人所写的偏见储藏库罢了。

当前的蜜蜂信徒们可以兜售关于坚持标准、保存那些在历史长河的喧嚣中大浪淘沙留存下来的经典等有价值的老生常谈。但这些好的论证通常都伴随着对科学和政治复杂性的无视或实际上的反感，而这些复杂性渗透在我们的日常生活中，所有受过教育的人们都必须理解它们，以便在职业生涯中高效且考虑周到。此外，对“伟大之书”的辩护太经常成为政治保守主义和维护旧特权的烟幕（尤其是在像我这样的人中间——超过 60 岁的白人教授，他们并不想承认其他种类的人可能有些重要的、美的或者能够持久的东西要说）。

我们如何能解决来自我们现代幼年时期的这一古老争论？在某

种意义上我们不能，至少没有哪一方能获得明显的胜利——因为在培根那个概括了当时正在进行的斗争的悖论之后，双方都进行了很好的论证。不过一个明显的解决方案就在我们所有人眼前，只要我们能克服导致任何一方加固其栅栏的偏狭。这个答案自亚里士多德以来就与我们在一起了——以“中庸之道”（golden mean）的形式。这一解决方案劝告我们，迫使我们注意双方好的论点。这个解决方案具体体现在埃德蒙·伯克的著名警句中，他曾是最初战场上的厚今派，但现在属于 DWEMs 中的极端保守者之列：“所有的政府——事实上，人类的每一项利益与享受，每一项美德与谨慎的行动——都建立在妥协与交换的基础上。”我们必须杂合蜜蜂与蜘蛛——然后，以好的达尔文方式，通过严格的良好教养（教育）计划，选择两个亲本中的最好性
150 状。蜘蛛当然会四处颂扬其蛛网的技艺美，以及所有的当代人都绝对需要理解其结构的力学与美学。但也不能因为蜜蜂的下列坚持而批评他，即有成片的精纯提取的智慧在等着我们善加利用，用于享受和启蒙——并且，我们若绕过这样丰富的宝藏将是彻头彻尾的傻瓜。

我可以论证两方的优点，但鉴于我生活在科学的世界中，更持久、更日常地体验到了它的偏狭，因此我觉得更有必要推进蜜蜂的事业。提纯或许是带有偏见的，但任何持续了数百年或数千年的事物（至少部分是通过自愿的享受，而非被迫学习）肯定有其可贵之处。没有谁会比我这样的演化论生物学家更欢迎多样性；我们热爱那上百万种甲虫中的每一种，热爱蝴蝶翅膀上每个尺度上的每个变异，以及鹦鹉每根羽毛着色上的每一个细微差异。但没有一些共同的停泊处，我们将无法对话。如果我们无法对话，我们将不能讨价还价、妥

协并互相理解。我将无法再在课堂上引用莎士比亚或《圣经》中的那些最常见的段落，并希冀获得大多数的认同，对此我感到悲哀。共享文化中的首要通用语现在可能已变成过去十年中的摇滚乐，对此我感到不安——不是因为我认为摇滚乐天生不值得，而是因为我知道，通用语会很快改变，从而给代际之间的相互理解播下更多的障碍。我担忧，对其文化的历史和文献了解不足的人最终将变为完全自我指涉的，就像科幻小说中最有力的象征（出自阿伯特〔E. A. Abbott〕的《平面国》〔*Flatland*〕，发表于1884年，此后一再重印）——那个居住在由点构成的一维世界里的幸福的傻瓜，认为他无所不知，因为他构成了他自己的整个宇宙。在这个意义上，蜜蜂对蜘蛛的批评是恰当的——一张转瞬即逝、“四英寸大小”的蛛网只是我们这个广袤美丽的世界中的一个微不足道的样本。对于一个不懂多变量统计和自然选择逻辑的学生我无计可施；但那些除了本领域内的专业杂志外什么都不读的人，我无法使他成为一个好的科学家——尽管我可以将他塑造成一个合格的技术专家。任何真正明智的人都将不得不了解、欣赏科学和人文学科非常不同的方式，以达到一种**完整的**卓越。蜜蜂加蜘蛛；用狐狸的方式成为一只最优秀的刺猬。有难度——但在我们这个基因工程的新时代当然是可能的！ 151

关于斯威夫特，我最后再说几句。当蜜蜂和蜘蛛给出他们各自的论证后，伊索站了出来，称赞双方“令人尊敬地处理了他们之间的争论，对两边的每个论点的方方面面都进行了辩论，全力以赴，再无遗漏”。但他接着从他的位置和状态出发，支持了蜜蜂。一个忽视累积的智慧的人会在他自己的薄网上消亡：

愿用多少种方法和技能就用多少种来建造你居所的结构；但如果原材料只有从你自己的内部（现代大脑的内部）结出的污物，那么大厦最终就只会是一张蛛网；它的存在，就像其他蛛网一样，可能最终归于被遗忘、被忽视或湮没在角落中。

伊索最后称赞了蜜蜂，并基于英语中最优美的连接词组之一创作了一句格言。由此“甜蜜与光明”——作为蜂蜜和蜂蜡的直接属性——进入了我们的格言辞典，这是斯威夫特借伊索之口，为我们最伟大智识传统的广阔蜂房进行辩护的顶点：

对我们崇古派来说，我们满足于做蜜蜂，不自称有其他任何东西是我们自己的，除了我们的翅膀与声音，也就是我们的飞翔与我们的语言；至于其他，无论我们得到了什么，都是通过辛勤的劳作，通过在自然的每个角落搜寻、探查：区别在于，我们并未造出污物与毒液，而是选择用蜂蜜和蜂蜡填充我们的蜂巢，从而向人类提供了两种最高贵的东西，甜蜜与光明。

第三部分

“多”与“一”的传说：真融通的力量与意义

8

“一”的融合与“多”的好处 155

我在前文概述如何消除科学与人文领域之间的有害边界和相互怀疑时提出了两条建议，它们乍看之下可能是矛盾的——但并不比我们国家的官方座右铭更矛盾：合众为一（E pluribus unum）。我们打了一场内战以将我们的不同主题聚合在一起，以证明一个强大而民主的国家，能够在互相尊重的同一苍穹下包容各种人类的差异和自然的差异——种族上的，语言上的，气候上的，经济上的，以及风土上的。人类智识统一王国中的学科领域也应当是这样，尤其是所认为的科学与人文学科之间的冲突应当化解。如果我们同时以更深的潜在一致，取代双方的肤浅对抗，也就是，如果我们能享受我们在意图、动机和创造性实践几方面的融合（刺猬的伟大一招），同时也尊重我们作为不同领域的守护者，承担着探索逻辑上不同种类问题的责任，因此彼此独立且分离（狐狸的许多有效但独立的方法），那我们就可以打破这些古老的互相指责的束缚，成为团结一致、平等友爱的伙伴。

我将引用两段论多样性的文字，它们分别从内部和外部总结了在承认存在决定性不同和一系列植根于所有智识努力之共性的相似性的 156

同时相互尊重的理由。首先，从内部来说，每一个领域，在它自己的存在内，都包含了如此多不同的方法、关注点和说明风格，以至于即使我们想要在一面统一的大旗下发动战争，都无法谋划出一条本能的统一战线。（本书讨论的是科学和人文学科，但同样的论证也适用于其他领域，尤其是宗教。）每个领域都信奉它自己的“合众为一”，内部的争霸夺权只会使它们受到损害。这样整个集体又怎能希冀在与其他集体进行的同类破坏性斗争中受益呢？人类学家克利福德·格尔茨（Clifford Geertz）在为美国自然科学领域内的顶级杂志《科学》（2001年7月6日，第53页）写的一篇评论中强调了多元主义的实际力量。有趣的是，格尔茨借用假的“科学战争”（本书第95—104页对此进行了讨论）来引入他关于领域内广泛多样性的重要观察：

> 在很大程度上，“科学战争”，贩卖着部族的猜忌和古老的恐惧，产生的更多是酷热而非光明。但在一点上它们是有用的。它们表明了，用“科学”这个术语来涵盖从弦理论到心理分析的一切并不是个好主意，因为这样做忽略了一个艰难的事实，即我们试图用来理解、应对物理世界的方式和我们试图用来理解、应对社会世界的方式并不完全相同。研究方法、探究目标和评判标准都不同，如果认识不到这点，那只会带来混乱、轻蔑和指责——相对主义！柏拉图主义！还原论！咬文嚼字！

其次，从外部来说，我一直欣赏切斯特顿（G. K. Chesterton，1874—1936）关于艺术所做的明智尽管乍看之下矛盾的观察，这个观察同样适用于定义任何合法学科。因为，在缺乏界定清楚的边界的情况下，没有哪个有机体或制度能维持足够的黏合性，以便被认为是一个合法的实体。切斯特顿，现在人们记得他主要是因为他的“布朗神父”（Father Brown）系列侦探故事，事实上他曾是一位受人尊重 157
的评论家，可能是他那个时代最著名的文学评论家。他写道：“艺术即限制（art is limitation）；每幅画的精髓是其画框。”

为了与我在整本书中的做法保持一致，我将不再进行任何抽象的或理论上的讨论，而是尽可能选择一些不太出名但我认为能非常恰当或深刻地阐明所讨论的总论题的具体例子。因此，关于科学与人文学科间的联合与合作的两个主题（“一”的融合与“多”的好处），我将各举两例来探讨，这两个主题看上去貌似矛盾但实际上是互补的。

“一”的融合

海克尔的“自然的艺术形态”——二者之一还是二者皆非？融合还是滥用？

西方艺术史和科学史上的许多重要作品，都因深入的融合而获得力量上的极大提升。这种融合如此深入，以至于追究这一作品究竟应当被称作“艺术”还是“科学”已经没有任何意义——因为“都不是”或“都是”这两个回答同样令人信服，从而证明问题本身是无意义的，因为这一错误二分的两个假定的类别并非作为分离且竞争着的实体而存在。

我常列举的一个最大程度融合的例子，来自德国生物学家恩斯特·海克尔（Ernst Haeckel, 1834—1919），他同时还是一位卓越的画家和艺术家。（当然，许多科学家在业余时都尝试涉足艺术，但按照通常轻蔑的描述，他们都只是“星期天画家”。比如，歌德就画了许多让人过目即忘的水彩画。但至少有两位著名的博物学家幸运地同时拥有真正的艺术天分，他们在专业领域的出版物装点着他们自己的画作，两者的结合使得他们的作品极为有力——恩斯特·海克尔和伟大的法国博物学家乔治·居维叶。）

1904 年，海克尔出版了一部有整整一百幅插图的华丽作品，题为《自然的艺术形态》（*Kunstformen der Natur*）。题目本身明确地表达了同时处理这两个伟大领域的意图。但插图的内容使这一目标达到了一个科学绘画史上从未抵达过的高度——从而引发了这一矛
158 盾：在完美地实现目标的同时也消灭了“科学”绘画这一曾经受到如此重视的类别！从 1899 年到 1904 年，海克尔先后出版了十期绘画，每期十张，在此期间，新艺术（Art Nouveau），德语中叫作 Jugendstil，正引领着精致装饰艺术的时尚潮流。《大不列颠百科全书》（*Encyclopaedia Britannica*）对它这样大致概括：“新艺术最突出的装饰特征在于其波浪状的、不对称的线条，通常表现为花茎、花蕾、葡萄藤卷须、昆虫翅膀以及其他精致弯曲的自然物体的形式；线条或精致优雅，或充满了有力的韵律感和鞭策力。”

如果我们在研究《自然的艺术形态》中的绘图时从常规问题“它是艺术还是科学？”开始那我们就会不知如何回答。海克尔的确描绘的是实际存在的真实生物，因此在某种意义上，他的绘图促进了科学。但无论是每个有机体自身，还是它们在每幅图中的排布，都严格地遵循新艺术所有的重要惯例，到处都是延展的曲线——因此在另一种意义上，他的绘图体现了当时流行的艺术风格。

现在来看三个例子（我很愿意在此复制全部一百张图——并且是彩印；但那样的话我的出版商就该抗议了，再说多佛图书〔Dover Books〕仍在出版海克尔的书，插图质量中等）。图24中的鱿鱼和章鱼的确存在，我们知道这些生物都长着许多长长的触须，但我怀疑它们在自然状态下是否有任何姿势与新艺术所青睐的卷曲相似。至于图25中的玻璃海绵，海克尔的确展示了其骨针成角度的对称，它们用来搭建海绵内部的硅质骨架，近乎显微级别。但在这幅图的底部，几个完整呈现的物种聚在一起的画面，或许已被某位艺术教师当成教学示范图，用来展示一种在当时备受青睐并被奉为流行圭臬的艺术风格。而当海克尔不仅仅聚集了一群个体有机体，而且试图构建一幅许多物种在其栖息地（正如图26中的造礁珊瑚）的“自然”场景时，总体效果看起来更像是一幅由新艺术弯曲物构成的魔幻场景，而非一些独立的活着的生物体。

海克尔就这些插图做了一点评论，既是介绍性说明也是结束词，我发现它们尤其能展现他的满足之意和他的不安。他清楚地写明，正如书名中的融合所宣告的那样，他想要在这一系列绘画中结合艺术和科学两个目标（原文德文，引文为我的翻译）：

> 我的《自然的艺术形态》一书的主要目标是美学上的：我想要为更
> 广泛的大众提供一个入口，使他们能一窥隐藏在海洋深处或因太微小而 159
> 只能在显微镜下看到的自然宝藏，它们如此美丽，如此奇妙。但我同时
> 也想将这些美学上的考虑与科学目标结合起来，即，更深入地展示这些
> 尚不为人类熟知的生物组织的奇妙构造。

Haeckel, Kunstformen der Natur.
Tafel 54 — Octopus.
1
2
3
4
5
Gamochonia. — Trichterkraken.

图 24

Haeckel, Kunstformen der Natur.
Tafel 35 — Farrea.
Hexactinellae. — Glasschwämme.

图 25

Haeckel, Kunstformen der Natur.
Tafel 69 — Turbinaria.
Hexacoralla. — Sechsstrahlige Sternkorallen.

图 26

但海克尔无法满足于这种充满善意的融合——因为他知道，他得
过他的科学同行们这一关（毕竟，这是海克尔的主要日常工作）。如
果他们认为海克尔可能为了艺术而扭曲了生物精确性，他们一定会大
肆嘲弄，猛烈攻击；如果海克尔甚至尤其为了艺术而这样做，那他们 160
更会嗤之以鼻。公平地讲，人们并不能因海克尔的同事严格审查他的
工作而指责他们狭隘、地方主义。数十年来，海克尔一直因他对精确
性漫不经心的态度——甚至在他面向分类学专家们的那些专业文献里
也如此——而受到公正的批评。尤其是，他常常“改进”放射虫骨架
和海绵骨针的几何学对称性，拼凑整齐美丽无误的形态来替代那些因
不那么完美对称而使吸引力小小降低的实际生物。更重要的是，海克
尔还因他经常在教科书中绘制理想模型并宣称它们是真实标本而受到
学界严厉且公正的抵制。最臭名昭著的一个例子是，海克尔为了支持 161
他最喜欢的话题——所谓的“个体发育重演系统发育”的“生物发生
律”——不惜将同一幅图画了三次，作为成年后极为不同的几种脊椎
动物在胚胎早期近乎一致的所谓例证，这很快就遭到了几位同行的揭
露（见我在《我已降落》〔*I Have Landed,* Harmony Books, 2002〕一
书中论路易斯·阿加西〔Louis Agassiz〕反应的文章）。（正如“坏铜
币总会再回到手中”这句古老的格言所说的那样，现代神创论者们已
重新发掘出这个被讲述过不止一次且已受到严厉批评的故事，徒劳地 162
试图就此对演化论提出质疑，因为一个多世纪以前的一位著名同行以
这种方式行为不当。）

不过，我要批评海克尔的同行们，因为他们嘲讽地使用狭隘的策略，指责是海克尔的“艺术”倾向导致了他对科学规范的藐视，进而

扭曲了他对科学精确性的承诺。为什么一位艺术家就不应当像科学家那样关注真实？这样的刻板印象，很不幸在我们的时代也一样常见并反复出现，它们只会毒害所有善意之士所追求的多元主义与尊重。海克尔的失败在于他自己的不足，并不能被搪塞为任何将他纳为成员的更大团体的惯常做法。

对此海克尔上演了一番男版的“我觉得，那位女士辩解得太多了”①，由此暴露了他的恐惧。这个问题或许本可以在缄默中过去，但海克尔激烈地为自己辩护，坚称自己的所有绘画描绘的都是实际中的动物，细节精确。然而，在《自然的艺术形态》一书中，他变本加厉地、始终如一地扭曲笔下的生物（但仅此一次无可非议，考虑到该书的意图），以不自然的曲线描绘它们身体的各部分，并为了设计上的美观将生物合并成自然状态下不大可能出现的结合——所有这些，显然都是为了迎合盛行的新艺术感性，而不是因为这样的场景在自然中存在。

或许我过分解读了这些次要的风格问题，但海克尔在前后两次为自己辩护时措辞上的不同——一次是在1899年，在他作品开始发行时，另一次是在1904年结束时——似乎透露了他越来越需要靠近人们所期望的科学界线以获得同行们的理解。1899年时，他用一般文章的主动语态写作，使用在科学文献中通常避免的可怕的第一人称单数，并且清楚地为“真正”的艺术家们偏离事实进行自由创作留下了空间：

---

① 这是莎士比亚《哈姆雷特》中乔特鲁德王后的一句著名台词，意思是越解释，越让人觉得背后有其他原因。——译注

> 在这些图中，我将自己限制于真正存在的自然物，并且我克制自己不进行任何风格上的模型化或添加装饰用途；我将这些技巧留给艺术家他们自己。

但到了1904年，仿佛是为了使他与他自己的作品保持距离并服从于科学文章的规则，海克尔用被动语态表达了同样的观点，并且不再赋予艺术家们任何背离自然真实的特许权：“这里所描绘的所有‘艺术形态’，实际上，是真实存在于自然中的形态；它们被绘制下来，并没有进行任何理想化或风格化。” 163

纳博科夫的蝴蝶：事实中的明晰

如果说“一”的融合中的第一个例子是个如此混合、如此中间的案例，以至于“艺术”和“科学”丧失了作为不同探索模式的所有意义，那么第二种融合形式，不那么强烈但更常见，利用了“另一”方的日常技能和感性来加强具有传统专业技能的一个“主场”领域中的有效论证（这通常是那些较狭隘的专业实践者不会清楚注意到的）。我已经讨论过诸如赖尔和弗洛伊德这样的著名人物如何利用他们在写作上非同寻常的天赋来推进他们的事业，他们的文笔皆华美有力——这项“策略”在许多科学家看来是“鬼鬼祟祟的”，或者说至少与严谨的数据和论证逻辑这样的传统标准无关。（无需多言，我既没有宣称所有人文学者都具有高超的写作技艺，也没有宣称科学家们不喜欢精心写作的文章而喜欢混乱无序的文章。我只是指出，人文学者们明显重视好的写作，将此作为其事业的首要目标，而大部分科学家倾向于忽视文体问题，认为这在本质上与他们的工作无关。）

我在“一”的融合的第二个类别里最喜爱的一个例子，是20世纪一位伟大的文学作家（他同时也是一位非常出色的生物学家）的事例，他在文学写作中遵循着一条重要的科学规范，完全知道他在做什么，为什么如此进行，以及他的写作如何由此获得提升。然而，几乎所有的文学批评家都未能理解他的策略或原因（尽管作者经常清楚地阐明他的目标），他们顽固地坚持对他的作品做一种传统的“文学”解释，而这是作者本人所憎恶、拒绝的。这的确是个讽刺的故事，极适合于提供从道德到政治的一系列教训。

弗拉基米尔·纳博科夫（Vladimir Nabokov）[*]，在1942年到1948年间担任哈佛大学比较动物学博物馆的鳞翅类昆虫（蝴蝶和蛾子）负责人，他的办公地点与我曾占据了35年的办公室在同一栋建筑中，只是高了三个楼层。他在分类、描述眼灰蝶族（Polyommatini）——通常被称作“蓝蝶”（blues）——方面是一位
164 很有经验、非常专业的专家，围绕拉美的这一大群蝴蝶出版了几本广受尊重的专业著作。事实上，正如他的传记作家们经常提到的那样，在1948年他前往康奈尔大学教授文学之前，他主要是靠生物学家的身份维持生计，大部分的时间也花在这上面——因此称他是专业科学家兼业余作家是非常恰当的。

我们很难质疑纳博科夫对他第一份职业的热爱，他在1945年写

* 本节的最后几个故事包含了之前已发表文章中的一些素材：有关纳博科夫的来自《我已降落》（*I Have Landed*, Harmony Books, 2002），塞耶的来自《为雷龙喝彩》（*Bully for Brontosaurus*, W. W. Norton, 1991），坡的来自《干草堆里的恐龙》（*Dinosaur in a Haystack*, Harmony Books, 1995）。

给其姐妹的一封信中生动地表明了这一点：

> 我的实验室占据了四楼的一半，大部分空间都摆满了成排的展示柜，里面放着装蝴蝶的滑动箱。我是这些精彩绝伦的藏品的管理员。我们有来自全世界各地的蝴蝶……沿窗户排开的桌子上摆放着我的显微镜、试验管、酸、纸、大头针，等等。我有一个助手，他的主要任务是将采集者们送来的标本平铺开。我做自己的研究……研究美洲“蓝蝶”的分类，主要根据它们生殖器的结构（极小的如雕刻般的钩状、齿状、尖刺状器官等，仅在显微镜下可见）进行，我在各种各样的绝妙工具、幻灯机变体的帮助下把它们画下来……我的工作令我着迷，同时也使我精疲力尽……知道前人未曾看到你正检查的器官，追踪未曾向之前任何人展现的亲缘关系，将自己沉浸在显微镜奇妙的水晶般的世界中，那里被寂静统治着，被它自己的地平线所包围，一片炫目的白色舞台——所有这些是如此迷人，再多的言辞也无法描绘。

如许多科学家的命运一样，在多年无止境地检查、绘制显微镜下的精细解剖结构后，纳博科夫的视力受到了极大损害，他无法再追求他所热爱的精细工作。然而，在停止生物学研究很久以后，纳博科夫在 1975 年的一次访谈中令人动容地说到，研究的诱惑和激情仍像以往一样强烈：

> 自我离开哈佛的比较动物学博物馆以来，我未触碰过一台显微镜，知道如果我这么做了，我将再次淹没在它明亮的光区中。因此我没有完成，并

165 且可能永远无法完成我年轻时所憧憬的令人着迷的研究工作的大部分。

因为纳博科夫位居我们时代的美学之神之列，批评家和学者们仔细检查了他作品的每一个词，寻找关于其源泉和影响的线索，一个名副其实的解读纳博科夫的“产业”已就其作品的意义构建了复杂且难以置信的文学“理论”。我写过一篇有关纳博科夫文学中的鳞翅类的文章（发表于《我已降落》），在为此阅读相关材料时，我对大部分的文学学者未能跳出他们自己的“条条框框”思考、未能在他们传统的解读模式之外另辟蹊径感到既好笑，又有一点困惑。当然，所有的批评家都认识到，纳博科夫的写作大量提及蝴蝶和蛾子，并且所有的学者都知道纳博科夫在这一生物学舞台具备专业素养的缘由。

这样，就需要考察纳博科夫的科学与他的写作之间的关系，对此，人文领域的学者们几乎总是会求助于其行业的传统主张，尽管纳博科夫自己明确拒绝了这一假说。他们论证说，作为一个文人，纳博科夫在运用他的蝴蝶知识时主要是将它们作为比喻和象征的源泉。比如，乔安·卡格斯（Joann Karges）曾在《纳博科夫的鳞翅目》（*Nabokov's Lepidoptera: Genres and Genera*, Ardis Press, 1985）一书中写道：“纳博科夫的许多蝴蝶，尤其是苍白的和白色的，都承载着传统的对生命、心智或灵魂的永恒象征……并且暗示着一个已离开或正离开躯体的灵魂逐渐消逝。”

但纳博科夫自己坚称，他不仅无意将蝴蝶作为文学象征，而且认为这样的用法是对他自己真正关注点的颠倒和亵渎。（世人皆知，艺术家们，当然，还有我们所有人都会掩饰，但我看不出有什么原因要怀疑纳博科夫在这个问题上的明确评论。）比如，他在一次访谈中称：“说在某些情形下蝴蝶象征着某些事物（比如灵魂），这完全在我的兴趣领域之外。”

一次又一次，纳博科夫以尊重事实精确性的名义驳斥象征性解
读。比如，他批评坡（Poe）比喻性地援引骷髅天蛾，因为坡并未描
述这种动物，并且更糟的是，他将这一物种放在了它真正的地理分
布范围之外：“他［坡］不仅没有使骷髅天蛾形象化，而且他有一个
完全错误的印象，认为它出现在美国。”更能说明问题的是，在《艾 166
达》（*Ada*）中的一段经典的纳博科夫式段落中，他开玩笑地痛斥希
罗尼穆斯·博什（Hieronymus Bosch），后者在其画作《人间乐园》
（*Garden of Earthly Delights*）中画了一只蝴蝶做象征，但却把翅膀画
反了：这只昆虫收起翅膀时本该展示的是翅膀的下表面，但他却画了
俗丽的上表面！

> 画面中央有一只龟甲蝶，其姿态就好像它正栖息在一朵花上一样——注意“就好像”，因为这里我们可以看到，那两位令人尊敬的姑娘有着精确的知识，因为她们说画面上展现的实际上是那个昆虫**错误的**一面，如果像那样从侧面看，看到的应当是下表面，但博什显然是在他窗扉角落里的蛛网上发现了一两只翅膀，在描绘他那只错误折叠的昆虫时展示了更美丽的上表面。我的意思是，我并不在乎其中的隐秘含义，不在乎这只蛾子背后的神话，不在乎那促使博什表达了他那个时代的一些胡扯的杰作诱饵，我对寓意过敏。

最后，当纳博科夫的确在比喻中引用蝴蝶时，他并未赋予这昆虫什么象征意义，而仅仅是描绘了一个精确的事实来传达他更一般的意象。比如，他曾在早期一篇名为“玛丽”（Mary）的故事中写道：“他们的信件成功穿过了当时颇为糟糕的俄国——就像一只菜粉蝶飞过壕沟一样。”

我认为我们应当接受纳博科夫自己的话，并尊重他对他的科学感性如何在他的文学创作中发挥作用所做的不同阐释——或者更精确地说，他性情中的一个重要方面，以及他信念中的一个核心成分，是如何以同样的方式，在他的小说和科学中都如此好地服务于他。纳博科夫，作为顶级文学名匠之一，认可精确事实的神圣性——这显然是科学中的一项必要条件，但同时对某些文学种类来说也是一种祝福。有趣的是，纳博科夫经常断言，文学与科学在尊重细节事实这一点上是一致的，精确的最大优点在于这些有形的真实有着显而易见的美——由此使得他的故事可以放置在“一”的融合这一小节，并且也符合他作为作家的名气理所当然地大于他作为生物学家的名气这一点（因为纳博科夫是历史上最伟大的小说家之一，同时也是一位成就斐然的技术专家，但并不是科学领域中的出色理论家）。

因此，没有人比弗拉基米尔·纳博科夫更好地领悟到科学与文学
167 潜在统一的程度，他在两个领域都作为全职专业人员取得了不同程度的卓越成就。纳博科夫常常坚称，他的文学追求和昆虫学追求有着共同的精神和心理基础。在《艾达》一书中，纳博科夫笔下的一个角色借用“昆虫”（insect）的一个常见变位词这样说：“‘如果我可以写的话，’德蒙（Demon）若有所思地说，‘我将描绘，毫无疑问会用太多

的词，艺术和科学是如何在一只昆虫中充满激情地，光芒四射地，乱伦地（incestuously）——**就是这个词**——相遇的。’”①

回到纳博科夫的中心主题，即外在存在和我们关于科学细节的内在知识中都有着美学之美，对此他曾在1959年写道：“我无法将看见一只蝴蝶引起的美学愉悦与知道它是什么的科学愉悦相分离。”当纳博科夫说到“分类描述中的诗意精确”时——他无疑是有意识地想要消除一个使大部分人认为艺术和科学截然不同且对立的悖论——他利用他的文学技能服务于统一。因此在1966年的一次访谈中，纳博科夫说，每个领域的最高理想必定同时也刻画了另一领域的真正精彩之处，从而打破了艺术与科学之间的边界：

> 精确勾画的触觉愉悦，“描像器”（camera lucida）的寂静天堂，以及分类描述中的诗意精确，都代表了对门外汉毫无用处的新知识的积累，带给其创造者的激动震颤的艺术一面……没有无幻想的科学，也没有无事实的艺术。

“多”的益处

上述海克尔和纳博科夫的故事表明，当我们因错误地认为恰当的安置将澄清内含于某个领域但被另一个领域积极放弃的真实意图（对海克尔来说是艺术破格自由vs对自然的忠实，对纳博科夫来说是分

① 变位词即变换某个词或短语的字母顺序而构成的新的词或短语，这里insect的变位词是incest（乱伦）。另，《艾达》讲述的即是一对兄妹相爱乱伦的故事。——译注

类事实 vs 文学象征），而未能认识到创造行为的统一含义，并坚持将它们分类为“艺术”或“科学”时，我们是在多么愚蠢地浪费我们的时间，并且在得出结论时可能会错得多么离谱。在这一小节我将讲述
168 两个形式明显相反、但实际上意义同一的故事。因为，在这两个案例中，一个持久的谜题或者说一种错误且令人不安的阐释（明确地被鉴定为如此）一直遍布我们关于某个重要人物的传统文献中，因为我们将他归属于两个领域中的某一个（在两个案例中都是艺术），而这个长期错误的一个简单解决方案要求具备一点传统上居于另一领域（在两个故事中都是科学）的知识。在每个案例中，主角自己作为一个既在科学领域又在人文领域工作的“一”而运转（且没有给他自己强加“两者绝不应当相遇”的二分枷锁）；而对上述持久存在的学术谜题的解决要求我们联合两个皆为他真正关心的领域的“多”。

这两个故事也因它们各自的独特叙事形式相反而呈现出一种有趣的对比。第一个故事关乎一位被中伤的艺术家阿伯特·汉德森·塞耶（Abbott Handerson Thayer, 1849—1921）和他宝贵的科学工作。在这个故事中，主角解决了博物学中的一个长久存在的问题，因为作为艺术家，那个简单的解决方案就在他的学识和话语领域中，只是之前尚未被一位专业的博物学家遇到。第二个故事讲的是，关于埃德加·爱伦·坡（Edgar Allan Poe）的一个老难题获得了一个让人茅塞顿开的简单解答，他仅有的科学作品的实际价值也得到了一个新确证。在这个故事中，一个困扰了数代文学学者的问题的解决之道，在于一个与软体动物分类学史有关的基本事实，这是每一位蛤蚌和蜗牛系统分类学者都知道的，但从未被用于坡的难题，因为这些科学

家从未遇到过这个仅存在于文学批评家们的专业文章中的问题，否则他们会瞬间意识到解决方案。这样，在第一个故事中，一位视觉艺术家利用他的特殊工具解决了科学中的一个老谜题；在第二个故事中，科学中的一个独特事实解决了一个关乎一位文学艺术家的老谜题。

塞耶更高洞见被降低的维度

阿伯特·汉德森·塞耶现在并不算是个家喻户晓的名字，即使对那些相当熟知美国艺术史的人来说也不是。但在19世纪20世纪之交他如日中天之时，在现代主义风尚将他缥缈的天使和天真儿童的画作淹没之前，塞耶雄踞于其行业的塔尖之上。实际上，塞耶是四大当代艺术家（其中的詹姆斯·惠斯勒〔James McNeill Whistler〕 169
最为今人熟知）之一，他们的作品深受实业家查尔斯·朗·弗利尔（Charles Lang Freer）喜爱，以至于这位富有的巨头专门修建了弗利尔美术馆（Freer Gallery）以收藏这四位艺术家的作品，此外还有他收藏的蔚为壮观的东方艺术品——这个美术馆现在是华盛顿史密斯学会（Smithsonian Institution）的一座重要博物馆。（当然，风水轮流转，时尚之风也会逆转。塞耶或许永远不会再得当日盛名，但现在天使显然又重回时尚了，塞耶的杰作之一登上了1993年12月27日出版的《时代》杂志封面。）

奇怪的是，大部分演化论生物学家也都知道一些关于塞耶的事，不过是在完全不同的语境下，且几乎从不知道他的名字。在我的世界，在有关动物天然色（animal coloration）的适应价值以及若将宠物理论（pet theory）[①] 推进得太远会有什么危险的标准课堂上，他是被嘲笑的一个脚注。塞耶居住在新罕布什尔州的乡下，充满热情和研究精神地进行他的观鸟爱好，后来成为一位受尊敬的业余博物学家，并在专业鸟类学杂志上发表了几篇专业文章。同时，正如我的故事将要展现的那样，他也走了人类信念中一条极其常见的路，即发展出一个关于动物天然色的好想法，但之后先是将他的洞见提升为一个优势主题，接着又扩展成一种普遍存在的现象，最后成为一个无法容忍整个自然界出现一个例外的排他性真理。

博物学家们论证说，在整个动物王国，色彩模式服务于各种各样的适应目的，这无疑是正确的。尤其是，许多模式掩护生物不被潜在的敌人发现，而其他形式和颜色的布局排列则具备宣布这个动物存在的相反功能，这或许是为了求偶或吓跑其他求偶者。简而言之，塞耶基于尚未被之前的博物学家们充分认识或理解的原则，发现了几个真正的掩护色例子。科学家们大都对这一初始工作（大部分是在 1890 年代）给予诚挚的认可，有时候带着点困惑，甚至是嫉妒，因为一位艺术家在他们自己的游戏中打败了他们——但仍然带着赞扬和公正的认可。

不幸的是，塞耶后来像罗蕾莱（Lorelei）那首动人心弦的歌所唱的那样，走上了“固定观念”（idée fixe）之路。他决定，在原则上且不管证据如何明显相反，动物皮毛上的**所有**颜色，统统都肯定是出于掩护的目的演化来的，绝不是为了暴露或引起注意。塞耶将这条排
170 他性原则应用于整个自然界，从再明显不过的斑马条纹（在芦苇丛中

① 宠物理论，指受到偏爱的理论，不管对错。——译注

并不可见，如塞耶的图表明的那样［见图 27］，但斑马实际上并不生活在芦苇丛中，而在它们真正生活的开阔草原上其条纹是如此引人注目），到孔雀尾巴上的绚丽颜色（雄孔雀在求偶时，会极为明显、神气十足地向雌孔雀炫耀，不管在其他时候它会如何利用这一装置）。无论如何，塞耶在 1909 年出版了一本详尽的书，展示他那些强硬且充满争议的观点，这本书主要由他的儿子杰拉德（Gerald Thayer）执笔：《动物王国中的掩护色》（*Concealing-Coloration in the Animal Kingdom*, New York, Macmillan）。

塞耶之所以在生物学上被持续引述嘲弄，是因为一个他自己也承认是非常牵强的论证，但为了使他的理论获得他所渴求的最大普遍性，这个论证是必要的。斑点和条纹，无论多么明显，总可以解读为通过将动物整体打破为分离的碎片来掩护它（人类伪装的常用手段）。但塞耶意识到，单色图案，尤其是明亮的颜色，给隐藏手段这一解释带来了特殊问题。由此，塞耶大胆地、虽然不大可能成功地试图解释火烈鸟明亮单一的红色，这成为他的滑铁卢之役。塞耶非常严肃地论证说，这个颜色演化来掩护这种动物，当它们在日出或日落觅食时会融进红色的光线中。一个好的理论，被极大推出了它的合理范围，对它的这一极其荒谬的应用，已成为数代大学老师的范例，用来说明当正当的意图未受到合理怀疑和科学方法的压制时会如何。不过，引用塞耶的原话：

> 这些鸟大体上是夜行性的，这样，只有从日落到天黑以及从黎明到日出后不久的这段时间内，天空的亮度足以使它们展现颜色，此时它们

没有条纹的硬纸板“斑马”，以浅色稻草为背景。照片经过处理。

与天空相对照，硬纸板斑马身处仿制芦苇丛中“减轻”暗色。照片经过处理。

图 27

> 被近似玫瑰色和金色的光线包围。它们通常在广袤开阔的浅湖周边觅食，成群结队地活动，而它们上方的整个天空及在湖面的倒影构成一片金色、玫瑰色或粉橙色的巨大空间，或者至少在一面或另一面，闪烁着这些色调。它们的一身羽毛就是对这些场景最精美的复制……这只火烈鸟，在它觅食时几乎仅有日出色可以相配，因此，如它所做的那样，它披上了一身华美的模仿色。

批评者们迅速针对每个细节进行了反击。火烈鸟的觅食时间并
不集中在黎明和黄昏，相反，它们一整天都很活跃。火烈鸟的主要敌 172
人，蟒蛇和鳄鱼，并不栖息在火烈鸟所喜爱的盐湖薄雾区，而塞耶认为在这里火烈鸟会在关键时刻隐入天光之中，以防被天敌发现。另外，火烈鸟的觅食对象是肉眼不可见的微小动物，因此也不能反过来论证说它们是为了捕食时不被猎物发觉。

更一般（且更令人尴尬）的是，塞耶的论证即使按照它自己提出的条件也必定失败——而塞耶，尽管对这个错误过分热情，但既非不诚实也非不光彩，也不得不承认这一点。**逆**光下的任何物体看起来都是暗的，无论它的实际颜色是什么。塞耶明确地表示他清楚这一点，在他那幅声名狼藉、充满想象的描绘隐匿的火烈鸟的画作中，他将背对着日落的一棵棕榈树画成黑色的（如图 28 所示，因为一些不幸的实际原因在此被不恰当地复制成黑白的）。这样，他只能声称火烈鸟看起来像天空**另**一面的日落：日落时的红云在西边，而大群红色火烈鸟在东边。然而，迎着真正的日落看火烈鸟时它是深色的，有任何动物会被这样的两个“日落”迷惑吗？塞耶在他

1909 年的书中承认：

> 当然，迎着黎明或傍晚的天空去看一只火烈鸟时它是深色的，就像左下图中的棕榈树，无论它的颜色是什么。……而右图展现了清晨或傍晚时分火烈鸟的明亮面，表现了它们试图多么仔细地复制此时的天空；当然，尽管复制的总是它们对面的天空［塞耶至少用下划线公正地强调了他自己的承认］。

图 28

除了火烈鸟这个近乎完美的荒谬之外，还有其他两个更具体的原因使得塞耶的故事代代流传。首先，一条关于持久（这并非塞耶为这个不寻常的错误设定的目标！）的古老准则提到了吸引著名对手的好处——在这点上塞耶不可能超越他自己。泰迪·罗斯福（Teddy Roosevelt，在我傲慢又无知的青年时代，我曾认为他没有资格与林肯、杰斐逊和华盛顿一起出现在拉什莫尔山上，但现在我认为他是美国历史上最令人着迷的人物之一），在不忙于更世俗的追求时，他是一个出色的博物学家，同时也热衷于狩猎大型动物。作为猎人和生物学家，罗斯福也对动物颜色的功能有着强烈的兴趣——他认为塞耶对掩护理论的沉迷很可笑，也阻碍了科学。事实上，罗斯福还在 1911 173
年时写了一篇 100 页的专题论文反驳塞耶的观点，即《鸟类和哺乳动物中的展示色与掩护色》，发表在一本专业杂志《美国自然博物馆期刊》（*Bulletin of the American Museum of Natural History*）上。

罗斯福不仅理直气壮，而且为自己赢得了赞扬。作为一位好辩论的作家，这位美国前总统也带上了一支大棒（并且没有言语温和）[①]。仅举一例来说明吧，这个例子出自他于 1912 年 3 月 19 日写给塞耶的一封私人信件（尽管语气上与他 1911 年专题论文中的许多段落并无 174
多大不同）。（我承认我也喜欢用这个例子来证明美国政治的演进和竞选活动的本质。1912 年，罗斯福分裂了共和党，组建了他自己的进步党，作为第三党反对当时的共和党候选人塔夫特〔W. H. Taft〕，从而有效地，尽管是无意地，使选举局势向民主党候选人伍德罗·威尔逊〔Woodrow Wilson〕倾斜。现在，你能想象任何现代候选人，

---

① 西奥多·罗斯福有句名言："言语温和，手持大棒，这样你就能走很远。"（Speak softly, and carry a big stick, and you will go far.）——译注

在这样一项努力的中间，就在新罕布什尔初选会[①]一个月后［请原谅我象征性的时代错误］，在竞选演说的百忙之中抽出时间写一封关于博物学的长信吗！）

> 在非洲有一种蓝臀狒狒[②]。同时，地中海与非洲毗邻。如果你做一系列实验，试图表明如果蓝臀狒狒在地中海海边倒立，你将分不清它的臀部与地中海，那你或许可以由此阐明光学中的一些东西，但你无法由此阐明与动物颜色在实际生活中所发挥作用有关的任何东西……我亲爱的塞耶先生，如果你愿意面对事实，你或许真的可以帮助查明摆在我面前的一些问题，但当你进行这样的实验，你只不过是在搞破坏罢了，并且也破坏不了多少……你的实验就好像将乌鸦放在煤斗中，然后宣称它被隐藏了一样，并没有更多的实际价值。

第二个原因将这个例子与本书的主题，即弥合错误设想出来的科学与人文学科间的裂隙关联了起来。人的天性中有肆意抨击的一面，但塞耶的对手们并没有退避那个老套谣传带来的庸俗好处，即只有一个具有艺术气质、缺乏恰当科学训练和理解的人，才能犯下如此大错。比如，西奥多·罗斯福继续他的攻击，他的这份陈述若

① 新罕布什尔初选会（New Hampshire primary），是美国总统选举中的系列初选会之一，紧随艾奥瓦党团会议（Iowa Caucuses）之后。该初选会之所以重要，是因为会受到大量媒体关注，在此次初选中表现出色的候选人更有可能在后续选举中获得更多的支持和资助。不过该初选会的重要地位是在 1970 年代之后才获得的，因此作者在这里说“请原谅我象征性的时代错误”。——译注

② 这里的“蓝臀狒狒”（blue rump baboon），很可能是指现在的猴科绿猴属（*Chlorocebus*）动物，该属的雄性都有着鲜艳的蓝色阴囊，从它们的身后看很像是有个蓝色的臀部。——译注

放在我们这个好诉讼的时代可能会引起更多的注意：他认为，塞耶的错误“是因为一类特定艺术气质的热情，这种热情在某些类型的科学气质和商业气质上也可以看到，而当它在商业中表现出来时，肯定会让主人陷入麻烦，就好像他犯有蓄意进行不当行为之罪”。曾担任哈佛比较动物学博物馆馆长（我现在是这里的教授兼标本负责人）的托马斯·巴伯（Thomas Barbour）曾称：“塞耶先生在他的热情之余，在艺术的阴霾下忽视或掩盖了……这种说服方法，尽管的确对公众有吸引力，但无论多么无意，都不过是——没有其他词 175
可以形容——骗子行为。”

但这一常见的指责并不能经受住考验，这样用一种普遍的漫画手法给一个人打上标签的做法只能被称作是肆意攻击。当然，塞耶是一个典型的激情受害者，被自己的过度兴奋冲昏了头。但我看不出，这一常见的人类能力是如何与作为职业的艺术呈正相关，或者与作为使命的科学呈负相关的。“真正的信仰”能在任何活动中引诱任何人——就像泰迪·罗斯福至少得体地承认的那样，科学家也是此种性情的潜在受害者。或许科学程序的规则是比其他一些生活方式的规范更有效，在反面证据面前能更有效地阻止如此坚贞不渝的献身。所以人们或许会预期职业科学家较少有这样的行为。（但我只适度地相信我提出的这一假说的微小可能性，在得出任何结论之前当然需要大量硬数据。）不管怎样，科学史上仍有大量人，包括许多有着伟大智识天分的人，他们，毫不夸张地说，直到去世前最后一口气，都仍然坚持自己所青睐的理论并推进自己的信念，就像塞耶相信掩护色的排他性一样，毫不妥协地声明，尽管同样被耐心地否证（要是他们愿意研究证据就好了）。

那么为什么要在此重述塞耶的虚幻隐形的火烈鸟这个古老悲伤的故事呢？仅仅是为了小小攻击那些鲁莽行事的科学家们吗？他们的反驳基于经验证明，却不公正地归因于塞耶的艺术家性情。不，我的方法（至少在这个例子中）并没有显露出疯狂的迹象；因为我现在请读者退回去，考虑一下塞耶在动物天然色方面的第一部著作，当时掩护理论的排他性尚未占据他的头脑。事实上，塞耶不仅做出了一个重要的科学发现，而且他是通过直接、有意识地运用一个艺术原则来获得他不同寻常（且正确）的结论的，这个原则是所有早先思考同一个问题但失败了的科学家们未注意到的，因为他们从未遇到过解答这一问题所需的一个关键概念。

在 1896 年一篇名为“保护色背后的法则”（The Law Which Underlies Protective Coloration）的著名文章中，塞耶解决了长久存在的反荫蔽（countershading）问题。一只反荫蔽动物的颜色会巧妙地渐变，以平衡阳光和阴影的影响——通常头顶黑色，向下渐变到浅色的（常常是纯白色的）腹部。生物学家们很早就认识到反荫蔽的掩
176 藏价值，但在塞耶的著作之前，他们一直假设其效用是通过简单的颜色配对达成的。也就是说，一个向下看到潜在猎物黑色头顶的捕猎者，会分不清该生物和同样黑色的大地，而朝上看的敌人将只会发觉潜在猎物的白色腹部，从而因猎物与明亮的天空融为一体而错过。

但塞耶作为一位受过训练的艺术家，知道在平面油画布上绘制出三维错觉的所有标准规则，因此他天才地意识到，反荫蔽其实是自然对此的精确反向利用，也就是，在三维世界中创造出物体完全

二维的假象。简而言之，塞耶认识到，反荫蔽之所以能掩藏动物，主要是使它们看起来扁平，而非主要使它们的颜色与所处背景相称。* 塞耶深刻了解这一原则，于是他构建了反荫蔽（不可见）和倒转荫蔽（inversely shaded，双倍可见）的假鸟模型，向业内那些表示怀疑的生物学家们演示，以证明他的观点（见图 29）。

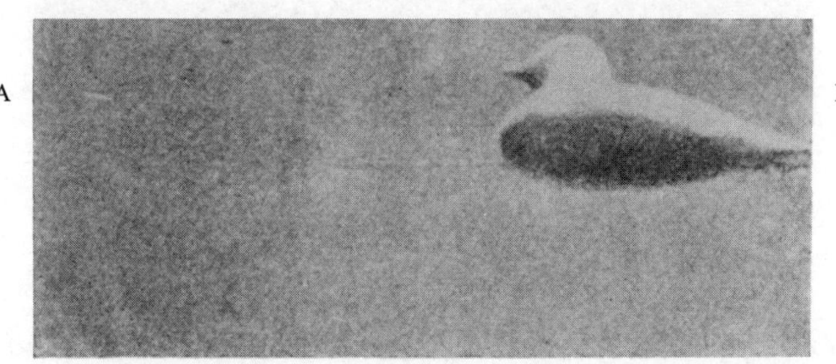

两个鸟模型，除了左边的反荫蔽外，其余相同，右边的并未反荫蔽，不过用与背景相同的材料均匀覆盖。因此，右边这一模型**实际上**下部颜色与其上部的一样浅。

图 29-1

* 当我认识到现代建筑的成就之一、波士顿最高的建筑约翰·汉考克大厦（the John Hancock Building）背后有着同样的原则时，我开始发自内心地欣赏塞耶的观点。这一玻璃塔高高矗立在科普利广场（Copley Square）上，紧邻理查森（H. H. Richardson）宏伟壮观的三一教堂。人们可能会认为，在这样一片大体上属于后维多利亚时代到 20 世纪初期风格的环境中，出现这样一座风格迥异的高大建筑，这会毁了波士顿最精致的公共空间之一。但有一天，当我抬头朝上看时，我意识到汉考克大厦的选址非常聪明，其平面图是一个非常狭窄的平行四边形，从几乎每一个重要的有利位置去看，人们都只能看到一面二维的玻璃墙（或者只能看到两面，其交界处是很大的钝角，并无阴影投下）。并且尽管这面墙比地面高出六十多层楼，但它彻底的平坦使得这栋建筑有效隐形，或者说至少完全不突兀，即使不是实际上增强为一块空白的天空"画布"，从而突出科普利广场上的低矮建筑。

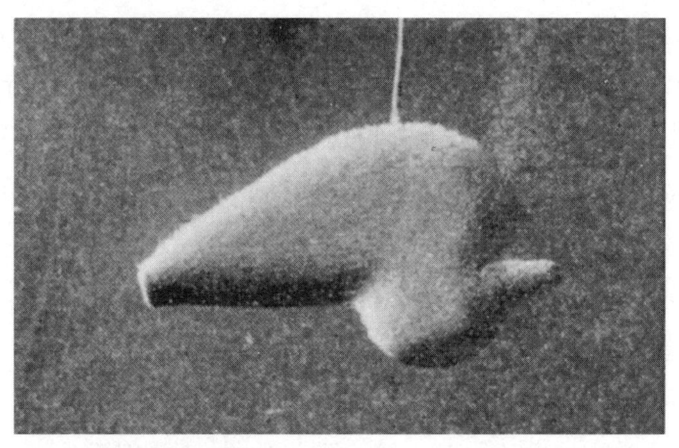

反荫蔽的鸟模型，只不过是倒转的。（稍微有些侧光。）

图 29-2

塞耶说服了所有的怀疑者，着色力度与光照强度之间的精确反转巧妙地抵消了所有的阴影，产生出从头到脚颜色一致的效果。结果，动物就成为扁平的了，完美地二维化，从而无法被那些终其一生通过阴影和荫蔽来感知对象实体的观察者看到。数世纪以来，艺术家们一直致力于在平面油画布上呈现出纵深和圆弧的错觉；自然的做法正相反——她逆向运用荫蔽，以在三维世界中制造扁平的错觉。

对比他新奇的反荫蔽原则与较老的拟态观点，塞耶在 1896 年写道："拟态使动物看上去像其他东西，而新发现的法则使它完全停止
177 存在。"

沉浸在新发现喜悦中的塞耶，将成功归功于他所选择的职业，并就专业化的危险和"门外汉"对任何研究领域的独特价值提出了一个有力的论证。他在 1903 年写道："自然在动物身体上演化出真实的艺

术，只有艺术家才能读懂。”稍后，在他1909年的书中，随着他的过度扩展开始引起有理有据的批评，他更具防御意味地写道：

> 整个问题一直处在错误的监管人手中……它恰当地属于图像艺术领域，只能由画家进行解释。因为它处理的完全是视错觉问题，而这正是画家生命中的主旨。他生来就对此有感觉；并且，从摇篮到坟墓，他 178
> 的眼睛，无论转向何处，都在不停地处理这个问题——他的绘画以此为生。这样，如果只有他能发现，正是他练习的艺术在几乎所有动物身上有着完美实现——超过了人类力量所能达到的最细致的精确——那也是十分自然的了。

在我写作有关塞耶的反荫蔽发现的最初文章时，我并不知道，这位艺术家关于掩护色的工作还有另一层重要性，它远不只是抽象地解决了演化生物学中的一个老问题。塞耶认识到其发现在军事伪装中的潜在价值，于是在美国和英国积极宣传，试图说服我们的军队和盟军利用他的洞见（不过所取得的成功程度不同）。他经历了许多挫折，最终（在他去世后，在“二战”中）为这个公认在他的原初意图中被推得太远的好点子赢得了最宝贵的奖赏：重要的实际应用。我将引用我收到的两封令人着迷的信件来结束这一小节，并强化我的基本主张：“多”的好处。这两封信是对我最初文章的回应，来自美国海军后备队海军伪装部的前主管，路易斯·梅尔森（Lewis R. Melson）。他写道：

> 许多年前，我在仓促间被任命承担指导美国海军船只掩护与伪装

> 部门（U. S. Navy's Ship Concealment and Camouflage Division）的责任，接替在整个“二战”中承担此职的天才代顿·布朗中校（Dayton Reginald Evans Brown）。在战争期间，代顿完善了应用于所有海军船只和飞机上的伪装图案……我发现他的理论和设计是基于阿伯特·塞耶早前在隐藏和伪装领域的工作……无论人们当时及现在如何看待塞耶的理论，他的“保护色”和“迷彩”设计对隐藏船只和飞机都是非常重要的。

梅尔森继续写道：

> 海军中的所有隐藏和掩护设计，就船只而言是为了与地平线融为一体，就飞机而言是为了在大海或天空背景中隐藏，当然仍然是长距离
> 179 的。塞耶的“保护色”设计对飞机作用显著，下面浅色上面深色。在温带海洋和热带海洋中的船只隐藏采用“保护色”设计，而“迷彩”设计在极地背景中效果最好。

梅尔森也教给我一些两次世界大战期间的伪装史。尽管我们后来在“二战”中卓有成效地采用了塞耶的提议，但美国海军最初在“一战”中拒绝了他。不过，塞耶在大不列颠取得了更大的成功，在那里，他的设计在“一战”中就被证明非常有价值。梅尔森写道：

> 塞耶的建议……要求运用破碎的白色和浅蓝色图案给船只涂上极浅的颜色。这一图案的意图是使船只融入夜晚和阴天的背景中……这些图

案被证明非常成功。英国皇家海军舰艇“布罗克号”（Broke）是第一艘绘制如此图案的船，它两次被皇家海军的姐妹舰艇撞击，后者的船长们抗议说，他们当时无法看到“布罗克号”。

坡最成功（且唯一成功）的作品背后的科学

我从常识问答游戏一般类别中的一个老问题开始，这个问题有着出人意料的答案：“埃德加·爱伦·坡的作品中，有且仅有一部在他在世期间出版了第二版，请问是哪一部？”不是《乌鸦》（“The Raven”），其命运如同它自己的叠句所感叹的那样：“永不复焉。”不是《厄舍古屋的倒塌》（“The Fall of the House of Usher”），它完全倒塌了。不是《金甲虫》（“The Gold Bug”），它在大水中像铅一样沉没了（引用摩西对法老战车的评价）。也不是《莫格街凶杀案》（“The Murders in the Rue Morgue”），它直到很久之后才被选定重印。答案在几乎所有人的经验之外，除了那些对坡的作品了如指掌的学者：1839 年出版的一本显然易被遗忘（且已完全被遗忘）的小教科书，题为《贝类学家的入门书：或，贝类软体动物体系，专为课堂使用》（*The Conchologist's First Book: or, A System of Testaceous Malacology, Arranged Expressly for the Use of Schools*）（见图 30 和 31，可看到坡自己的 ID，如果你怀疑这一主张和归属的话）。第一版在出版后两个月内就卖光了，于是在 1840 年出版了第二版增订版；第三版于 1845 年出版。对于他在这一特殊（正如我们将看到）事业 182
中的作用，可怜的坡可能只收到了总共 50 美元的一次性报酬。

对研究坡的学者来说，关于这一不寻常作品的一切都是彻底的谜题，是令人痛苦的尴尬。首先，没有人能够知道，坡为什么写了这本书，或者是怎么被套进这样一项工程的。坡的生活和经历中绝对没有任何蛛丝马迹显示，他对任何形式的博物学有任何持久的兴趣，甚至连一丝关注都没有。毕竟，他在根本上是个都会男性，是个文人。

坡的作品所处的环境有助于设定情境，但在另一种意义上，它们仅仅使谜题更加扑朔迷离，并使其声誉更不体面。坡的朋友，托马斯·怀亚特（Thomas Wyatt），曾于1838年出版了一本精美昂贵的软体贝类动物书籍，零售8美元一本。可以预见，销售缓慢，怀亚特因此想出版一个更薄更便宜的版本——尤其是，他的大部分生计是依靠举办巡回讲座获得的，类似的形式后来被称作是“肖托夸巡讲团”（Chautauqua circuit）[①]，即向渴望获得某种教育的当地人提供服务，如美国偏远城镇的阅览室、博物学俱乐部和妇女读书会。演讲者通过举办这些小型课程获得收入，同时也会售卖与讲座配套的课本和小册子来增加收入（就像现代音乐家在咖啡厅表演时，会在两场之间休息时推销他们的CD）。

不过，可以理解的是，怀亚特的出版商拒绝了，他们有理由担心，如果出版廉价版，那他们的奢华版就完全没有市场了。怀亚特仍然想付诸行动，但担心如果以他自己的名字出版会招惹上诉讼，因此想找一个不太可能招来官司的代理人。这时候事情变得复杂起来，坡的名誉受损也由此开始。

---

① 肖托夸巡讲团是19世纪晚期至20世纪初期美国肖托夸成人教育运动的重要组成部分。该运动发源于纽约西南郊的肖托夸湖边，最初是以举办成人学校的形式，后来增加了巡讲团的形式，内容包括讲座、演说、戏剧等。——译注

Cover of the low-priced textbook written by Edgar Allan Poe.

图 30　埃德加·爱伦·坡所写的那本廉价教科书的封面。

CONCHOLOGIST'S FIRST BOOK:

OR,

A SYSTEM

OF

TESTACEOUS MALACOLOGY,

Arranged expressly for the use of Schools,

IN WHICH

THE ANIMALS, ACCORDING TO CUVIER, ARE GIVEN WITH THE SHELLS,

A GREAT NUMBER OF NEW SPECIES ADDED,

AND THE WHOLE BROUGHT UP, AS ACCURATELY AS POSSIBLE, TO THE PRESENT CONDITION OF THE SCIENCE.

BY EDGAR A. POE.

WITH ILLUSTRATIONS OF TWO HUNDRED AND FIFTEEN SHELLS, PRESENTING A CORRECT TYPE OF EACH GENUS.

PHILADELPHIA:

PUBLISHED FOR THE AUTHOR, BY

HASWELL, BARRINGTON, AND HASWELL,

AND FOR SALE BY THE PRINCIPAL BOOKSELLERS IN THE UNITED STATES.

1839.

The title page lists Poe as the only author, although the book was a joint effort.

图 31　扉页将坡列为唯一的作者，尽管这本书是他们几人合作的产物。

对于这本坡在世期间唯一被重印的作品，文学学者们有两点几乎一致的看法，其中第二点比第一点更糟。首先来看较轻的指责，几乎所有的批评家都给《贝类学家的入门书》打上了粗劣作品的印记，认为它与坡的品格或者职业没有关系。在我写最初那篇关于坡最成功的作品的文章时，我纵览了关于他的所有标准传记。下面这些样本传递出明确的、无可置疑的一致意见：F. T. 仲巴赫（F. T. Zumbach）称“它与坡的文学生涯没有哪怕一丁点关系”。朱利安·西蒙斯（Julian Symons），一位出色的侦探小说作家，同时也是位文学传记作家，写道，坡“在一本粗劣作品上签下了自己的名字”。大卫·辛克莱尔（David Sinclair）将《贝类学家的入门书》描述为“一本不体面的粗
劣作品，能驱使他写下这本书的只有绝望”。杰弗里·迈耶斯（Jeffry 183
Meyers）给这本书贴的标签是坡“最低劣的作品”。

第二个同时也更严重的剽窃指责，看起来更像是一个单纯事实而非评判的问题。按照当下的标准，坡和他的同行要么进监狱，要么需要支付一笔昂贵的罚金。但在1840年，版权法要么还缺乏威力，要么完全不存在——而坡的作为，尽管不可辩护，但在严格的法律意义上可能并未违法。

细节值得描述，因为我这个故事的含义依它们而定。《贝类学家的入门书》开篇是两页长的“前言”，坡声称这部分完全是他自己写的，对此我没有理由怀疑。接下来是四页长的“导论”——现在麻烦来了。这篇文本中有许多是坡从一本英国作品，托马斯·布朗船长（Captain Thomas Brown）的《贝类学家的教科书》第四版（*Conchologist's Text Book*, 1836）中剽窃而来的。一些传记作者称坡

的“导论”整篇都是对布朗的改写，即使不是直接抄袭。（比如，F. T. 仲巴赫写道，坡“几乎逐字逐句抄袭了布朗”。）事实上，根据我自己对这两本书的比较，坡的文章中只有三段（大约是这篇文本的四分之一）显示出大量的“借鉴”。（坡并不因此获得免责，因为剽窃如同怀孕一样，其严重度并不是逐渐增加的：在跨过某个界定点后，你要么做了要么没做——而坡显然是做了。）

到了下一部分的十二幅插图，事情变得更复杂了。最初四幅展示贝壳各部分的图，是**完全**从布朗书中搬运过来的。无需慌乱，无需掩饰，无需借口——就是明明白白的偷窃。之后的八幅图，按照分类顺序展示了不同属的贝类，仍然采用布朗的图，只是模式更有趣，前后倒置——也就是，布朗的最后一幅图变成了坡的第一幅（进行了相当多的重排、重新定向，和个别图的位置调换），接着我们顺序翻阅坡的作品，倒序翻阅布朗的，直到坡的最后一张图大体上复制了布朗的第一张图。

其他人也注意到了这一模式，甚至暗示坡和怀亚特在有意识地试图掩盖他们的剽窃。实际原因并非如此，并且也更有趣。（毕竟，在精确抄袭了最初的四幅图后，坡和怀亚特又能试图掩盖什么呢？）布朗的书遵循着伟大的法国博物学家拉马克（Lamarck）的教学计划，后者总是按照“存在之链”的传统顺序进行他的讨论，只不过是从上到下，而非一般的从下到上。也就是，拉马克从人开始，以阿米巴虫结束，传统的做法则相反。布朗追随拉马克，因此从最“高级的”软体动物开始，而坡和怀亚特则按照一般传统，从最“原始的”开
184 始——因此他们图的顺序是相反的。

剽窃的指责最早出现在1847年费城《星期六晚邮报》(*Saturday Evening Post*)刊登的一篇文章中。坡对此的回应常常被引用，但从未被认真对待。不过，我相信，尽管其中有一些病态的自怜自艾和为自己辩解的废话，但坡实际上给出了一个大体上公正的声明——并且，他这篇辩护之词的细节可以帮助我们解决这一棘手旧案的所有谜题。尤其是，我们可以开始理解为什么坡被选中成为怀亚特的改写者，尽管他对博物学一无所知；以及，更重要也更令人惊讶的，为什么坡实际上对软体动物学，或者至少是对软体动物学的教学做出了一个相当值得尊重的原创性贡献（尽管他的的确确抄袭了，没人应当试图为此找借口）——关键之处在于需要从科学史中了解一点有趣的事实，而文学评论家们从未发现这一点，这解释了他们为什么未能理解坡的可敬作用（以及随之而来的他们为坡显然有罪而感到尴尬）。坡就剽窃指责给一位朋友写信：

> 惊闻费城《星期六晚邮报》的剽窃指控，这是我第一次听说此事……请尽可能多地告诉我你能记起的细节——因为我必须调查这项指控——报纸的编辑是谁？它的出版商是谁？等等——指控大概是在什么时候提出的？我向你保证，这**完全**是假的。1840年时（坡在此弄错了，应为1839年）我出版了一本名为《贝类学家的入门书》的书……我猜这就是指控中提到的那本书。我与费城的托马斯·怀亚特教授和麦克默特里（McMurtrie）教授一起写了这本书——书上署了我的名字，因我最有名，最有可能促进书的发售。我写了前言和导论，并翻译了居维叶对那些动物的描述等。**所有的**教科书都必定是以一种相似的

> 方式写成的。扉页已白纸黑字地承认，是“根据居维叶”对动物进行描述的。这一指控是无耻的，等我与《镜报》(*the Mirror*) 结算完毕就起诉它。

现在注意坡在这段辩解中提出的四点：第一，这本书是由一个委员会编写的，尽管扉页只署了坡的名字；第二，他写了前言和导
185 论；第三，他还“翻译了居维叶对那些动物的描述”；第四，“所有的教科书都必定是以一种相似的方式写成的”，这大概意味着“借鉴”已出版的书或许可被视作是“通行做法”（de rigueur，正如坡接下来补充说，扉页上已明明白白告知，对动物的描述是“根据居维叶”做出的）。

我不会为第四点中的“借鉴”程度辩护——毫无疑问，已超过了任何可允许的范围，无论当时还是现在，早已进入了一个只能被称作是剽窃的区间（坡的作者团从未提到过其主要参考资料的作者，可怜的布朗船长）。我也无法完全同意第二点中的后半部分——因为坡的“导论”中至少有四分之一是从布朗那里搬运过来的（尽管我相信他的确亲自写了整篇“前言”，总共两页）。

当我们带着软体动物分类学史的基础知识来读这篇前言时，一个更复杂、更令人满意的故事开始浮出水面。这份简短陈述强调了一点：《贝类学家的入门书》计划做些不一样的，它将把每个生物的壳和软体放在一起，对**两者**都进行描述。我承认，这一声明看起来特别琐碎，并且坡只是间接地提出了他的要点，他强调在书中对术语进行了扩展，从传统的“贝类学”（conchology，字面意义是对贝

壳的研究，保留在书名中）到“软体动物学”（malacology，即对整个有机体的研究——因为坚硬外壳内的动物几乎完全由软体构成，而该动物门即软体动物门的学名 Mollusca，源于希腊语中意为“柔软”的单词，正如我们英语中的同根词 mollify〔使……变软〕或 mollycoddle〔娇弱的人〕一样）。无论如何，坡用了整篇前言来说明这一扩展——而文学评论家们从未对此给予哪怕一丁点积极的考虑。坡写道：

> 然而，在每一个科学人看来，有关这一主题的常见著作在本质上都是有缺陷的，因为软体动物与贝壳的关系，以及它们对彼此的依赖，在研究其中任何一方时都是非常重要的考量……为什么一本贝类学（这里坡用的是常见术语）主题的书随着其推进不能是软体动物学的，这并没有很好的理由。

坡接着描述了这本新书的“主要特色”来强化他的意图——“给出了每个动物的解剖学描述，以及对它所居住的贝壳的描述”。（附
带提一句，一本出版于 1992 年的坡的传记没有抓住这个要领，未能 186
认识到坡关注学科名称［软体动物学对贝类学］背后的概念变革。该书作者写道：“坡那篇迂腐无聊、吹毛求疵的前言绝对会令哪怕最热情、最有兴趣的男生都感到厌烦、气馁。”）

不过事实上，尽管由于缺乏坡的同时代人所熟知的、坡未能详细说明的语境，使得坡的措辞现在看起来很费解，但坡的声明并不仅仅是干巴巴不重要的冗词空话，相反，他是针对数代软体动物分类学

和教学专家都参与的重要讨论而发的：这些生物应当仅根据贝壳来排列、分类，还是应当也兼顾其内部的软体（甚至给予优先考虑）？

传统的分类仅根据贝壳来分（因此将该学科称为“贝类学”），不过这样做时总得辩解几句。伟大的大师林奈曾明确地称，基于软体部分的分类将会是更“自然的”，但他却仅使用贝壳，这主要是出于实际考虑，因为采集者们只获得了这些坚硬的外壳，并且还有许多属，人类仅能接触到在岸边捡得的空壳，无论如何都无法根据其软体构造进行界定。当下一代的拉马克，对林奈以来的软体动物分类学进行首次重要扩展和改进时，他增添了许多新名字和辨别特征，但仍然是在贝壳而非软体基础上建立他的体系。

这一问题存在于当时的贝类研究者之间，且带来了困扰，为了对此有所感知，我们来看看当时英语世界中最受欢迎的贝类学普及书《贝类学基础》（*Elements of Conchology*）是怎么说的吧。其作者是伊曼纽尔·门德斯·达·科斯塔（Emmanuel Mendes da Costa，他是英国的一个西班牙系犹太人小群体中的一员），该书写于对思考变革来说最吉利的那一年，1776 年：

> 这自然地指引我讨论在博物学家中引起极大讨论的一个话题，也就是，有贝类动物的分类系统应当根据动物自身构建，还是根据其栖身之所或者说贝壳构建。前者看起来是最科学的；但是后者，即根据贝壳，是被普遍采用的，有许多原因：迄今已发现的许多种，和已采集的许多标本，都只展示了贝壳或者说住所，动物自身则很少被人类了解或描述。至于我们日常发现的贝类，很少是捕捞的活体；大部分是在岸上

> 找到的空壳……这样，又怎可能根据在我们所采集或发现的众多物种中 187
> 很难了解到的——如果能的话——一些性状或部分［也就是根据软体］来对它们进行分类呢？

因此，当怀亚特、坡和朋友们筹划《贝类学家的入门书》时，他们决定引入一项重要的改革：既描述每种动物的贝壳，也描述其软体部分。不过，他们不得不面对一个严重的问题，即英语世界的所有有关软体动物的书籍，无论是专业的还是面向大众的，都按照传统只讨论贝壳。怀亚特最初的昂贵版本只描述贝壳，布朗的书，也就是坡剽窃的那本，也同样如此。再如，1834 年玛丽·罗伯茨（Mary Roberts）出版的一本软体动物通俗书籍，在一开始就将对动物的研究和对贝壳的研究分开，并为基于贝壳、完全无视软体部分的分类辩护："朋友们，贝类学这门优雅的科学，包括了对有壳类动物的认识、分类和描述；按照林奈的说法，这门科学以贝壳的内在形态和性状为基础，完全独立于包裹在钙质覆盖物内的动物。"托马斯·布朗在 1836 年补充道："林奈对贝类的分类，完全根据贝壳的形状而非居住于其内的动物。"

但怀亚特坚持想要革新，留心下述由门德斯·达·科斯塔于 1776 年发出的感慨：

> 我很清楚那些反对它［也就是，达·科斯塔实际在书中采用的根据贝壳进行的分类］的争论，也就是，只要我们仅仅研究贝壳，那些空空如也的居所，那些动物的弃物或遗骸，仅仅将它们作为我们研究和收藏的对象，

> 那么我们对这些生物的考量就是局部的，或者说是片面的。还需要取得更多。居住于其内的动物当然应当成为我们分类时的指导。

那么，怀亚特能在哪里找到软体部分的资料，以与他们熟悉的、传统的贝壳描述相结合呢？现在我们终于可以理解并欣赏坡在这项
188 公认可疑且无疑涉及剽窃的事业中的重要甚至必要的作用了，这项
事业取得了一些有价值的、原创性的成就，迄今为止尚未被坡的文学崇拜者和评论家们认识到。如上所言，当时并没有英文出版物可以提供所需的信息。在 19 世纪早期到中期，法国科学界是分类学和博物学领域的引领者，其中心在巴黎自然博物馆（Muséum d’Histoire Naturelle in Paris），拉马克和居维叶的任职之地。有关软体动物软体部分的详细信息只能在用法语写成的原始专业文献中找到！

因此，坡或许无法区分种种软体动物，但他显然精通法语——很可能是怀亚特圈子中唯一一个精通法语的成员，而这一专门知识是任何想要在通俗英文书中将软体动物的贝壳和软体部分结合起来的努力都必需的要素。坡的演员母亲在他年仅两岁时就去世了，他由里士满（Richmond）① 一个家道几番兴旺的商人约翰·爱伦（John Allan，坡的中间名字即源于他的姓氏，尽管他们从未办理正式的收养手续）抚养长大。坡在英格兰和苏格兰度过了重要的五年（1815—1820 年），在那里，他在管理严格的学校接受了古典教育，其中包括扎实的法语基础训练。

换句话说，并且作为总结，我认为坡完完全全做了他所说的——

① 里士满，美国弗吉尼亚州的首府。——译注

而怀亚特的周围再无人可以完成这一重要工程。坡翻译了居维叶的法语著作中对软体部分的描述，然后将这些信息与传统的贝壳描述结合起来。这样，《贝类学家的入门书》提供了一项重要的、被广泛渴求的教育改革，在通俗英文书籍中首次将软体动物的贝壳与居住于其内、负责外部优雅构造的身体连接起来——这项创新当然值得一两次的重印！而埃德加·爱伦·坡在其中起到了重要作用，对这一改革的成功完成是绝对必要的（考虑到怀亚特有限的人脉和资源）。这样，坡因具备流利的法语这一人文学者的技能而极好地服务于科学。“合众”为更好的“一”。借用狐狸的一项技能，推进刺猬的事业。

9

189 错误的还原之路与一视同仁的融通

还原人文的一项经典计划：在逻辑不可能之事上的一次最佳尝试

人类的传说和早期故事常常将我们最深处的情绪和最实际的需求刻画为截然相反的两极，它们要么在我们内部剑拔弩张，要么作为外部世界的人格化存在争夺控制权（比如，现代漫画书中的超级英雄和恶棍就是古代神灵与魔鬼的通俗版本）：或为一己私利而杀戮，或为拯救国家而牺牲；或纵情声色到死（疯狂购物到手软），或努力学习到眼盲。作为一名科学家和博物学家，我尤其能感受到属于我个人的两极的强烈拉扯：对自然多样性的每个小细节无法减弱的着迷（相当于爱），和对一个共有的说明模式、一个指导原则或许就能解释所有的光辉多样性这一前景的极大向往（相当于激动）。否则为什么一个博物学家会感到不得不就这些不能和解的感受写书，用一个
190 明显的学术“借口”（和相当合理的情境）固定住这一努力：探讨一个合法的历史和哲学问题，即科学与人文学科间的关系。如果这向往

不是如此强烈、如此普遍，如果可敬的解决方案的范围不是如此广阔，那我怀疑我的老同事 E. O. 威尔逊就不会就同一主题写一本书了（*Consilience*, Knopf, 1998），不过尽管我们都相信（再次引用威尔逊的话，正如在本书第 3 页那样），“人类心智最伟大的事业一直是并且将永远是尝试着关联科学与人文学科”，但他却得出了这样一个相反的结论。

显然，没有哪个明智的人会主张纯粹一极——也就是，要么主张“万全之策”的概念版，万能祷语的发现，神之名的“唵”（Om），存在的咒语（释放可以满足无限愿望的神灯）；要么主张无政府主义式的替选，即每个自然物件停留在自己不可言说的、独特绚丽的孤寂空间中，与他者没有哪怕一丝联系，完全没有任何秩序或协调感，没有概念上的高与低，甚至没有几何学上的近与远。我们都希望在享受差异的同时，仍能在总体中发现某种有意义的秩序。在这个原初意义上，每个人都会欣赏狐狸的灵活多变与刺猬的稳定高效。

但社会传统和现代西方科学的传统智识构想更青睐于强调通过还原来寻求统一，即还原为有限数量的、高度概括化的、互相连接的原则调控着更少的力和更小的构成粒子，这甚至导致在谈论寻求一个“终极理论”或真正基本的“万用理论”（theory of everything, TOE）时带着一点有意的自我嘲弄。我已经引用过这一信仰的经典科学论断，即伽利略的名言，他说宇宙这本“大书”“是用数学的语言写成的，其符号是三角形、圆形和其他几何图形”。但或许阿尔弗雷德·丁尼生（Alfred Lord Tennyson），这位维多利亚时代诗人中对科学最有兴趣也最睿智的，将这一点表达得更有力，尽管是从他自己的比喻领域：

> 一神，一法则，一元素。
> 还有一遥远的神圣事件，
> 整个创造向着它移动。
> （选自他最著名的诗篇《悼念》〔“In Memoriam”〕的结尾）

爱德华·威尔逊，在《知识大融通》一书中对这一综合
191 （synthesizing）偏好做了近年来最雄辩的辩护，他呼吁科学和人文学科在相互尊重中统一，并借用物理学家、科学史学家杰拉德·霍尔顿（Gerald Holton）的一个令人愉快的短语来描述对大统一——即从“最硬的”微粒科学延伸到人文学科的顶点，或者说从物理学到生物学再到社会科学、艺术和人类伦理学——的这种强调：

> 爱奥尼亚式迷情（the Ionian Enchantment）……它是指对科学统一的信仰——一种认为世界是有序的且能被少量自然定律解释的信念，它不只是一个初步的主张，而是要深刻得多。其根源可追溯至米利都的泰勒斯（Thales of Miletus），他生活在公元前 6 世纪的爱奥尼亚……这一逐渐变得复杂的迷情（the Enchantment）已统治了科学思想。在现代物理学中，其焦点是统一自然界中所有的力——电弱作用力、强作用力和重力——物理学家们期望理论如此紧密地整合在一起，以便将这门科学转变成一个“完美的”思想体系，依靠证据和逻辑的绝对优势就足以抗拒修正。但是迷情的魔力也延伸进入了其他科学领域，在少数人的头

脑中它还抵达了社会科学，并且进一步地，正如我稍后将解释的那样，碰触到人文学科。

威尔逊并不回避承认这一传统的统一梦想通常的归入趋向（direction of subsumption），和它传统的“还原论”之名，即试图将最复杂的现象（生命的、认知的和社会体系的）分解成构成单元，所有这些构成单元最终都从属于根据调控这些基础组分的统一物理学定律所做的解释；这一实践研究计划通常是受对物质实在之真实结构的信念或至少是模糊的感知支撑的。威尔逊也在论述的最后肯定了科学中值得赞扬的怀疑实践，并对人们最珍视的希望保持格外严厉的态度（第58—60页）：

> 科学最锋利的工具是还原论，即将自然分解成它的自然组分。的确，这个单词本身听起来枯燥无味且有攻击性，就像解剖刀或导液管。批评科学的人有时候会将还原论描述为一种强迫性失调，朝着一个最近被某作者称为“还原性自大狂”（reductive megalomania）的末期衰 192
> 退。那一描述是个可控诉的误判。实际工作着的科学家们，他们的使命是做出可证实的发现，他们以一种完全不同的方式看待还原论：它是人们采用的一种研究策略，用以找到好的切入点进入以其他方式无法穿透的复杂体系。科学家们最终感兴趣的是复杂性，而非简单。还原论是理解它的方式……
>
> 在仅仅将聚合物粉碎成小块的背后，还有一个更深的议题，它也采用还原论之名，即将每一组织层次的法则和原理纳入那些更普遍因此

> 也更基本的层次。其强形式就是彻底的融通（total consilience），即认为自然是由简单普遍的物理定律所组织，其他所有的定律和原理最终都能被还原为这些物理定律。这一超验世界观是许多科学唯物主义者（我承认我是他们其中的一员）的指明灯和道路，但它可能是错的。最起码，它肯定是种过度简化。在每一组织层次，尤其是在活细胞及以上的层次，都存在着需要新定律和新原理的现象，它们仍无法被那些更一般层次的定律和原理所预测。

威尔逊复活了一个古老的词——**融通**，它由伟大的英国科学哲学家威廉·休厄尔（William Whewell, 1794—1866）于 1840 年发明（我将在本书第 200—215 页提供定义，并分析威尔逊对休厄尔意图的误解）。我认为**融通**是个优美的、值得赞赏的术语，尽管在英语词汇的“自然选择”下从未流行起来。这个单词字面意义是指通过将在其他方面不相干的事实“聚合”（jumping together）成一个统一的解释来证实一个理论。威尔逊复活了休厄尔的这个单词，用它来描述还原论巨大成功中最有力的推定结果：在调控各层次组分的定律下，将许多不同种类的现象相继归入，直至基础成分的物理学，以此将它们简化、聚集。按照威尔逊的梦想——其爱奥尼亚式迷情的最理想状态——这一融通范围，以还原论作为说明指南，将从基本粒子物理学扩展到生物学和社会体系，向上穿过最大的传统分界（科学与人文学科），进入艺术与伦理学（第 221—222 页）。威尔逊对“融通”的这种扩展和修改，与休厄尔的意图和他对科学与人类生活其他部分之间
193 关系的基本信念相当不一致。

> 融通世界观的核心观点是，所有有形的现象，从恒星的诞生到社会制度的运转，都基于最终可还原为物理定律的物质过程，无论其间的次序多漫长多迂回曲折……对这些事业最有效的策略［还原论］是在组织的各层次构建连贯一致的因果解释。因此，细胞生物学家向内向下注意分子总体，认知心理学家们则留心神经细胞聚合活动的模式……尚没有令人信服的理由说明，为什么不能以同样的策略将自然科学与社会科学和人文学科结合起来。两个领域之间的不同在于问题的尺度，而非解决问题所需的原理。

平心而论，尽管我的确认为对威尔逊愿景的逻辑反驳，反过来强烈支持了我提议的另一条通向科学与人文结合的道路，但我也的确欣赏他为融通和还原论所选择的中心隐喻——因为威尔逊的意象颠倒了通常的几何图像，从而驳斥了经典还原论附带的最糟糕的暗示之一。按照通常的看法，我们将据认为从属于还原的各门科学按照价值等级排序，最坚硬的物理学在顶端，诸如社会学和心理学这样湿软的科目则在地底下。（我也必须承认我个人对这幅图景的厌恶，因为作为一名古生物学家，我的研究对象或许是字面意义上的坚硬物体，但我的职业肯定靠近这一概念连续统湿软的那一端！）这样，具有最大普遍性（和应用最多数学）的最微观体系是最好的（粒子物理学），而最宏观的，由不同事物构成、依据最少组织原理来解释的最令人困惑的大杂烩（比如复杂的生态体系），则是最坏的。

至少威尔逊颠倒了这一意象。他以提修斯（Theseus）和弥诺陶

洛斯（Minotaur）的故事来比喻，这里迷宫的中心不再是起点，靠近
外围的更大事物都由此增长得来，相反，它成为最难实现的最终累积
194 目标，在由外向内的每个转弯处都获得逐步的融通的增长。也就是，
当你进入迷宫后，从基础的粒子物理学开始，然后沿着一条复杂性越来越大的道路，直到抵达中心最难的谜题（一旦抵达，同时也需要完成那项并不算小的任务，即用一只牛头杀死一只恶毒的食人生物）。当然，你将永远无法走出迷宫（无论你在中心享有什么样的成功），除非你仔细地在沿途留下阿里阿德涅（Ariadne）的线团（相当于还原论解释中连续归入的智识过程），然后从你在复杂中心的征服开始追溯，穿过所有更一般、基于更基础组分的分析层次，直至返回外围的物理学。

这幅令人印象深刻的意象，在拒斥传统的价值次序的同时（毕竟，威尔逊和我都是演化生物学家，应当同样不愿意视粒子物理学为最高源头），也很好地服务于威尔逊，允许他得出一个重要的、我为之大声喝彩的观点，即融通的还原过程在任意一个方向都能同样好、同样有效地进行，不需要从夸克开始，而对栎树不闻不问直到其下所有的层次都逐渐被理解（第 73—74 页）：

> 提修斯代表着人类，弥诺陶洛斯则是我们自身危险的非理性。靠近经验知识迷宫入口处的是物理学，由一条主廊组成，接下来是几条分支走廊，所有踏上征程的探索者都必须经过它们。在迷宫深处是一张密集的路网，贯穿着社会科学、人文学科、艺术和宗教。如果我们在前进时小心地沿途放下连接因果解释的线团，那么最终就可能沿着任何路径迅

> 速返回，穿过行为科学到生物学、化学，最终到达物理学……将一种现
> 象分解为其元素……是借由还原的融通（consilience by reduction）。对
> 它进行重组，尤其是利用借由还原获得的知识来预测自然最初是如何组
> 装它的，是借由综合的融通（consilience by synthesis）。这是自然科学
> 家们工作时通常采用的两步法：每次先通过分析自上而下穿过组织的两
> 三个层次，然后通过综合自下而上穿过同样的层次……融通还有另外一
> 个典型特征：穿过分支走廊返回远比前进容易得多。当我们逐次铺设好
> 一段段解释，依序排列好一个个组织层次后，就可以在许多终点处（比 195
> 如说，地质构造或蝴蝶种类）选择任何线索，并合理地期待跟随它穿过
> 因果关系的分叉点，一路返回到物理定律。但是反向的旅程，从物理学
> 到终点，则极其成问题。随着离开物理学的距离增加，先行学科所允许
> 的选项会以指数方式增加。因果解释的每个分叉点都会使前行的线团
> 长度成倍增加。生物学几乎不可想象地比物理学更复杂，而艺术又同样
> 地比生物学更复杂。

我无意参与最粗糙形式的流行心理学，或心理呓语，但我常常思索，为什么统一的梦想（在我们这个可怕混乱然而又如此精彩多样的世界中）如此有力地占据了学者的头脑。当然，我应当首先诚实地承认：当困惑者所不认同的是一个在许多广受尊重的他者看来如此显然、如此有效的信仰时，这种困惑感就会增加（这是相当明显的）。我发现在这样的结构中，没有什么会对内心或智识有吸引力，它被打磨得如此整洁对称，没有粗糙的边缘，也没有边远独立岛屿（甚至连独立大陆也没有。这里的独立是指与他者没有有形连接但很可能在更

有趣的非有形或非逻辑的意义上相连，这种意义可以用比喻或其他非常不同的方式来更好地表达，它们尊重某种更高的、有显著价值的共性）。毕竟，我写了这本书，并且用了狐狸和刺猬而非阿里阿德涅的迷宫作为其典型意象，因为我想要科学和人文学科成为最好的伙伴，认识到它们在追求人类的尊严和成就中有着深厚的亲缘关系和必然关联，但在进行它们的共同项目、向彼此学习时，仍保留它们各自不可避免的不同目标和逻辑。让它们成为那两个火枪手——我为人人，人人为我——而非一个宏大单一的融通联合体上的不同等级阶段。

尼采对人类动机的著名区分，即阿波罗式的（Apollonian，批判的—理性的）与狄奥尼索斯式的（Dionysian，创造性的—热情的），
或许可以帮助我们理解统一理想具有强大吸引力的两大基础。威尔逊
自己宣称他是从这一迷情的最阿波罗式的源头中获得了启发，即 18
世纪那个伟大的世俗智识运动，启蒙运动——威尔逊仍视这一篇章为
196 西方人对理智之信心的最高点，此时他们相信运用理智的力量可以确
保事实上的和道德上的持续进步，从而改善我们的生活；但这一运动
最终失败了（有确切的原因）。威尔逊写道（第 15 页）：

> 智识统一的梦想在启蒙运动之初第一次进入全盛期……世俗知识服务于人类权利和人类进步的愿景，这是西方对文明的最大贡献。它为整个世界开启了现代的大门，我们都是它的遗产受赠者。然后它衰落了。

威尔逊认为启蒙运动的失败有两大原因，一个是内部的，另一个

是外部的。就源自内部的崩溃而言，这些伟大的思想家们无法实施他们的理性主义计划，因为他们那个时代的科学尚未充分地“向上”融通，因而还无法解释自然的复杂部分——从人类的大脑开始，向上移动到社会组织和历史——而这些对实现我们的目标，即使社会生活和经济生活更理性、更人道，是最核心的。关于启蒙运动的杰出代表孔多塞侯爵（Marquis de Condorcet，他也是我喜爱的历史人物之一），在法国大革命充满希望的初期曾如此热烈地支持它，但即便革命最激进阶段的狂热分子迫害他至死，他也仍然坚持他的人类完善（humane perfection）的愿景，威尔逊写道（第 21 页）：“他那安详的自信源于这一信念，即文化是受像物理学定律一样精确的定律支配的。他写到，我们只需要理解它们，以保持人类走在其预定的道路上，通向一种由科学和世俗哲学统治的更完善的社会秩序。”

威尔逊也将后来基于同样理性主义精神的智识统一运动的失败，归因于类似的未能用科学术语解释复杂层次（从人类大脑开始），从而妨碍了将这些关键主题纳入还原论式的融通之中。至于逻辑实证主义，它是 20 世纪的一场哲学运动，其主力是一群被称作维也纳学派的哲学家（至少直到希特勒的政策迫使其中几位核心犹太成员流亡或造成他们死亡之前），威尔逊写道（第 69 页）：

> 逻辑实证主义是现代哲学家们发动的最勇敢的齐心协力之作。它的失败，或者更宽宏大量地说，它的弱点，是因忽视大脑如何工作而造成的。这是我对整个故事的看法。没有人，无论是哲学家还是科学家，能够用高度主观的术语之外的其他措辞来解释观察和推理的物理 197

过程。

至于导致启蒙运动挫败的外部因素，威尔逊指出人类心智和传统的强大力量，它们发现世俗理性有那么一点“冷酷无情”，它们似乎需要（并绝望地寻求）由值得崇拜的、独裁的神秘力量自上施加的内在同一性所带来的震颤。比如，威尔逊对比了启蒙运动对宗教的自然神论式的“看法”与更传统的西方观念（第36页）：

> 这样，自然神论的致命缺点完全不是理性的，而是情感上的。纯粹理智无吸引力，因为它冷酷无情。剥夺了神圣神秘感的仪式丧失了其情感力量，因为参加仪式的人们需要服从于一种更高的力量，以实现他们忠诚于部落的本能。尤其是在危险和不幸的时刻，无理性的仪式就是一切。没有什么可以替代对一个绝对正确且仁慈的存在的屈服，这一献身被称作是救赎。并且没有什么可以替代对一种不朽的生命力的正式承认，这一信仰的跳跃被称作是超越。

然而威尔逊也（并且是频繁地）引用相反的、带有强烈的狄奥尼索斯色彩且根本上浪漫主义的原理来为统一辩护（利用历史和专业意义上的浪漫主义来界定这场运动，颂扬强烈感情的首要性和我们情感需求的内在本质，这在18世纪末19世纪初的西方文人和知识分子之间非常流行，此时他们对早前的启蒙运动理想已不再抱有幻想）。威尔逊通常引用还原贯穿其融通链（还原到调控较小组分科学的原理，其根基已比较稳固），来支持解释更复杂体系（从大脑到人类社会，再向上到艺术、伦理学和宗教）的特殊主张。

然而——并且是在几个关键点上——他似乎滑入了下述根本上是浪漫主义的论证：融通链可以通过还原到阿里阿德涅迷宫周围附近更成熟的科学来获得事实肯定，但我们如何能证实一条通常不被认为陷落于融通链中的伦理原则呢？威尔逊似乎是在与人类心灵的演化偏好相一致这一原理中找到了一种“客观”证实的替代形式，该原理体现 198
为伦理规则与我们共同本性中的强烈内在感受相共鸣——我不知道除了“浪漫的”之外还有什么可以形容这一主张。我们或许会按照建立在对我们的动机和思维过程之误解（或者只是为了更成功地强制我们服从）基石上的文化传统，试图利用宗教的或其他非逻辑、非科学的术语来证实伦理原则，但它与我们演化出的本性和存在相一致的“真实”基础仍然是超群的（preeminent），尽管尚未被处理（并且尽管完全未得赏识）：

> 相反，经验主义者寻求的是能被客观研究的伦理推理的起源，他们的观点颠倒了因果之链。他们认为个体在其生物本性上倾向于做出特定的选择。通过文化演化，一些选择被强化成了规则，进而是法律，以及对上帝之命令或宇宙之自然秩序的信仰，如果这种倾向或强制足够强烈的话。通常的经验主义原理采用如下形式：**强烈的内在感受和历史经验使得特定的行动受到青睐；我们已经历过它们，掂量了它们的后果，并且同意遵从表达它们的法则。让我们发誓遵循这些法则，将我们的个人荣誉寄托于它们，并为违反它们遭受惩罚**。经验主义观点承认，道德法则被设计来遵从人类本性中的某些冲动，并压制

其他冲动。

但最后一行暴露了明显的困境：如果建立在与我们演化了的本性相一致基础上的人类经验，使得我们偏好特定的行为（后来被定义为道德上正确的，并体现在行为准则中）；如果同时我们又必须承认，这些偏好“遵从人类本性中的一些冲动”但“压制了其他的”，那么伦理体系如何能在还原论链条中被证实，也就是，作为事实上“真实”的知识的一部分，尽管是最复杂和最难的体系中的？难道我们所压制的偏好不正像我们所青睐的那些同样“自然”，并且同样是真实地演化得来的吗？这样，我们如何能选择？除非我们跳出科学事实的还原链，承认道德证实有着不同类型的基础。大概，威尔逊会论辩说，受到青睐的冲动，可以在更高层次的人类文化组织规则中而非演
199 化了的大脑的生物倾向上，被事实性证实。

但是，在他整个融通体系的这一关键点，威尔逊能提供的几乎只有一份希望声明，甚至只是一份信仰声明，即在人类心智可能性所支持的选择中，我们会选择由我们“最好的”民主和宽容本能所支持的道路——这条道路也将为我们作为一个尊重其星球家园的物种（体面地）延长生存提供最大可能性。如果浪漫主义视角的一个必要组分在于将这样一种决定性的力量赋予我们最深的情感实在，将它们的存在等同于“真”，那么我只能认为威尔逊的“自然”冲动偏好理论的最终基础是对融通之链的更大偏离，是朝着一种根本上浪漫的证实形式迈出的更大一步，也就是，在自然集合中，选择能激发我们“更高贵”倾向的选项，即使我们事实上仍可触及其他全部可能。但我认

为，这种意义的“高贵”在任何融通链中都不可能被界定为是事实性的或科学的：

> 道德本能如何排序？哪些应当被压制以及在何种程度上，哪些应当被法律和符号所认可？规则如何能对特殊情况下的呼吁保持敞开？我们可以在对道德的全新理解中找到达成一致的最有效方式。没有人能猜到协议会采取什么形式。不过，过程可以被肯定地预言。它将是民主的，并且将削弱敌对宗教和意识形态的冲突。历史正不容置疑地朝着这个方向前进，人们天性就太聪明、太好争论而无法容忍其他任何形式。节奏也可以被满怀信心地预测：变革将缓慢地到来，经过数代，因为即使旧信仰被证明错误，也很难被根除。

还原论的两个主要错误与融通的原初意义和意图 200

重申通向科学与人文学科最大限度联合这一共同目标的一条不同道路

对于一个大可以用著名的丑小鸭来命名的常见困境，人们大体上可能会提出两种解决方案，它们都追求同一个有价值的目标，但其中一种（或许）是对的，另一种则不切实际。两者的共同目标是，一个明显（且笨拙）的格格不入者如何能赢得其同伴的接受？如果丑小鸭代表了人文学科，其同伴代表科学，那我们或许会试图说服那些普通的小鸭子相信，他们那笨拙的兄弟真的属于同类，他们之所以漠视他仅仅是因为他们尚未正确地对其成员间的差异分类。他们认为丑小鸭又大又丑，因为他们没有意识到，他们的统一会构成一条融通链，一端是毛发光滑、体态协调的小鸭子，另一端是笨拙复杂的小天鹅。每一端都展现出极大的优点，没有谁比谁更好。毛发光滑的那端作为整个融通链上由其组分构成的越来越复杂组织的最终解释源头，或许为其地位而陶醉；但丑小鸭，在庞大笨拙的另一端，或许可以同样为有着最复杂的构造且最难以领会或理解而自豪。但究竟为什么要卷入如此愚蠢的争论，如果正如第一章开头的蒲柏先生所言，尽管他是用充满诗意的比喻："所有都不过是一个庞大整体的部分；自然是其躯体，上帝是其灵魂。"

第一种解决方案具体表现为威尔逊在《知识大融通》一书中的提议。但在本书所公布的第二种解决方案中，我们或许也可以试着说服那些普通的小鸭子，他们那笨拙的伙伴真的属于一个不同的"自然种类"，他那明显的笨拙只表明他们未能理解他不同但同等的卓越之处。事实上，一旦他们动用善意分拣出彼此之间的合法差异，
201 他们就会意识到共同利益的巨大分量，并认识到他们关于内在不同的新洞见只会增强两者的生命力和喜悦。首先，他们在一起可以很快乐，在池塘里嬉闹，互相讲故事，毕竟，天鹅与鸭子的确共享许多特征，因此共性确保了互相理解，而差异则丰富了故事。其次，正如俗语所言，"兄弟齐心，其利断金"——一个植根于共同目标并为目标的实现协同贡献各自技能的联合，将产生多大的影响力和尊重。

我得向您道歉，安徒生先生，因为这一荒谬可笑的征用，但我也谢谢您给我的直接启发，它确实来源于"地方守护神"（genius loci）。因为我本来犹豫要不要写这本书，但后来收到一份邀请后

就决定写了。我受邀前往您的出生地，欧登塞[①]，作为科学家在那里的南丹麦大学（University of Southern Denmark）主讲“第一年度的”——难道您不喜欢这一描述中透露出的乐观精神吗！——汉斯·克里斯蒂安·安徒生（Hans Christian Andersen）讲座。我选择的题目是“讲故事在博物科学中的必要作用”。差别万岁，以及富有成果的联合潜能万岁。（仔细想想，上句话的第二部分，正是其第一部分的要点所在，不是吗？）

我将通过批评两个界定并体现了威尔逊分析的关键词和概念的含义与适用性，来总结我拒绝威尔逊解决方案的原因，并重申我给出当前替代方案的理由，这两个关键词是：**还原论**与**融通**。第九章这一部分的最后三节将给出完整论证，现在只概括如下：

1. 还原论是个强有力的方法，应当在任何恰当的时候使用，并且已在整个现代科学史上被成功应用，但我相信它必定无法被普遍采用（既在逻辑上**也在**经验上），有两个关键且完全不同的原因，每一个分别与威尔逊论证中的一个不同核心方面相关：

（i）在科学的合法领域内，我并不相信还原论在解释复杂层次时会走向哪怕是接近全面成功（包括演化生物学的几个方面，接着“向上”前进到更复杂的、具有更大综合性和交互性的认知体系和社会体系），这么说有两个基本理由，它们使得这些主题完全保持在事实性的、可知的科学领域内，但要求额外的说明方式来解答。我将在以后解释在这个简短说明中听起来只能像是胡言乱语的内容（见本书第221—232页），但我必须至少在此记录这两个基本理由。首先，**突**

① 丹麦菲英岛北部城市。——译注

现（emergence），或者说复杂体系中新奇解释准则的进入；有一些
202 定律源自组分之间的“非线性”或“非叠加”交互作用，因此在原则上，若分别考虑这些组分的性质，就无法发现这些定律（而在那些提供了经典还原论模型中的基本解释原理的“基础”科学中，它们是可以被这样发现的）。其次，**偶然性**（contingency），或者说独一无二的历史“事件”日益增长的重要性，这些事件原则上无法被预测，但在发生后仍完全可以进行事实性解释。在因第一个理由中的突现原理而越来越不适用还原论的那些复杂科学中，偶然性作为说明组分的作用也增加了。一个夸克可能不会将它的典型特性归因于历史的偶然事件，而只能是自然秩序的有效规则；但是，智人（*Homo sapiens*）作为一个小种群在特定时间、特定地点（非洲，在过去 20 万年内）的出现，尽管并不违反任何自然法则，并且尽管可以由这些法则中的几个特性有益地阐明，但却无法在不强调历史偶然性的形成作用的情形下对它做出有意义的解释，而这些历史偶然性在原则上并非自然法则可预测的（尽管这样的偶然事件也不能推翻这些法则）。

（ii）在科学的合法领域之外，在为了威尔逊的模型获胜而必须被纳入融通解释链的几个关键人文学科领域中，其基础探索、目标和解答模型，在逻辑上和原则上就使得我们无法利用任何还原论链中任何层次的经验科学的事实方法，对它们做出任何让人完全满意或者哪怕差强人意的说明。当然，我并不否认，重要的事实问题适用于人文学科的所有这些领域。比如，我们当然可以将道德人类学（anthropology of morals）作为一个独立文化间的相对频率问题来有效地探究，或者从光学的角度来探讨美学心理学。我们当然可以查明

人类社会中的大部分都喜欢某个道德准则胜过另一个，我们甚至可以为他们的决定构想出一个令人满意的演化论解释。但是伦理学领域问的是一个非常不同的基本问题，是这些有趣且重要的事实数据未处理（也无法处理）的：我们**应当**遵循什么样的道德准则？尽了什么样的伦理责任就可以说此生未虚度？事实性的道德人类学又如何能在纯粹逻辑意义上解决，或者只是有益地帮助裁定这样一个问题？在上文引用过的一个假设性例子中（见本书第 142 页），如果我们发现，在特定条件下，大部分人类文化都赞成弑婴，并且这样一种做法的出现有着很好的达尔文式的理由，那我们是否就应当宣称，我们已经解决了 203
这种做法的正确性问题，答案是“对”？（相反，我会说，我们至多只学到了，当我们因为一些由事实科学之外的推理模式解释并认可的道德原因而试图消除这一古老而普遍的做法时，我们的工作会变得更困难——这样的知识应被视作是极为有用而受到珍视。）

2. 我很高兴威尔逊拯救了我喜爱的晦涩单词之一，并使它重获声名。实际上，长久以来，每提到应当保留但却遭遇了表面上的灭绝的术语时，我第一个想到的都是它——至少在威尔逊点燃凤凰涅槃重生的柴堆之前。但是，尽管威尔逊正确地解释了休厄尔最初在特定科学知识领域中对融通的应用，但在某种极为讽刺的意义上，他也将“融通”扩展为一个与英国 19 世纪中期最伟大的科学史家、科学哲学家的更大世界观直接冲突的计划。休厄尔自己对知识不同领域的看法与本概要所支持的观点相一致，与威尔逊借用这个词作为其核心假设和书名时所拥护的单一还原链并不一致。

当然，术语像有机体一样易变，并且服从于演化论，因此威尔逊当然可以提议，从休厄尔最初应用于科学知识扩展为一个广阔得多的主张，通过将传统的人文学科主题和问题也纳入同样的解释结构来进一步整合。但是，休厄尔对他自己的术语**融通**所设置的一个明确限制，恰巧是对威尔逊计划之最大失败的核心论证，这一独特情形本身就有着巨大的讽刺。*

---

* 正如我在前文中承认引用安徒生有个人原因一样，如果我在此不就我与 E. O. 威尔逊的同事史说几句，那我就是未遵循恰当披露的规范（尽管我自己并不喜欢“自白式的”写作）。首先，我承认，我自己的有些方面我只能视为是小气，当威尔逊选择“融通”作为他 1998 年出版的那本书的书名时，我有一点恼怒。在我自己关于科学史和科学哲学的研究中，我尤其关注达尔文和整体上的维多利亚时期，我研究了休厄尔的融通概念，并且突出地在两篇文章中使用了这个术语和理念作为其论点的核心部分，其中一篇描述达尔文的历史方法论（Gould, 1986），另一篇为我自己在一本重要专著中所采用的经验资料风格辩护，该书研究的是一个特别棘手的蜗牛组群分类问题（Gould and Woodruff, 1986）。我以为我是在世的唯一一个发现并使用休厄尔术
204 语的演化生物学家。（我猜我提这一点是为了给读者证据来怀疑我有一个或许可被合理地称为心胸狭窄的个人动机，如果你们觉得我在论证威尔逊曲解了休厄尔的动机和意图时有那么一点过于幸灾乐祸了的话。）

爱德·威尔逊和我在演化生物学的一些理论问题上有不同意见，围绕着适应的作用和传统达尔文论据在特定人类社会行为形式中的应用，这几乎不是什么秘密。鉴于人们假定智识上的激烈交锋必定会点燃情绪之火，我相信许多人都臆断我们之间有敌意。我只能说，我从未感受到与爱德·威尔逊有任何私人纷争或敌意，我不记得我们对彼此说过一句刺耳的话，我们的关系一直是完全同侪式的、互相尊重的，尽管我们从未在私人意义上成为朋友（我猜可能是因为我们都出了名的喜欢独处）。

我也想就一件一直令我懊恼的事说上几句，尽管我相信爱德和我在这件事上的表现都非常值得尊敬——他应得的尊敬要**多得多**，因为我一直遗憾我**未**采取的一个行动。在美国科学促进会的一次会议上，爱德和我参与了一场批评他的社会生物学理论的分会，会议气氛激烈，内容广泛。在这些有着更激进学生政治运动的时代，一群年轻的空想家们（我不会用任何严肃的政治或科学理论之名来美化他们的行动），认为社会生物学传播种族主义（这个指控很荒谬，因为威尔逊的理论讨论的是假定的人类共性，而非基于地区的变异的起因，后者是种族主义的伪科学基底），他们冲上讲台，用有节奏的喊叫和指控“示威”。其中一个学生，大喊着“种族主义分子威尔逊，你大错特错了”〔you’re all wet，其字面意义是你湿透了。——译注〕，拿起一杯水，浇在了威尔逊的头顶。之后这群人离开讲台和礼堂。（当时我就坐在爱德旁边，自己也被弄得湿淋淋的。）

休厄尔的“融通”的有限意义，正如威尔逊所恰当使用的那样 205

威廉·休厄尔属于维多利亚知识分子这一大群体，他们有趣的人生和对学术及新知识形式的坚定信念给我们留下了深刻的印象，尽管他们在历史上并不那么大名鼎鼎，因为他们对世界大体上保守的看法，以及他们未能做出显著的发现，也未能将他们的名字与一个难忘的概念或一个重要的地方相连，哪怕只是偶然地（诸如麦克斯

这个事件，因为一些普遍的和特定的明显原因，本来就够丑陋了，又因为威尔逊当时脚上打了石膏，无法在必要时保护自己的身体不受伤害而变得更加丑陋。我称赞威尔逊胜过我有两个原因。我当时拿过话筒，谴责那些抗议者，他们如此玷污、毁坏了我们对社会生物学进行严肃的、有礼貌的，尽管在智识上严厉的批评的尝试。我引用了他们自己所谓的经典文献之一来反击他们——列宁那本将“左翼共产主义”（列宁时代的一场类似运动，基于愚蠢的表演而非严肃的理论）描述为“幼稚的混乱”的小册子。爱德只是简单地擦掉身上的水，继续他的发言。他的不言自威，令我激昂的愤怒相形见绌。他也是他们袭击的目标，有切实的理由担心。

我的懊恼也需要一个自白：在我的成年生活中，我从未揍过另一个人类（好吧，或许我曾在一次特别狂怒的爆发后，轻轻打了我一个孩子一巴掌）。但我愿意付出巨大努力回到那个时刻——用一个我可以且应当做出的举动改变可能发生的历史，它并不会使结果有什么不同，但将会因其基本的正当性而让我感觉好很多。你们知道，我看到那个年轻人端起一杯水，并且意识到他将要做什么。我想着要站起来，打翻他手中的杯子，但事情在一秒内发生了，我只是行动得不够快。唉，如果我遵循了我被深深压抑的本能，其他人——也许更多的人——将向更多的参会者泼更多的水。也许还会有几只拳脚相向。但那又如何？那些“勇敢的”抗议者是群装腔作势的家伙。他们并不会构成威胁。要知道，我完全是暴力人的对立面，即使是对这样一个大体上象征性的举动。然而我渴望在那个时刻有另一次机会，这样我就可以快点行动，将那小杯水直直打翻在那个蠢蛋的脸上。（顺便提一句，读者们，这类故事总是会在流传之中“添油加醋”。大部分的报道都称用的是大罐冰冷的水。许多叙述甚至称示威者将血倒得威尔逊满身都是。这些并不会造成一丁点不同，这件事发生在一次科学会议上，仅仅这一点就使得它极其丑陋——不过我当时在场，用来攻击的武器是一小杯水，由一个狭隘的、装腔作势的人掷出。）

韦妖①，或者亚伯拉罕平原之战②之类，后者是以当地的一个农民命名的，而非其族长）。对可怜的休厄尔来说，问题因他那显然难以正确发音的名字而更加剧了。如果一个人的名字你念得磕磕绊绊，以至于在专业会议上做报告时会惹得少数行家哄堂大笑，那为什么要复活他呢？（就本例而言，试试发“you-ull”或者“hew-ull”，对第一个音节给予足够的强调，第二个音节仅仅一带而过，这样这个名字几乎但并未完全变成一个单音节——这样就差不多念对了，我在牛津和剑桥的那些以英语为母语的朋友们告诉我大概是这样。）

正如许多保守的英国知识分子一样，休厄尔担任了神职（成为威廉牧师），但却作为一个大学人，在剑桥圣三一学院（Trinity College）这个最合适的地方度过了他的整个职业生涯。在那里他先
206 是担任矿物学教授（1828—1832），作为一个相当能干的科学家取得了许多成就，其中之一是和一个名叫查尔斯·达尔文的学生成为朋友。接着，他成了道德哲学教授（1838—1855），显示了他涉足的领域之广；随后，几乎不可避免地投身到行政管理界，担任圣三一学院的院长（从 1841 年起直到 1866 年离世），并在 1842 年担任了一个任期的整所大学的副校长（英国大学常常有个有头衔且通常是皇家头衔的校长，按照传统及人们的期待，他们很少做什么，只需要在毕业

① 麦克斯韦妖（Maxwell's Demon）是英国物理学家麦克斯韦（James Clerk Maxwell）于 19 世纪六七十年代提出的一个思想实验，在其中他假想存在一个能控制单个分子运动的妖或精灵，从而使得违反热力学第二定律成为可能。——译注

② 亚伯拉罕平原之战（the Battle of the Plains of Abraham）是 1759 年英军与法军在魁北克城外进行的一场战争，因该地区原属于一位名为亚伯拉罕（Abraham Martin）的农民，故得此名。该战役是英法争夺新法兰西殖民地的关键战役，影响了后来加拿大的建国。——译注

典礼和少数其他典礼上借出他们的名字并担任主持，而副校长则承担美国大学校长所做的实际工作）。

对我们这里的讨论来说最有趣的是，休厄尔的重要贡献是在科学领域做出的，尽管他坚定地献身于宗教，头衔也是宗教性的。（我不应当说“尽管”，因为正如我之前多次论证的那样，科学和宗教并不总是处于敌对状态，尤其是，英国的许多牧师后来都成了出色的科学家，这恰恰是因为，对像休厄尔这样出身“平平”的人来说，教会资助的学习机会是少数可使他们获得广阔教育的途径之一。休厄尔的父亲是个细木工〔joiner〕——我的意思是木匠，而非热衷于社团活动的人。）休厄尔在其职业生涯之初是个比较传统的实证科学家，在矿物学领域做出了值得尊敬的工作。作为历史的一个注脚，休厄尔的确在 1834 年创造了“科学家”（scientist）这个词，有趣的是，是在他为当时最著名的女科学作家玛丽·萨默维尔（Mary Somerville）写的一篇书评中提出的，休厄尔很尊敬这位女作家。“科学”（science）这个单词本身有古老的起源，不过其最初的意义更广泛，指任何形式的知识，即拉丁语中的 scientia——正如我在本书第 12 页引用的德莱顿那段话中的用法一样。不过，不知道为什么，一直没有出现一个称呼这一事业从业者的总称，这一事实困扰着英国科学促进会。该协会于 1831 年在约克郡举行了它的第一次会议，1832 年在牛津举办了第二次，次年即 1833 年在休厄尔的地盘剑桥举行了第三次，上述问题在此获得了广泛的讨论。休厄尔也在场，会议讨论促使这位著名的博学之士采取行动，最终成功解决了这一困境。这样看来，我应当收回我之前的部分说法——我之前说休厄尔未能青史留名，是因为在形形色色可带来不朽声名的传统事迹中，从可怕的谋杀到伟大的发现，休厄尔并未做出哪一项。如果我的任何同事能认出休厄尔的名字，那很可能是因为他们模模糊糊记得休厄尔创造了“科学家”这个词。

但也许休厄尔最有特色、最有趣的工作在于他在科学史和科学哲
207 学领域的开创性努力。其他人，包括像康德和伏尔泰这样的名人，也曾讨论过这些主题，但是以一种不同的、更明确说教的且有选择的方式。（当然，休厄尔也是有理论偏好的，不过读者可以感觉到他与众不同的目标，他更重视历史文献而非纯理论例证，并且至少试图公平地覆盖，而非直接有选择地支持某种观点。）较之于这些对发现自然法则和自然之上帝的正确及错误道路有选择地进行分析的传统做法，休厄尔合理均衡地增添了许多对科学观念发展史的描述。H. F. 科恩对他尊崇休厄尔并未做特别辩护，他在《科学革命的编史学研究》一书中这样写道：“使休厄尔可被恰当地称为科学编史学之‘父’，或者可能更恰当地称为科学编史学之‘祖父’的是，他相信，如果想要以任何精确的方式说明科学前进的模式是什么，人们必须转向历史。”

因此，绝不能被冠以懒惰罪名的休厄尔，在1837年出版了一共1595页的三卷本著作，《归纳科学的历史》（*History of the Inductive Sciences*），三年后又出版了更深入的两卷本，共1387页，题为《归纳科学的哲学，基于其历史》（*The Philosophy of the Inductive Sciences, Founded Upon Their History*）。在这两套巨著中，休厄尔明确聚焦于经验科学，它们通过对自然中的实际现象进行累积的、重复的观察和实验得出结论，推导出一般规律，并设计理论；而非通过提出根据第一原理演绎出的抽象数学模型。

换句话说，休厄尔想要理解并分析归纳的过程，或者说从重复观察到一般结论的行进——在他看来，这是决定现代科学成功的关键活动——而非更强调演绎，即从更普遍的原则出发，根据逻辑推理出自然的可能秩序（可能只在之后接受经验的检验），这是前现代的物质世界研究者们所青睐的。他觉得归纳的长处和力量尚未被充分地记载，尽管培根本人在 17 世纪一开始就明确提出归纳是科学走向现代性的指明灯与正道。因此，休厄尔决定就关于自然世界的归纳研究的发展和进步写两部前后相继的巨著——首先在三卷本中讨论科学进步的历史，接着，在随后 1840 年的哲学专著中，将这些材料整合起来说明归纳作为科学进步之标志的总体能力与缺陷。 208

在 1840 年专著的第五章（“科学归纳的特征”）和第六章（“论归纳的逻辑”）中，休厄尔花了大量篇幅定义融通。他在一开始陈述，归纳能以两种模式产生普遍结论，第二种比第一种更强大。他称第一种为“事实的综合”（colligation of facts），定义为重复的观察，最终带来对“同类事实”的正确预测（第 230 页）——比如，当我们判定，水与大部分的液体不同，在冻结时会膨胀，是因为我们在 20 次情形中，用水注满石头中的一个裂缝，让水冻结，然后注意到每次结的冰在体积上都超过了原来的水，并将石头劈为两半。接着，为了保险起见，我们甚至预测并证实了，同样的结果也会出现在第 21 次和第 22 次情形中。

不过，休厄尔接着补充，这样的综合是不可扩展的（不管冰实际上有没有扩展！），因为，通过简单地一遍遍重复一组同样的情形，并通过从不变的结果中归纳得到一种普遍性，我们仅仅学到了关于有限的一组事物的一些普遍结论。我们也需要识别出一种可以扩展到重复观察同系列事件之外的归纳方法。因此，休厄尔辨认出另外一种更强大的观察推理模式，他称之为“归纳的融通”。在此，我们面对的是一种非常不同的情形，经常在自然科学中遇到，并且迷人地同时具有极端令人受挫和极大成果潜能的联合性质（这两者表面上相反，实际上却是互相加强的）。

现在，我们不再对同样的冰裂石头进行20次观察——这有一点无聊，但至少带来了一个清楚的预测和解释——而是对一组事件进行20次完全不同且明显不相干的观察。不过这一堆事实看起来一塌糊涂。每个可能都真实且有趣，但每个与其他任何事实都没有明显的关系；没有什么线索能从这些观察中统一出任何共性。我们或许就这些事件中的某一个提出了一个受到青睐的假说，但其他的怎么办呢，这些额外事件中完全没有哪一个以任何明显的方式为这一假说作证。

不过，接下来我们就到了那个伟大的洞见，休厄尔为它发明了**融通**这一绝妙恰当的术语。我们认识到，这些显然不相干的事实中的每一个终究都能被凝聚起来——不过（现在我们说的是融通的区别性特征），它们能以一种，且绝对只有一种可能的方式如此结合起来，
209 也就是，作为那个仅有的，能在原则上将它们如此整合成一个单一、简单、优雅的说明结构的协调理论或解释（coordinating theory or explanation）的结果。否则这些事实仅仅是一条条不相干的、无关联的信息，在其独立存在之外并无协调或解释力。

这样一来，这种情形是否证明，那个唯一可能的协调解释，必定是一个可以解释这一大组在其他方面完全不连贯的事实为什么会共

同存在的正确理论？好吧，正如休厄尔意识到的那样，对不相关片段的这种协调，并不构成对上述所提议解释的一种正式的演绎证明。我们甚至不能说，这种协调相当于我们通常的依靠简单列举的归纳观念（休厄尔称之为综合的重复性观察）。但我们当然会有一种强烈的感觉，即如果有且仅有一种解释能将所有这些极其多样、迄今已确凿记录的事实整合起来——并且原则上没有其他原因可能解释其同时出现——那么，除了总结说，这一解释应当被视为可能为真或至少将我们置于一条极有用的、通向更好理解的路上，我们还能做什么？人们还能说什么？我们至少应当提出可能的真相作为我们的假说，并试着通过预测这一协调解释理应产生的其他（目前尚未被记录的）事实来挑战该解释。

但不相干的事实如此"聚合"成一种共同的解释结构，这应当被称作什么？英语中并无术语称呼这一独特且重要的概念，因此休厄尔采取了通常的求助于拉丁语的做法，将这一过程命名为"归纳的融通"（consilience of inductions）——取自拉丁语 salire，意为"跳跃"（jump），和 con，意为"一起"（together）：换句话说，即看起来如此不同的事实"聚合"为一体。（我必须承认，我一直喜欢休厄尔的这个单词，因为它和一句著名的拉丁语谚语用了同样的词根，该谚语曾被林奈、莱布尼茨和达尔文引用，作为他们关于自然过程之信念的基石，我曾花费了职业生涯的许多时间来研究生物学中的间断平衡论和其他潜在急剧变化的模式，以反驳这个信念：自然并不跳跃〔Natura non facit saltum〕。）无论如何，在下面两段引文中，休厄尔定义了他新创造的归纳的融通的意义和出众能力（第 230 页）：

> 支持我们归纳的证据，当它使得我们能解释并确定**一种不同于**那些在我们的假说形成中被仔细思量的情形时，它就具有了一种更高级、更
> 210 有说服力的特性。发生上述情况的例子，的确使我们相信，我们假说的真实性是确定的。没有什么意外事件能带来这样一种不寻常的巧合。当这种一致性未被预见、未经思考时，没有哪个错误的假说在被调整适应一类现象后，还能如此精确地代表另外一类不同现象。源自遥远无关联区域的法则可以如此跳跃至同一点，这种情形的出现只能是因为**那一点**是真理之所在。
>
> 因此，根据完全不同种类的事实做出的归纳如此**聚合为一体**（jump together）的情形，仅属于科学史所包含的最成功的理论。并且，鉴于我将需要在它们明显可见时提及这一独特特征，我将冒昧地用一个特定的短语来描述它，并把它称为**归纳的融通**。

从其国家最伟大的科学英雄的成就中，休厄尔看到了两个重要的成功融通的例子：牛顿的光的波动理论，以及尤其是，他的平方反比定律和万有引力定律。休厄尔解释了牛顿的一个原理如何囊括了开普勒之前未很好组织起来的所有三大定律（第 230—231 页）：

> 它［归纳的融通］主要在一些最伟大的发现中得到例证。这样，牛顿发现太阳引力与距离的平方成反比，这解释了开普勒的第三定律，即距离的立方与行星运行周期的平方成比例，同时也解释了他的第一定律和第二定律，即每个行星的运行曲线是椭圆形的；尽管这些定律之间的

联系之前并不可见。

休厄尔补充，更重要的是，牛顿的重力为两种无论在形式上还是原则上都截然不同的运动提供了一个单一的、数学上精确的解释：分别是物体（苹果或其他物体）落向地球表面的直线轨迹和月亮绕地球的基本上圆形的运动。休厄尔借用了天文学家威廉·赫歇尔爵士（Sir William Herschel, 1738—1822）的一个优美短语来总结他的例子（第 232 页）： 211

> 万有引力理论，光的波动理论，的确都是这一归纳的融通的极佳例证。至于后者，赫歇尔已断言，波动理论的历史是一连串**幸事**（felicities）。这句断言所恰当描述的正是，来自该主题遥远部分的结果如何出乎意料地吻合一致。

具有讽刺意味的是——因为，正如我们将看到的那样，休厄尔无法容忍曾为其门徒的达尔文后来提出的演化论——将演化确立为生命间关系和历史背后的统一原理，这为所有科学中的融通提供了最具启发性的例证。是的，我将论证，《物种起源》是博物学领域已构建出的、展现融通作为一种证明方法的力量和效力的最才华横溢的例子，这或许是对它最精确的描述（见我在 1986 年尤其是 2002 年发表的文章，那里有比你想知道的更多的细节）。达尔文并不能通过大规模的直接观察“看到”演化（因为任何实质性改变所需要的时间都比人类在地球上栖息的时间要久），并且他非常清楚，在可观察时间内发生的无数小改变的例子（鸽子或狗的繁殖，农作物的改进），并不证明相似的自然原因会使得巨变发生。因此达尔文使用融通作为他的主要方法。他利用他那无与伦比的博物学知识，和他出色的综合论证技能（他或许不是一个伟大的演绎推理家，但我想不出科学史上还有谁比他更擅长综合），通过融通构建了《物种起源》，作为演化理论的概要。简而言之，他论证：在本书中，我向读者呈现了来自生命科学各个分支的数以千计已被充分证实的事实——从胚胎期鲸鱼暂时的、退化的牙齿，到化石记录中的过渡形态，到全世界地层中不变的生命秩序，到农业和驯化史中记载的小规模改变的例子，到利用同样的骨头来实现如此不同的功能，如马的奔跑、蝙蝠的飞翔、鲸鱼的游水以及我写作这本书稿，到观察到孤立海洋岛屿上的动物群总是与邻近大
212 陆上的动物形态相似，但仅仅包含了能成功渡水的生物，等等，“趋于无限”（ad infinitum），通过数以千计同样坚实且互不相干的事实。关于生命的原因与变化只有一个结论——即所有形式通过演化形成谱系关联——有可能将所有这些极为不同的事实整合在一个普遍解释之下。我们必须至少暂时地赞同这个普遍解释可能为真。

此外，达尔文对创造论最严厉的攻击是它未能锻造融通。他一次又一次地告诉我们，演化如何使一系列观察具有协调一致的意义，而创造论只能认为每个独立事件独特且奇妙。在一段文字中，达尔文——他这样愉快友好的人很少发这样的牢骚——明确地将创造论与一些前现代古生物学者所持有的无用的、非融通的观点相比较，后者认为，尽管化石看起来像动物，但它们必定在矿物王国中有一个独立的、未知的起源。为了提供完整的语境，达尔文展示了演化论如何

简单协调地解释了在所有马种（all horse species）的皮毛上发现的不同条纹样式——从斑马身上永久的、突出的颜色，到发生畸变的马偶尔出现的条纹，到无条纹种间杂交后代常常出现的浅色带，再到有时在年幼时形成但在成年后消失的色带——而创造论式的解释，其核心假设是每个物种都有独立的起源，因此只不过提供了一些诸如上帝偏好秩序或上帝倾向于打上共同的标记以帮助人类理解这样空洞的废话。达尔文将创造论论证中的这一经久不消的神秘主义，与描绘早期古生物学家的愚蠢幻想的标准漫画形象相比较（Darwin, *Origin of Species*, 1859, 第 167 页）：

> 在我看来，承认这一［创造论］观点，就是为了一个非真或至少是未知的原因而拒绝真正的原因。它使得上帝的作品不过是个拙劣的模仿或欺骗；我几乎就要像那些老派无知的宇宙起源论者们一样相信，化石贝壳从未活过，它们就是在石头里被创造，以模仿现在生活在海岸的那些贝类。

迄今为止，就休厄尔的融通观念所做的讨论中，并没有什么涉及爱德·威尔逊和我在科学与人文学科间关系这一问题上的任何潜在冲突。我们也还无法理解，为什么威尔逊复活了休厄尔的术语，作为他 213
的书名和对他计划的概要性描述。答案在于休厄尔后来从他的融通概念中提取的主要含义，它也被认为是这一概念在其自身的基本构想之外最重要的结果。

在其 1840 年著作接下来的篇幅中，休厄尔转向了区分正确理论与错误理论的问题——并提出以是否具有融通特性作为主要评判标准。由于融通的理论将由许多复杂且独立的事实构成的表面上大杂烩综合在单个因果理论的解释之下（并且由于融通看起来指向真实的解释），融通的一个额外优点应当在于简单化这一有利特性自身。因此，理论是否又好又真，一个首要标识就是它们能否通过归入（subsumption）来**简化**，并通过用单个的协调解释覆盖互不相干的事实来**达到和谐**：

> 我们必须注意，在正确理论和错误理论的进展中普遍存在的一个区别。在前者中，所有的额外假定都**趋向于简单**和协调；新的假定将它们自己归结到原有的假定中去，或至少仅需要对最先假定的假说做一些容易的修改：体系随着进一步扩展变得更加连贯一致。为了解释一类新事实所需要的元素已经包含在我们的体系中。理论的不同成员聚集到一起，由此我们有一个恒定的汇合点来统一。在错误的理论中，情形是相反的。新假定是一些完全额外的事物；——并非原初框架所启示的；或许难以与它相一致。每一个这样的额外假定都增加了假说体系的复杂性，它最终变得难以控制，并不得不让位于某个更简单的解释。

休厄尔从未确实地将论证扩展到威尔逊所提议的还原论与融通的复杂联姻，但我不否认，他关于科学理论中统一之进展的话语指向了那个大方向。一类事实在“另一类不同本质的事实”下获得一个更好
214 的解释，休厄尔当然将这一发现确定为融通的一个主要特色。并且，考虑到还原论传统一直主宰着现代科学，没有人可以指责威尔逊（或

其他任何人，因为我猜想休厄尔自己会同意，尽管他没有直接这么说）用他的假定歪曲了这一主张的意图；威尔逊假定，那更好的“一类不同本质的事实”将位于更靠近阿里阿德涅迷宫外围的科学之内（按照威尔逊的解读）——也就是，一门建立在更小组分特性之上的更还原的科学。因为休厄尔（第 238 页）描述了“正确理论的那个伟大特征；也就是，被认为说明了一类事实的假说被发现可以解释另一类不同本质的事实”。

此外，休厄尔或许从未直接将他的融通概念与经典的还原论链条捆绑在一起，但他第五章的结语无疑是在论证，持续地在理论之间应用融通将会给科学解释的结构带来一次全面的简化——并且这样一个过程会通过连续的概括导向统一。这样，休厄尔无疑将融通与统一联系了起来，作为科学中那种他肯定会形容为进步的趋势的整体年表中的一个实际结果，即使不是一种逻辑必要性（第 238—239 页）：

> 两种情形……倾向于以一种我们或可称为不可抗拒的方式，证明它们所描绘的理论的真实性：——从不同种类的独立事实中进行**归纳的融通**（*Consilience of Inductions*）；——以及随着它被扩展到新的情形，进行逐步的**理论简化**（*Simplification of the Theory*）。[注意休厄尔在此用首字母大写和斜体来表示强调]……我们归纳的融通使得我们的理论有一个恒常的汇合点，向着简单和统一……由此，我们的推测性观点逐步获得一种越来越高的普遍性。

在下一章论归纳的逻辑时，休厄尔引入了一幅比喻意象，它

基于融通，但与还原论等级——从研究庞大混乱的体系如人类社会
这样极复杂的科学，直到关于有限数量的、构成所有物质实在的基
215 本粒子的高度数学化的最小理论——所不可避免暗示的传统归入链
（conventional chains of subsumption）的联系甚至更强。休厄尔在此
引入了一个与树木和支流汇成干流相关联的明显系谱性的比喻。他甚
至在一段中提到“一棵科学贵族的系谱树”（第 244 页）。休厄尔在
他的基本说明中写道（第 241 页）：

> 这意味着来自不同种类事实的知识溪流将不断地汇聚在数量越来越少的河道中；正如一条大河的汇合溪流，从许多源头汇聚一处，将它们的支流结合起来以形成更大的分支，后者再一次汇合成一条主干。由此形成的科学的每个伟大部分的系谱树，将包含各科学的所有主要真理，它们按各自恰当的对等和从属的关系排列。

我并不认为威尔逊充分区分了休厄尔的特殊意义的融通与一般的且古老得多的还原论科学程序（或哲学），但我当然不会在这点上挑剔，即使仅仅是因为休厄尔自己在强调两个过程的简化、协调能力时如此频繁地合并这两个概念，尽管它们实现的方式相当不同（融通通过它独有的协调无法以其他方式相关联的事实的能力来证实某个特殊的理论，而还原论则通过它将复杂现象解析为组分的能力，这些组分更简单、更规则或者更可计量的特性为解释提供了更好的源头）。

尽管如此，正如我们将在下节中看到的那样，当威尔逊主张用融通作为他统一科学与人文学科的基础时，他实际上讨论的是还

原论——并且还原论无法使他的论证生效，而**休厄尔自己的融通的意义**，威尔逊正确地用它来分析科学中的解释风格（explanatory styles），但它**不能被扩展到人文学科**，其原因休厄尔自己曾在他的其他重要作品中强调过，他对此的保证就像他对融通在科学中有效性的信仰一样坚定。不过，现在我必须转向对还原论的批评，并将融通暂时搁置一旁，我承诺我将再回到这一主题——因为以这种不连贯的顺序逻辑会更清晰，融通作为最终防御有其不足之处，它必须跟随在对还原论进行侧翼包抄这一初始战略之后。

还原论在科学中的根本不足 216

无论我个人如何看待完全成功或最终成功，只有傻瓜或科学的敌人才可能否认自科学革命开始以来还原论的非凡能力和成就。科学所取得的大部分技术成就和大部分理论成功，都出自这一基本“本能”，即获取复杂的物质和概念，将它们分解成较小的组成部分，然后分析这些部分（尤其青睐以实验和定量的方式），以确定其规则性，最终确定其重复的、可预测的特性之下潜在的“自然法则”。

因此，举例来说，当威尔逊说，医学和社会科学这两门研究同样复杂的体系的学科，一个取得了巨大成功，另一个相对失败，主要是因为医学能够还原为更基础组分的科学，它们被更好地理解，也更容易被操控，而社会科学则未能做到这些，他是完全对的（尽管他在下述引文中称这一过程为“融通”，而非其正确名字“还原论”）。威尔逊写道（*Consilience*, 1998, 第 198 页）：

> 两个领域之间的关键差异在于融通：医学有而社会科学没有。医学家们是在分子和细胞生物学的连贯一致的基础上建造医学大厦的。他们追查健康和疾病的原理，一直到生物物理化学层次（biophysical chemistry）。他们单个研究计划的成功，取决于他们的实验设计对基础原理的忠实度，研究者们致力于使这些基础原理在从整个有机体一步步到分子的所有生物组织层次中始终如一。

威尔逊的梦想，和他公开宣称的写作《知识大融通》的目的，都在于他坚定地相信，还原论之链迄今为止已如此成功地从粒子物理学
217 延伸到生物复杂性的领域，现在正（并且是首次）泰然自若地准备向上迈出它最大胆的一步——从我们着手理解人类大脑的运转所取得的惊人的初始成功开始（并由此受到极大鼓励），接着穿过社会科学，最后，终于到达传统的人文学科领域，包括艺术、伦理甚至部分宗教。威尔逊坦率地声明他这一信仰是一个形而上学的假定，而非得到证明的科学实在。他写道（第 9 页）：

> 对融通越过科学、穿过大片学术分支之可能性的信仰尚不是科学。它是一种形而上学的世界观，并且属于少数派，仅为少数科学家和哲学家共有……对它最好的支持不过是根据它在自然科学领域过去的一贯成功所做出的推断。对它最可靠的检验将是它在社会科学和人文学科中的有效性。

威尔逊自己的证词最好地说明了他那沿着一条还原融通链完全

统一的宏大愿景背后的热情与目的，它们至少在很大程度上是由他对优雅和美的感受所指引的，更不用提如此大胆的举动若取得成功后将带来的解释力与潜在的情感上的满足。然而，尽管是无意识的（我假定），威尔逊的语言运用表露了他未曾衰减的对科学优越性的信仰，和因为误解其他知识与探究形式所追求的目标与清晰度而导致的对它们的贬低——这一假定使得他可能希望与人文学科的学者们建立的那种忠诚关系难以形成。比如，在下述引文中，他明确地将哲学定义为“对未知的沉思”，再加上他想要将这一学科中的大部分转化为科学（对可知的和已知的富有成果的研究），这些，我确信，将会惹恼大部分专业哲学家，或者至少会惹得他们发笑。因为这些学者，如果我正确地理解了他们的事业的话，并不将他们的工作定义为仅是一张对未知事物进行思索推测或大发议论的许可证，相反，他们认为，诸如对逻辑规则的严格分析、对论证的构造和分类、对人们如何正当化并调和其信仰的言语基础和意识形态基础进行仔细考察这样的非经验探索，都构成了合法正当的研究主题，能够获得成长和洞见，但并非植根于科学家们公认强有力的、根据是否与物质实在的结构符合这一不同的评判标准进行的检验程序，也 218
并非植根于根据调控物理世界的物体和力的普遍原则做出的解释。（当然，哲学家们会想要知道并研究神经科学所能学到的关于我们在许多情形甚至普遍情形下都倾向于不去逻辑地推理这一现象的一切——事实上已学到了相当多。但对论证的逻辑与修辞的全面分析很大程度上是在物质实在的范围之外，因此代表了另外一种智识探索形式，它完全可以与科学的工作和谐相处，并向后者提供诸多洞见，而非简单地成为科学融通树上最顶端的一枝。）

> 现在是科学家与哲学家合作的最好时机，尤其是他们在生物学、社会科学与人文学科之间的交界地区的相遇。我们正进入一个新的综合时代，此时最大的智识挑战是对融通的检验。哲学，是对未知的沉思，它是个不断收缩的领域。将尽可能多的哲学转化为科学，这是我们的共同目标。如果世界真的是以一种鼓励知识融通的方式在运转，那我相信文化事业最终将分为科学，我的意思是自然科学，和人文学科，尤其是创造性艺术。这些领域将是 21 世纪最伟大的两个学术分支。社会科学将持续撕裂其每一个学科，一部分被纳入生物学或与生物学相连续，其余部分则与人文学科相融合；这一过程已无情地开始。社会科学的学科将继续存在，但是以彻底改变了的形式。在此过程中，从哲学、历史学到道德推理、比较宗教学和艺术阐释的人文学科，将逐渐靠近科学各学科，并部分地与它们融合。

威尔逊的其他论述强调了他的信念，即过去失败的苦涩和当前可能性的振奋人心都在于近来科学取得的进展，首要的就是基于演化生物学的社会理论，和更传统的还原论在理解人类大脑的运转方面取得的成功。由于这些原因，并且只有现在，科学最终得以突破对
219 一场持续了数世纪的围攻的防御，继续其还原论征程：我们之前未能超越复杂生命形式的机械运转和演化史，尤其正如我们在钻研大脑的运转时遭遇的令人气馁的失败所表现的那样——达尔文称大脑为“大本营自身”，而笛卡尔尽管承认它是一个服从于科学理解的物质基底

（material substrate），但也认为它是灵魂的所在（或许位于松果腺），是他的心灵与物质伟大二分中非科学的、“更好的”那一半。威尔逊明确地指出，过去的失败在于传统习惯的结合，而我们之前未能确定心灵的物理基础和特性助长了这一结合（第 66 页）：

> 没有什么智识愿景比建立在科学理解之上的客观真理愿景更重要、更令人生畏了。或更值得尊敬了。古希腊哲学对此有长篇的讨论，其现代形式体现在 18 世纪启蒙运动的理想中，即科学将发现支配所有物理存在的法则。当时受到这一想法鼓舞的学者们相信，我们将清除千年的碎片，包括妨害了人类自我形象的所有神话和错误的宇宙论。然而启蒙的梦想在浪漫主义的诱惑面前凋谢了；但，更重要的是，在心灵的物理基础这一对科学的承诺最关键的领域，科学却无法兑现其诺言。这两个失败极具毁灭性地结合了起来：人类天生是浪漫的，他们极度需要神话和教条，而科学家们却无法解释人类为什么有这种需求。

在本书第 200—203 页，我已经概述了我为什么质疑纯粹的还原论计划——如果你愿意的话也可称之为威尔逊的完整“融通”链——是否能在事实上或原则上运作，因而代表了通向科学与人文学科整合这一有价值的目标的一条错误道路。我并不相信，过去的失败仅在于，在我们奋勇向前捕获新的甚至更复杂的物质以纳入还原计划的过程中暂时未能突破一个特别顽固的障碍（人类心灵）。我的确得意于神经科学取得的惊人成功。（就我个人和感情上而言，我极为感激我们已学到的关于严重精神障碍——包括我大儿子的自闭症——的遗传

组分的知识，不仅是因为这些知识所提供的建议有助于实际，更多是因为它们在情感上和道德上解放了那些爱子心切的父母；之前一些
220 曾被视为权威的心理学呓语指责这些父母，认为是他们在养育过程中的一些轻微的、尽管无意识的次佳行为导致了具有如此普遍严重影响的疾病。）对于这样的知识和解放，我只能说：给我越多越好，越快越好。

还原论已享受了数世纪的胜利，并且将继续取得越来越多的成功。上帝保佑。但正如一个在尺寸上从极小到**极大**的序列并不意味着无限的（甚至非常遥远的）进一步外推，还原论尽管在它被合理任命的一个很大领域取得了胜利，但它或许并不能作为获得全面科学理解的一条最优路径而处处扩张。我在之前（见本书第 201—203 页）论证了，复杂体系的两个特性或许会拒绝给予还原论任何统治地位，即使是在它明显具有潜在有效性的科学学科内；并且，无论如何，还有一个特性阻碍了将人文学科纳入单一的融通链，而无论还原论在解释科学复杂性方面取得了什么样的假定的成功。我将在此讨论第一个或者说关于科学的推断，在下一节阐述我关于人文学科的看法，在那里我的论证将得到休厄尔的观点的支持，他自己并不看好将他的融通概念扩展到自然科学之外。

之前我已称赞过威尔逊公开弃绝还原论的第一大传统危害，即受过训练的科学家们“天生”倾向于将还原论的归入层级（hierarchy of subsumption）解读为对不同学科的相对价值或“成熟度”的论述，尤其是，称赞粒子物理学的魅力与色彩，与此同时谴责令人沮丧的经济学。威尔逊，作为一个和我一样的演化生物学家，工作在这条融通

链被漠视的那一端附近，认识到了这一论证的主要错误——它不过是一种为了愚蠢的个人利益的修辞，可在任一方向使用（因此最好在两端都避免使用）。毕竟，我可以称赞粒子物理学是最好的，因为它是所有领域中最基础的，所有粒子都服从于在这一领域中发现的不变法则，而所有其他科学都源自对这些粒子的更复杂排列。但另一方面，我也可以选择称赞演化生物学是最高的科学，因为它的复杂性水平，包括了历史和相互作用，必须应用从还原论链条上所有“较低”科学中学到的说明原理——因此这个包罗内容最多的职业必须是等级最高的。不过，或许我应当直接闭嘴，因为这样愚蠢的故作姿态让我想起我在 9 岁到 11 岁期间，在皇后区第 26 小学（P.S. 26, Queens）的校园里有过的太多次争吵。并且如果这些争执中哪怕有一次带来了比我对手流血的鼻子（很偶然，因为我当时并不高，而且不到 97 磅，弱 221
不禁风）更积极的结果，那可真是见鬼了。

我并不想要抨击智识生活中被裁决得最彻底、讨论得最广泛的议题之一。因此我将把自己限制于重申下述两个关键主张，它们通常被提出来反对还原论在科学**内部**具有完全效力（因此这里的论述更多是为了占位而非充分覆盖，这在很大程度上也是因为，接下来反对将人文学科囊括在内的论证，在这一总概要中有着更大的重要性）。之后我将把这些论证应用于一个案例，它是最近公众关注的例子中最好的一个：对人类基因组的“解码”。

1. 突现。关于突现的辩论已负载了所有常见的学术包袱：文字上的混乱，以及尤其是，关于突现的重要性和定义的巨大分歧——从狭隘的完全技术性的定义（我在这里就是这样用的，后文将解释）到非常广泛的宗教性的定义，其中同时突现被扩展并被误用于无法解决的关于上帝的本质、意义和存在的辩论中。不过，基本的逻辑或哲学问题可以用相当简单的方式提出来。还原论的运转方式是将复杂的结构和过程分解为组分，最终将复杂性解释为这些组分的特性与相关调控法则共同作用的结果。

然而，很明显，仅知道作为独立实体的每个组分的特性（以及调控其形式和行动的所有法则），并不能使我们依据这些较低层次的组分给出对较高层次的完整解释，因为在构建较高层次时，这些组分结合起来并相互作用。这样，人们必须也将这些交互纳入，作为对较高层次进行充分解释的必要方面。如果较低层次组分之间的相互作用必定会在任何较高层次的解释中占据重要地位，那还原论又如何能有效呢？

在这样的情形中（实际上几乎包含了任何较高层次的现象），如果独立考察各部分即能完全理解并预测其交互作用，那么还原论就仍然是足够的。也就是说，如果 A 和 B 构成了 C，但如果 C 的独特性质可预测地、必然地由单独考察下 A 和 B 的内在特性引起，那么还原就仍然有效。也就是说，为了预测 C 的形式和性质，我们仍然仅需要知道 A 和 B 的构成与原理。A 和 B 的交互或许会给予 C 独特的性质（正如我们不会在纯钠或纯氯中尝到盐味）。但只要我们仅知道 A 和 B 就能预测出这些独特性质（正如我们能从这两种看起来如此不
222 同的组分中推断出食盐的生产），那么还原论就适用。

用专业术语来说，仅从组分即可预测出的交互作用被称作是“附加的”或“线性的”。并且只要交互是附加的，我们就能达到完全还

原，因为没有什么是必须在较高层次被唯一地、明确地了解或观察的，自在、自为（in and for itself）。也就是，仅仅从我们有关组分和它们的线性交互的知识出发，我们就能构想出一个解释，并做出正确的预测。

但假设各组成部分之间的交互并不是简单地通过附加累积来建立较高层次的结果吧。举一个抽象的例子（我认为这个例子代表了复杂系统中的一种普遍现象），假设我们想要研究物种 A 和物种 B 之间的生态相互作用。假设我们根据单独考虑下 A、B 各自的性质预测，在特定的一组情形中，A 总是会赢。假设为了保险起见，我们也着手用实验的方式研究这个问题，将 A 和 B 放在同一处场地，处在相同的简单条件下，没有其他物种在场，A 的确每次都赢。对还原论来说这些结果看起来很好看。但现在假设当我们将物种 C 添加到这一组合后，A 只有一半时间战胜 B，B 获胜的次数也同样多。再假设我们继续深入研究这个例子，发现 A 或 B 获胜的相对频率取决于数以百计的、我们可以随意改变的不同环境因素，每一次、每一组因素都可以取得复杂但独特的结果。A 或许在 D 也在场时总是赢，但在 E 也占据场地时总是输。

现在到了关键点：或许，所有这些复杂的结果都落入了有趣的秩序当中，甚至使得对 A 或 B 的最终胜出可以做出相当精确的预测。也或许，在研究了该系统数年后，我们认识到，并不能从对各组分的单独考察中推断出这一清晰复杂的秩序。也就是，我们只能通过混合各组分并在它们自己的整体层次上观察其相互作用，才能得到可重复的结果。最后，假设我们甚至能构想出关于这些交互作用之本质的普遍原理，但只有在它们直接发生的层次上。组分间如此这般的相互作用被称作是“非加性的”或“非线性的”——许多科学家包括我自己都相信，复杂系统很可能是被这样的非加性统治，从而在原则上杜绝了还原论解释。

因为，如果非加性作用的支配力要求我们在系统组分一起相互
223 作用时进行研究以理解该系统的规则性，而非孤立各个组分、逐渐研究直到所有的相互作用都能从组分中预测，那么还原论在原则上就失效了。当然，还原论者会回答说，我们采取的是一条简单且未经证明的解决之道。相互作用当然是非加性的，但一旦我们足够好地理解了我们这个复杂但基本上决定论的世界中的个体组分，或许我们将能够知道并预测这种非加性的形式。原则上，还原论者的主张可以是正确的；因此科学家们一直对此进行着广泛的讨论。但我很怀疑，不能还原的非加性相互作用在自然系统中普遍存在，并且随着系统变得更复杂，这些相互作用的数量、强度和决定力都在增加——因此人们的共同感受是，尽管分子物理学或许可以用经典的还原论术语来解释简单化合物的性质，但个体神经元的生理学可能无法产生一个完善的记忆理论。

最后以一个技术性的（或定义上的）要点来结束。总之，那些在复杂系统中作为系统组分间非加性相互作用的结果而首次出现的性质，被称作是**突现的**——原因很明显，它们并不在任何较低层次出现（因此是在新的复杂性层次“突然出现”或者说首次露面）。在这一论证的最强形式中，我们或许可以宣称这样的突现特征“在原则上”不可还原。因为如果这些突现特性在较低层次完全不存在，并且由于

它们的非加性特征，无法从那些较低层次组分或它们自己层次的相互作用的知识中推断出，那么这些特性是在较高层次“突现”，并且在融通链上的任何还原科学内都无立足之地。此外，最后，如果这些突现特性成为较高层次解释的中心原理（它们经常是这样），那么还原论就失败了；如果我们希望获得满意的科学解释，那就必须从较高层次自身整体对它进行研究。

这样，突现不是一个神秘的或反科学的原理，当然也未向任何种类的或许可被称为宗教性的（用传统的术语）假定或偏爱提供辩护。突现是一个关于复杂系统的物理性质的科学主张。并且如果随着我们提高科学系统的复杂性等级，突现原理变得越来越重要，那么还原论式的研究计划，尽管在过去取得了胜利并且继续具有重要性，但它无论作为一个关于物质实在之结构的一般主张（最强的版本），还是作 224
为一个关于推进科学知识之必然（甚至是最有成效的）方式的探索性提议（较弱的或者说方法论的版本），都失败了。

2. 偶然性。对于那些科班出身的科学家们来说，历史的独特性一直是个棘手的难题。我们既不能否认其存在也不能否认其实在性（是的，英军于 1415 年在阿金库尔大败法军，双子塔在“9・11”中坍塌），但我们也认识到，没有什么普遍原理本可以预测到细节，也没有哪条自然定律要求必须在“那个时间、那个地点”发生。这些独一无二的、并非一定发生的事实，永远不可能被提前预测（无论我们过后能用多么详尽的细节解释结果），并且也绝不会分毫不差地再次发生，这的确令我们非常不舒服。因为作为科学家，我们必须面对（并解释）事实，但这种信息看起来似乎并不是我们通常所理解的科学。我们只能希望，我们不需要非常频繁地或以任何重要的方式将此种经验上的独特性纳入我们的解释中。

我们常常获得奖赏。石英是石英——当四个硅离子围绕一个氧离子构成一个四面体，其每个顶点由两个四面体共享时，即可预测形成了石英，其分子式是 SiO_2。我们的标本或许是10亿年前在非洲形成的，或许是50年前在内华达的一个弹坑形成的。我们甚至无法想象赋予每个标本中的极大量四面体以个性。谁会梦想将来自非洲的氧离子乔治（George）与他来自亚利桑那州的同伴玛莎（Martha）做对比呢？

不过，同样明显的是，我们的确非常在意，暴龙（*Tyrannosaurus*）曾生活在美国西部，并且似乎是在6530万年前一块大型地外物体撞击地球时灭绝了；智人（*Homo sapiens*）是在非洲演化，在短期内（从演化的尺度看）遍布全世界，并且可能活不过下一个千年，这不过是地质上的一微秒。石英与生物之间的对比或许在很大程度上是事实性的，但也包含了一个深刻的、我们很少足够清晰地承认的心理成分。石英或许代表了一个如此简单的系统，以至于即使我们在意，我们也无法区分乔治与玛莎，而一只暴龙会吸引人类社会的注意，即使是在纽约地铁，传说在那里无人会认出一个衣着考究的尼安德特人。但是，在很大程度上，我们通常也并不多在意那些简单且明显可重复的系统的个性；如果我们
225 能够抽出那个石英晶体，告诉一个朋友或同事“这是来自非洲寒武纪的乔治”，我们又能得到什么，无论是在科学上还是社会上？

此外，我并不想就一个明显的论点反复讨论（关于它我已经写太多了，即便是按我自己的标准）。想想你可能会就还原论作为科学中的一种解释程序说些什么。无论它可能做什么，无论它如何工作，也

无论它作为一种受青睐的科学模式的范围；高度复杂系统中的独一无二的历史事件因为“偶然的”原因发生，无法由经典的还原论来解释。（我并不是说，王国不会因缺少一只马掌钉而失去，也就是，我们可能将一个非常复杂的结果追溯至一个简单的初始触发事件。但触发事件本身仅能记录另一个或许属于不同层次或等级的偶然性。我们不会用长弓的物理学来解释阿金库尔战役，也不会用一般的精神病理学的神经学来解释“9·11”，而不特别提及本·拉登先生。）

因此，如果说完善的科学理解包括了对大量偶然事件的必要解释，那么还原论无法提供唯一的光明与出路。生态金字塔的一般原理会帮助我理解，为什么在所有的生态系统中猎物的生物量都大于捕猎者的，但当我想知道为什么一种名为暴龙的恐龙在6500万年前的蒙大拿扮演着顶级食肉动物的角色，为什么它的一群名为曲带鸟（phorusrhacids）的旁系后裔鸟类，在第三纪的南美渐渐取代哺乳动物扮演了相似的角色（至少直到巴拿马地峡出现、美洲虎及其同类南移之前），为什么袋狼（marsupial thylacines）适宜在澳大利亚的塔斯马尼亚岛上生活，以及为什么当柯科声称他“从未见过来自刚果或尼日尔的老虎”时，他既向卡蒂莎讨了一个韵脚，同时又开了一个只有特定人群才懂的玩笑[①]——好吧，我问的是关乎历史的独特问题：

① 柯科和卡蒂莎是维多利亚时代的一部喜歌剧《天皇》（*The Mikado*）中的人物，该剧由剧作家威廉·S. 吉尔伯特（W. S. Gilbert）与作曲家阿瑟·萨利文（Arthur Sullivan）合作完成。古尔德在此处的引语是柯科迎合、示爱卡蒂莎时的唱词，出自曲子“There is beauty in the bellow of the blast”。在曲中卡蒂莎称赞爆发、宣泄之美与壮观，如狮子咆哮、老虎甩尾，柯科回应称“是的，我**喜欢**看到来自刚果或尼日尔的老虎”；不过古尔德的引文是“**从未见过**来自刚果或尼日尔的老虎”，这里也许是古尔德记错了。——译注

它们当然是真的、可说明的事实，但只能通过历史分析的叙述方法来解决，而非经典科学的还原论技术。

在致力于理解人类演化、智力和社会组织或文化组织的科学中，偶然性作为对还原论的一种否认的核心重要性，在我看来是我们智识努力中最重要然而最少被理解的原则之一。我承认，我格外受到这一主题的困扰，因为在我看来，要点明显且重要，然而我在传达我的理解或关注时总是令人费解地不成功，尽管我尝试了许多次。或许我
226 就是错了（这是最明显的解答，我猜），但或许我只是从未弄清楚如何很好地传达这一论证。又或许——这是我自己傲慢的怀疑，我承认——我们只是不想听到那个主张。

我的观点不过是：自从《诗篇》作者大卫王宣称我们只比天使低一点，并以荣耀与尊贵为我们加冕后，我们就更喜欢想象智人不仅是特别的（我当然并不否认这一点），并且其出现还是命定的、必然的，或至少是可从某种形式的一般进程中预测的（这是我们职业漫长历史中的一个常见立场，并且也是我们有关人类的本性与起源的全部观点——从纯粹启蒙的世俗主义到新教的特创论——范围内的一个常见立场，尽管为它辩护的理由显然不同）。用我之前常用的术语来说，我们喜欢将我们自己想象为一种**趋势**（tendency）的顶点，是某种可预测的普遍性的最终结果，而非一种偶然的**存在**（entity），即生命史上的一个单一的、完全偶然的事物，从来不是必须要出现，但幸运地出现了（至少对这个独特星球表面的某种认知事业来说是幸运的，无论其最终结果如何）。

将我们自己看作是一种趋势的可预测的结果，而非一种偶然的

存在，这一错误观点使我们在许多方面（太多了而无法一一提及）都误入歧途。不过，本书的目的是为连接科学与人文学科的最好方式辩护，在这一背景下，我们作为一种偶然存在的情形就具有特别的显著性，可有力地反对威尔逊所喜爱的通过还原式融通来联合的解决方案。因为我们如此热切地想要视我们自己为某种即使不是实际上命定也是普遍的事物，我们倾向于使我们物种的共同特性（universal properties）——尤其是使我们有别于所有其他生物的认知方面——具有标准的科学普遍性（generalities）所具有的可预测特征。当哲学家们自古代以来就分析我们的思考模式，当科学家们自探索以来就试图理解我们的存在模式，这些学者通常都假定，任何被识别出的共同特性，根据事实本身（ipso facto），必定都源于一条类似定律的原理，该原理最终会在一种体现了任何自然定律或逻辑必然性的所有普遍性的趋势的顶点被显明。这样，无论我们在认知上做什么（没有其他物种能够做到），都会作为复杂系统的一条普遍原理成为认知定义的一部分。如果我们语言中最独特的语法性质展现了我们整个物种中的某种特性，那么一般而言，交流就必定如此进行。如果我们的艺术表现的是常见的主题，那么我们共同的审美就必定体现了某种颜色规则或几何规则。

这些微妙的、几乎总是未明确说明的（且很可能大部分时候是无
意识的）假定，也带来了一个有趣的后果——在我看来是个严重的谬 227
误——它们几乎不可避免地鼓励这样一种信仰：人文学科，如果它们的确体现了唯一已知的、对必定代表了普遍自然趋势之最高形式的现象的表达，那它们就应当被纳入科学，即便对科学来说很不幸地（科

学首先追求的是实验重复），这些普遍性仅表现在一个物种中，至少在这个世界上是如此。（不过，这一误读也有助于激发许多科学的和半科学的工作，它们围绕着试图制造或找到另一个类似物种这一主题松散地协调在一起，包括教类人猿语言的尝试，AI或者说“人工智能”领域的工作，以及在其他世界寻找智能生命——在此我减弱了我的批评，因为这些工作可以是优秀的，且问题仍然是引人入胜的，无论促使提出问题的某些原因背后的心理谬误是什么。）

但如果智人代表的更多是一种偶然的、未必会发生的历史事实，而非一个可预测的趋势的顶峰，那么我们的独特性，尽管它们**在**我们物种**内**是普遍的，就仍然更多属于历史偶然性科学的叙述领域，而非传统的、潜在可还原的、由自然定律引起的可重复且可预测的自然现象领域。在那种情况下，所有滋养了人文学科之实践的独特人类属性——甚至那些能帮助我们理解为什么我们如我们现在这样感觉、疼痛、建筑、跳舞及写作的事实方面——将作为一个真正独特的心灵的产物（在这个星球上仅被发展出来一次），大体上落入偶然性的领域，并且大体上在那种可能从属于还原论链条内威尔逊式归入的科学类型之外。

无论如何，可以概括出明显的一点，即随着我们在传统的还原链上攀升，从最“基础的”关于相对简单、普遍存在的微小组分的科学，到最复杂的对大型、混乱、多面且充满了突现属性（它们基于大量非加性交互作用构成的复杂网络）的系统的研究，偶然性倾向于“抓住”越来越多科学需要知道的。并且尽管科学可以像研究任何其他事实主题一样研究偶然性，但这样的理解必须主要通过叙述性说明的不同方法来获得，而非通过纯粹的还原预测。因此，可以提出一个有着许多潜在例外的概述：我们攀升得“越高”，我们对还原论的依赖就会越少。这么说有一对孪生理由：(1) 突现原理的影响力越来越大，以及（2）作为偶然性需要叙述性说明的历史偶然事件累积得越来越多。威尔逊的主要希望及其著作《知识大融通》的理论基础在 228
于，人文学科的“顶端”领域有可能被纳入还原之链，但由于上述两个原因，它们看起来最不可能接受这一首要地位和定义，即作为从属于还原论科学之标准分析的最复杂事实系统。

我将用一个具体的例子来结束本节，人类基因组的结构于 2001 年 2 月 12 日“与媒体见面了”。(我会认为在千禧年公布有某种巧合性，但我知道选择达尔文和林肯的生日来公布——是的，他们在同一天出生，1809 年的 2 月 12 日，而不仅仅是同一日期——是我们这个媒体与象征世界的一个英明且有意的决定。) 在这次简要介绍中，最令媒体和公众惊讶的似乎是这一惊人发现：我们的基因组仅包含了大约 3 万个基因，而卑微的常用实验材料果蝇（*Drosophila*），大约有人类一半数量的基因，而一种更无特色的“蠕虫”，同为著名实验材料的秀丽隐杆线虫（*C. elegans*），则有 19,000 个基因（它看起来不过是一个小小的管状物，在生殖器部位有一点点解剖学上的复杂性，但事实上再无其他地方如此）。他们有充分的理由惊讶。

在这次公布之前，对人类基因数目的大部分估计分布在 12 万到 15 万之间，有一家公司甚至在广告中给出了一个精确的数字，142,634，并出售他们采集的具有潜在医学价值（因此也具有商业价值）的个体基因序列信息。这一数字看起来完全合理，因为，在某种明显的意义上，甚至我都不会想到否认，即使较之于最秀丽的线虫，人类也有着更大的“复杂性”，因此似乎的确需要更多样的基础材料，来架构其错综复杂的整体——并且，按照通常的说法和理解，每个基因最终都编码一个蛋白质，蛋白的聚集构成身体。因此，人类如何能如此复杂，而其基因仅仅比蠕虫多一半——我们在这里说的甚至不是体形很大且多少有点复杂度的蚯蚓（它和线虫属于不同的门），而是那个极小的、毫无特色的、近乎不可见的实验室居民，所获赐的仅有一个漂亮的名字 *C. elegans*？

没有人知道确切的答案，不过基本的轮廓似乎足够清晰。基因并不直接制造蛋白。相反，它们复制自己，并作为模板形成各种 RNA，接着，后者通过一连串的复杂事件，最终组装了构造复杂人体所需要的大量蛋白质。初始假设的一个关键成分尚未受到挑战，很可能也无
229 法被挑战。不可否认，在某种部分主观的意义上，我们比那些该死的蠕虫要复杂得多——而这种复杂性上的增量的确需要更多的组分作为基础材料。12 万到 15 万的估计很可能“大致正确”。

不过这个数字提出了构建我们的复杂性所需的蛋白质多样性，而每个蛋白质的确需要一个独特的 RNA 信息作为设计师，因此，有 12 万到 15 万条信息存在。而我们之前的错误肯定在于按照最线性的还原论思维形式做出的一个错误假定，也就是，每个最终蛋白都可通过一条单一的因果构建链回溯到一个独特的基因，这条因果构建链在分子生物学的早期被称作是“中心法则”（顺便提一句，这显示了科学家们有一种得体的幽默感和很高的自嘲能力，这里表现为，以一种被体面地公认为过分简化的方式表达一个假定的基本事实），即“DNA 制造 RNA 制造蛋白”，也就是这一观念：从每个基因都可向外扩展

出一条线性因果链。

我们也必须承认，每个蛋白质记录了一个单一基因的编码与最终行动这一极为简单的观念，背后有一股强有力的商业利益在支撑。因为，如果一种疾病是源于一个特定蛋白质中的一种特殊误构，并且如果我们能确定编码这一蛋白的基因的序列，那么我们或许就可以学会如何“修正”基因，纠正蛋白，从而治愈疾病。这样，关于是否授予基因专利的辩论就不仅仅是大学模拟法庭上的学术活动，更是反映了庞大的、正在成长的且高度投机的生物技术产业对商业利益的强烈关注。

当然，无论人们可能如何评价科学家，我们大体上并不特别愚蠢。正如“中心法则”这个术语记录了我们对一种公认的过分简化的承认，没有人曾相信，大部分疾病会追溯至某个蛋白中的一个易于修正的纰漏（尽管有一些疾病会是如此引起，且具有修正的潜能，这些应当被积极地研究，条件是我们在一般理论上不自我欺骗，且没有因为这些幸运的少数上的成功而在大部分其他疾病上误入歧途）。并且没有人认为最简单的纯粹还原论形式——一群独立基因，每个创造一个不同的蛋白，一对一，且没有任何突现的属性打乱这些简单的通路——会描述人类肌体的胚胎学构造。但我们的确遵循着一种操作上的倾向，从最简单的、最可行的模式开始，然后尽可能地遵循这种研究方式——并且我们的确经常犯一个常见的错误，即在不知不觉中假 230
定初始操作上的有效性可能等同于最终的物质实在。

威尔逊承认这些要点，甚至提到了另外一个幽默的首字母缩写词来强调诸如中心法则这样的自嘲。威尔逊对最简单的一对一案例的实际范围很有热情，比我所能鼓起的全部热情都多，不过他也认识到，他的首要兴趣即人类的心理特质可能有着更大的复杂性：

> 已有超过1200种生理疾病和心理疾病与单个基因联系起来。结果就是所谓的OGOD原则：一个基因（One Gene），一种疾病（One Disease）。OGOD路径是如此成功，以至于研究者们大开科学杂志和主流媒体所报道的“当月疾病”（the Disease of the Month）的玩笑……研究者和临床医生们尤其对OGOD发现感到满意，因为单基因突变总是有个可被用来简化诊断的生化识别标志……带来希望的另一点是，基因疾病可用神奇子弹疗法来治疗，即用一种精细的非创伤性的程序纠正生物医学缺陷，并消除疾病症状。不过，尽管OGOD原理在早期取得了成功，但如果将它应用于人类行为可能会极具误导性。的确，单个基因的突变常常导致某个特征的巨变，但这完全不意味着那个基因**决定了**受影响的器官或过程。典型的情况是，每个复杂生物现象的指令中都有多个基因的贡献。

那么，三万个基因如何给出多达五倍数量的信息呢？显然，如我们已知（但我们希望把这确定为一种稀有的例外，而非明显的普遍情形），中心法则的线性独立链条与真正的有机体构造并没有什么关系，平均来说每个基因必定制造（或帮助制造）远多于一个的蛋白。事实上，我们已经知道（并广泛地研究了）许多潜在的原因，至少已有二十年。最初的沃特森-克里克模型的确将基因组想象为，借用一个常用的短语，“一串串珠上的珠子”，也就是，基因一个接一

个首尾相连地堆叠在一起，构成一条线性序列。不过，基因结构的许
多其他方面，尤其是基因组的两个特性，在很久之前就使得简单的串
珠模型失去了信用。首先，复杂有机体的基因组中有大量的核苷酸完 231
全不编码基因，看起来不为身体“制造”任何重要之物（所谓的“垃
圾 DNA”）。人类基因组中只有大约百分之一对那些**大约**三万的基因
负责。其次，更重要的是，基因并非离散的核苷酸链条，而是被嵌
入在编码区片段（被称作**外显子**）中，其间点缀着其他不会被翻译为
RNA 的核苷酸序列（被称作**内含子**）。在组装基因时，内含子被剪
掉，外显子结合起来根据其结合序列制造 RNA。在此情况下，如果
一个基因由比方说五个外显子构成，我们就能轻易地想象出几种从单
个基因中制造许多不同蛋白质的机制。只想想最明显的两种吧：或者
以不同的顺序结合外显子，或者省去其中的几个外显子。

考虑到这个新的惊人事实——三万个基因制造五倍于自身数量的信息，而非一组独立的线性序列，每个基因严格对应一个蛋白——那两个反对还原论的经典论证该如何进展呢？我并未主张有任何严格数学意义上的证据，而只是表达了我的大体感受，即我们对复杂系统研究得越多，我们就越难维持经典还原论可能有效这个信仰，并且我们肯定会越多地猜想，随着我们在自然物质实在的复杂性尺度上攀登，突现和偶然性会以更重要的方式登场。如果基因是一串串珠上的珠子，并且每个制造一个确定的蛋白，那么或许一具复杂的躯体的确能从基因及其译解产物的加性组合中线性地“计算”得出。但如果一个基因的简单结构并未直接告诉我们它制造什么蛋白，将编码多少蛋白，或者其他哪些基因的什么部分或许也会参与任何蛋白的构建，那

么我们又如何将一具由蛋白构成的身体还原为那些蛋白的“基础”遗传密码呢？因为我们现在必须将之前未严肃考虑的、发生在较高层次的多种新型交互作用考虑进来：基因的一部分与自身的其他部分，或与其他基因的部分；或者完整基因与其他完整基因；或者 DNA 与不同形式不同种类的 RNA 之间不那么确定的联系与交互作用。我们必须考虑的交互作用越多，这些交互作用涉及越来越大亚单元的情形越多，突现原理的潜在重要性（和几乎必定存在的可能性）就越大。

至于偶然性，所有的所谓“垃圾 DNA”是怎么回事呢？一些或许是因为与自然选择无关的确实随机的原因而存在（比如，有些基因的蛋白产物因为很好的演化理由而从有机体的组分库中消失了，这些
232 基因因此“失业”并“失能”，它们开始积累损毁潜在功能的随机变异，但如果该基因仍然活跃的话，这些变异将被淘汰掉，可以预见情况会是这样）。“垃圾”的其他组分或许有至今尚未想到过的功用，或许是在机体胚胎学中尚未被理解的突现层次。在一种更加基础的意义上，如果一个基因制造一个蛋白，那么我们或许可以论证说，机体需要它制造的每个蛋白（因此也需要每个基因），并且机体因此代表了某种可预测的、最佳的构造形式。但如果三万个基因制造了十五万条信息，那么同样的发生装置也可能制造出更多现在并不存在的信息。这样，一组全新的问题就出现了，对它们的思考全都引导我们赋予偶然性更大的作用。为什么是这特定的十五万条？为什么不是其他所有可被制造的信息？为什么是以这种方式而非其他可想到的方式制造？对这种形式的几个基础问题的回答必定在于历史的偶然中：是，**那**本可能会发生，但**这**发生了。两者都有道理，都能解释得通。但其

中之一碰巧胜出了，要对具有如此潜在巨大后果的基础事件做出解释，可能得加入某种不可化简的迷人成分。

为什么还原论原则上不能覆盖（甚至不能充分并入）人文学科

在论心灵一章的开始，威尔逊直截了当地阐明了他的论据，底牌全露（第 105 页）："对知识内在统一——这是迷宫隐喻的本体——的信仰最终取决于这一假说，即每个心理过程都有其物理基础，且与自然科学一致。心灵对融通计划来说极度重要，其原因既基本又令人不安地深刻：它创造了我们关于存在所知道的和能知道的一切。"

作为一个实际科学工作中的"台面上的唯物主义者"（benchtop materialist），一个在宗教问题上的不可知论者，我完全同意威尔逊的核心假设，即心灵过程有其物理基础，并且如果真的可知的话，必定是与自然科学相一致的。不过我强烈反对威尔逊附加的那组推论， 233
他以此为脚手架来支持这一假定的物质实在结构——这导向了他对一种彻底的、基本上线性的知识统一的论证，一种以基本上是还原论的方式运作的"融通"（用他的术语来说），"向上"延伸穿过心灵和人类社会组织，进入传统的人文学科领域和其他传统上"非科学的"主题，尤其是艺术、伦理和宗教。在上一小节中，我阐述了拆除这一脚手架的第一个主要理由，即，即使在那些传统上归属于自然科学、还原论潜在适用的学科领域中，还原论也不是足够的。在最后这一小节中，我将论述我的第二大拆除理由：根据其事业的逻辑和其基本问题的本质，人文领域中（以及伦理学和宗教领域中）的传统科目所关注的对象，并不能用科学探究的方法来处理、解决，无论是还原论还是其他方法。

我们应当首先回顾威尔逊对其“融通”或者说知识统一计划的基本论证，即将他的还原链扩展“越过”研究极复杂系统的科学，直接进入人文领域。在他书中的简短绪论之后，在其实质性的第一章中，威尔逊给出了自己观点的概要，和它所暗示的自然观和知识观。不过这篇简短的文本也包含了两点告诫和坦白，它们已预示了这一事业及数世纪以来的类似事业都会失败（在我看来还将继续失败，因为谬误在于原则上无法纠正的逻辑错误，而非可能“在那里”的、有待未来收集的缺失信息）。威尔逊称他对融通的探索（第 11 页）：

> ……相当于问这样一个问题，如果我们把不同学科聚集起来，其专家们是否能达成一致，找到共同的抽象原理和证据性证明（evidentiary proof）。我想他们能。相信融通的存在是自然科学的基础。至少就研究物质世界的科学而言，势头正势不可当地朝向概念的统一。自然科学内的学科边界正在消失，将被内在融通的、不断变动的杂合领域取代。这些领域延伸跨过许多复杂度不同的层次，从化学物理和物理化学到分子遗传学、化学生态学和生态遗传学……考虑到人
> 234 类行为由具有物理因果关系的事件组成，社会科学和人文学科为什么不能与自然科学融通起来？这一结盟又怎会对它们无益呢？

第一个失败源于威尔逊自己的限制和告诫，“至少就研究物质世界的科学而言……”。即便我同意在物质科学的世界中，概念的统一

可能既是完全可得的而且也在迅速进步中，我的赞同并不能外推到这样一个假定，即人文学科、伦理学和宗教学这些传统的非科学科目将加入到迅速扩张的、同一的巨无霸中。就个人而言，我怀疑除了物质世界外没有哪个世界能聚集任何关于事实存在的强主张。也就是说，我否认威尔逊的主张并不是因为我和他在宇宙的结构问题上意见不一致——他拒绝接受其他形式的不可否认的、可查明的实在，无论我们称它们是精神的、神圣的或仅仅是非物质的，而我接受。在科学所称的事实真理的意义上，“实在”很可能仅存在于“物质世界”中，因此完全从属于某种形式的统一（这个命题无法被证明，但将诱使我陷入极大的心神激昂中，如果我是个赌徒的话）。但是否所有的智识问题，以及所有的学术工作，都必定讨论的是这种形式的“实在”？纯数学的逻辑问题呢？它并不涉及在那里的“东西”。还有对诸如“为了能在临终时说我没有虚度此生，我必须要做什么”这样锐利深刻的问题的探索呢？（这个问题与“大部分人和大部分社会是如何定义并实践他们的良好人生定义中所包含的因素的？”这一事实性的、人类学的问题是非常非常不同的。）第二个问题极为重要，并且位于威尔逊的物质世界的潜在融通领域之内。而对大部分人来说重要得多的第一个问题，完全不在科学方法能处理或事实知识能决定的探究范围之内。并且如果“经审视的人生”、“学术”、“智识探索”，或者无论你用什么样的名称来称呼对这些问题的严肃专业研究（它们通常被授予人文学科），并不会落入威尔逊的借由还原的潜在融通领域，那么所有的知识就无法在他的融通意义上统一起来。

第二个失败在于上述引文倒数第二句中的一个错误推断：“考虑

到人类行为由具有物理因果关系的事件组成，社会科学和人文学科为
235 什么不能与自然科学融通起来？”如上所述，我完全接受第一个从句，但第二个从句完全不是前半句的必然结果。仅仅因为我的**行为**必定是物理上引起的，因此在科学上是可说明的，我可能并不会就此推断说，**我所有问题**的检验标准和解决模式，都必定因此落入同样的规则下。当我摔倒时我无法逃避物理定律，当我思考时我也无法逃避神经学的法则，但我大可以思考一些重要的问题，它们是所有人都需要面对、学者们已经有效地研究过的，但它们并不属于那些人们可能会就事实实在的物质世界提出并回答的问题，在这些问题上科学已如此成功，我们生活的方方面面也已受到如此有力的影响。

在推进这一批判之前，我应当阐述两个主张。这两个主张，我想几乎任何科学家都会发现与自己意气相投，不过它们仍然与我的这一立场完全一致，即人文学科不能被归入到一条与科学相融通的、基于还原论的链条中。首先，我同意，科学形式的事实信息对讨论人文、伦理和宗教领域的非科学学科中的几乎任何重要问题都是极有帮助且极相关的。第二，我相信，任何会拒绝这一帮助、这一有益的友谊之手的人文学者，要么是个狭隘的书呆子，要么是个傻瓜。事实上，人文领域的领头学者们将积极地搜寻并努力理解这样的事实信息，他们将寻求与科学领域的同事们建立并开展专业合作，并在许多情况下寻求合作发表。（我也相信，受益是相互的，科学家们在寻求与人文学者进行严肃的交流中也同样受益良多。）不过——如果这里显露出任何明显的吹毛求疵的迹象，我表示歉意——两个根本上不同但有着巨大共同利益的独立实体之间的有益合作，并不意味着在一个基本上线

性的、有等级的共同结构内融合。我们几乎只需要看看人类两性间的配对结合（及它作为抚养我们后代之群落的基石的地位），就可以理解为了共同目标而分工的结构和可能取得的成果，或者为了适当地扩散传播而不融合的益处。

我更愿意选择狐狸与刺猬而非迷宫与链条作为科学与人文学科间关系的核心意象，主要源于这些反对和差别。作为学者，我们的确拥抱目的的统一，它或许可与精心抚养的儿童相比较（多识、得体、敏锐，它们全都不同但全都与智慧有关，后者是刺猬追求的真正伟大目标）。但我们也认识到，许多不可化约的不同路线，相应于狐
狸的诸多工作路径，都通向了所有目标中最伟大的那个。没有什么首 236
选的黄砖路能将我们带到翡翠城，前者无论如何都不过是魔法糖果；不过（用一个我之前用过的比喻），我们可以想象一件色彩绚烂的外套，上面的每一块补丁对于制作这件完整的、辉煌的智慧斗篷都是必要的。或者，放弃这些绚丽的比喻，回归简洁明了的拉丁语格言（这是人文主义的另一个转喻，以其最古老、最傲慢的形式，但至少是在一个美国人应当知道的短语中）：合众为一。

鉴于我之前已在本章中数次讨论了这个一般问题，即为什么艺术和伦理领域（传统“人文学科”中的两个基础领域）中的核心的、决定性的且非事实的问题，在原则上无法由科学领域中的强大方法来解答——这是对我下述观点的重要支撑，即科学和人文学科无法获得，也不应当寻求威尔逊式的融通，以达到几乎所有知识分子都强烈支持的两者更紧密的结合——现在我将以批评威尔逊提议中的两个独特（但广泛）的例子来结束，一个关乎艺术，另一个关乎伦理。

就艺术而言，威尔逊通过追问这一问题来寻求借由还原的融通：我们是否可能在演化中找到人类的普遍艺术感性的起源，它们被编码在我们的神经连线中（因此仍然“和我们一起”），表现为对特定形式或构造的明显偏好或偏爱（用威尔逊的术语来说就是“表观遗传法则”，第249页）：“艺术的生物学起源是一个初步的假说，依赖于表观遗传法则和它们所产生的原型的真实性。”这样一种探索若取得成功，将导向一门我们或可称之为“美学心理学”（psychology of aesthetics）的学问，即对我们为什么偏好（乃至我们如何感知）特定的基本形式，和特定种类的故事如何在大多数人中激起特定的情绪和感觉的事实性理解。这些全都令人着迷，并且都非常有用。

但艺术，尤其是在其实践中，是否会随着这种探究形式中成功的积累而成为自然科学的一个较高分支呢？我可以想象一位艺术家从这一新知识中得到极好的指导和建议。我甚至可以想象就我们通常所称的人类“创造性”的本质发展出一些有用的理论，无论这种特质是在回答科学问题时还是在创作伟大的艺术作品时被表达出来。但是，艺术，至少就我对这项事业的理解而言，关乎的是一些（或许多）在根本上与理解人类的美学感受和偏好的事实基础不同的事物。对聆听者进行全面的神经学分析（很有可能，且无疑会非常有趣），将无法在
237 任何我所寻求的艺术意义上解释，我在聆听亨德尔（George Frideric Handel）的三大《旧约》清唱剧时所体验到的令人陶醉的美和情绪感染力，其主人公皆因他们自己梦魇般的疯狂、误判或轻率的誓言而悲剧地丧生（《扫罗》《参孙》《耶弗他》）。而对作曲家进行全面的神经学分析（很不幸并不可能）也无法解释，为什么亨德尔是个天才，而

他的竞争对手、当时同样受欢迎的博农奇尼（Giovanni Buononcini）不过是个熟练工。*

我甚至也不否认，明白清楚的神经学理解或许有助于这些探究中的每一个，但这一层次的分析，距离激起我的感受与兴趣的非科学的、美学的关注太遥远。我需要补充如此多的偶然性，如此多的对表演和技巧而非事实真理中的变化规范和偏好的讨论，如此多的历史，如此多的个人原因，来说明我为什么会被特定的曲目或角色吸引。为了理解为什么如《扫罗》中的《死亡行军》（“Dead March”）这样简单的一曲竟能使我感动落泪，** 我需要（在我能有意识构想出的少得可笑的因素中）分析亨德尔的出色能力，他能一次又一次地，用看上去幼稚简单的基础乐器——人们几乎可称它们是装饰——来激发听众的情感（巴赫几乎不这么做，如果有过的话）。接着我必须考虑这首曲

---

* 但至少他们的竞争启发他们同时代的一位才子创造了一个精彩的短语，“Tweedledum and Tweedledee”（半斤与八两），从而使亨德尔的对手在后来的历史中占据了小小的一席之地（尽管短语中没有出现他的名字）——因为后来路易斯·卡罗尔（Lewis Carroll）在他的《爱丽丝镜中世界奇遇记》（*Through the Looking-Glass and What Alice Found There*）一书中用这两个单词命名了其中的一对兄弟，他们慷慨激昂地朗诵了一首关于海象与木匠的诗，诗中提及了这两位剧作家：

有人说，博农奇尼先生
与亨德尔相比不过是个笨蛋……
其他人则对他说，亨德尔
远不能与他相提并论。
真奇怪，这样的争议竟会
发生在半斤与八两之间

** 我并不是说，科学曾宣称可以解释诸如我为什么喜爱某个特定曲子这样带有个人特质或琐碎的事。相反，我只是用这个例子指出，如果不突出这些本质上非科学的因素，那么我们就无法接近诸如美丽和激情这样的核心艺术概念。

目在更复杂的第三幕合唱曲中的位置，在戏剧的高潮之时，就在大卫
充满激情地哀悼约拿单（Jonathan）之前，后者是他的好友，是扫罗
的儿子，在同一场战役中被杀。我也必须加上对一次精彩表演的所有
238 记忆，当时参演的是一些世界上最伟大的亨德尔剧作歌手，而我很荣
幸地作为合唱队一员参与了。接着，我必须弄清楚为什么这个好人因
自己的癫狂而陨落的经典故事如此令我感动，远超过其他具有同样普
遍意义的、能够强烈打动其他人的故事（这个故事同时也戏剧性地描
述了一个更加普遍的社会问题，即当领导人发疯时社会如何自救）。
然后，我一定不能忘记偶然事件的独特性，这里特定的记忆或许会激
发强烈的感受——在本例中这是个尤其令人痛苦的要素，因为我将永
远不会忘记，在1963年的某一天，当肯尼迪的灵柩穿过华盛顿的街
道时，那曲最简形式的《死亡行军》，是如何令人灼痛地、一遍又一
遍地叩问。

概括来说，威尔逊的核心错误想法是，将某一结构或行为的历史起源的原因等同于对其当前功用的解释，这是任何历史科学（包括演化生物学，威尔逊希冀在此中找到艺术感性的起源与意义，从而达到与科学的融通）的基本原理都会认识到的一个关键谬误。达尔文强调了这一谬误的独特演化论版本，它现在的经典表述是一个达尔文不会知道的例子：不可能用鸟类历史上起源于爬行动物的原因，来解释其羽毛当前的空气动力学最优性（因为最初的羽毛覆盖的是小型地面恐龙的前肢，本不会有任何空气动力学功能，尽管已有学者提出不错的模型，说明这些羽毛在保暖方面具有潜在的热力学好处）。尼采后来在他对惩罚的论述中（在他的《论道德的谱系》一书中），明确地将

这一论证概括为任何历史分析的一个中心原则——他表明了，惩罚起源于一种原始的“权力意志”，这点既不能从它当前在现代社会的应用范围（从阻止犯罪趋势到鼓励按时还债）中推断出来，也不能帮助我们对此进行解释。

威尔逊将未证明的美学偏好起源理论与这些偏好当前在艺术判断中的应用联系起来，但根据上述原理，他的这一关联甚至不能在我称之为美学心理学的合法科学领域中站住脚。但他接着更进一步，从一个关于美学偏好的科学理论走向了艺术中真与美的检验标准——从一个科学的事实主张，到一个本质上非事实的、必须在艺术的不同领域中被裁定且能被热情地、明智地讨论的（即使用经典的科学术语来说是从未“被解决的”）问题，这一转变在逻辑上是谬误的。

有趣的是，威尔逊在开始时谨慎地提出了一个我无法反驳且与本
书的中心论点和谐一致的主张（第 230 页），尽管他在后来谈及科学 239
“对未来的独家判断力”（proprietary sense of the future）时的确开始泄露他的偏好（顺便说一句，我并不否认这一所有权）——他认为这清楚地表明，在这个据称平等的联盟中，科学比艺术可能做的任何事都“更胜一筹”（第 230 页）：

> 人文领域的学者们应当解除置于还原论上的诅咒。科学家们不是试图熔化印加黄金的西班牙征服者。科学是自由的，艺术是自由的，并且正如我之前对心灵的描述中所论证的那样，这两个领域，尽管在创造精神这一点上相似，但它们有着极为不同的目标和方法。它们之间交流的关键是……用科学的知识和它对未来的独家判断力重新激发对艺术

的诠释。诠释是科学与艺术之间融通解释的逻辑通道。

然而，随着论证的展开，威尔逊开始要求在解决艺术中的问题时，自然科学占据越来越多的领域。就在论述了上述调和主张的三页过后，威尔逊提出，与人类认知功能的表观遗传法则相一致，这或许可以解释艺术中的“永久价值”（enduring value）。这样一来，如果威尔逊这里的“永久价值”仅仅是想给出一个纯粹经验性的（甚至可测量的）、关于一件作品已被多少人珍视了多久的断言，那么他或许仍在科学的恰当领域中行走。但如果他想要将这种与表观遗传法则的事实性一致与更通常规范意义上的美学价值中的“永久价值”合并在一起，那么我想他已经在逻辑分水岭的泥滩上搁浅了：

> 具有永久价值的作品是那些最忠实于这些起源的。结果就是，即使最伟大的艺术作品都可能用生命过程中演化出的表观遗传法则知识来从根本上理解，后者引导了它们。

最后，威尔逊就艺术的起源给出了一个演化论推测，即特定的认知共性通过自然选择被纳入到人性的表观遗传法则中，艺术则作为其情感基础提供了适应优势。尽管我仍不为这些从根本上说是推
240 测性的演化论证形式所吸引，但我发现威尔逊的想法似乎可信且有趣，尽管目前未受到支持。然而，在他讨论艺术的这个顶点，威尔逊冒险跨出了不合逻辑的一步，将这些关于事实起源和演化起源的合理推测转变为关于艺术中的美与真的意义的明确主张。他首先论

证，我们迅速增长的智力确保了我们的生存与统治，但同时也要求巨大的代价（第 245 页）：

> 这就是看起来正在浮现的艺术起源图景。人类物种最鲜明的特性是极高的智力、语言、文化和对长期社会契约的依赖。这些因素结合起来，使得早期的智人相较于所有其他竞争动物物种有着决定性的优势，但它们也要求我们为此持续付出代价，包括令人震惊的对自我的认识、个体存在的有限性和环境的混乱。

“推动艺术诞生的主导力量，”威尔逊接着补充（第 245 页），“是在智力引起的混乱中施加秩序的需要。”我们无法通过将我们极好的大脑当作灵活的计算机使用来达到这一控制，因此不得不编码更具体的具有适应优势的认知规范：“然而，演化中的大脑无法仅靠自己转变为通用智能（general intelligence）；它无法变成一台万能的计算机。因此，在演化的过程中，动物的生存本能和繁殖本能被转变为人性的表观遗传算法。将这些天生的，用于快速获取语言、性行为和其他心智发展过程的程序固定住是有必要的。假如算法被擦除，这个物种将面临灭绝。”

但是这些算法，或者说人性的基本法则，太少，太粗略，且太笼统，因而无法仅靠它们自身维持必要的秩序。因此它们作为艺术获得了表达，从而激起足够有力的共同情感，以使算法自身能充分控制人类的行动与偏好（第 246 页）：

> 算法可以被构建，但它们并不足够多或足够精确到可以对每一个可能的事件都自动做出最佳回应。艺术弥补了这一不足。早期的人类在试
> 241 图通过魔法表达并控制多样的环境、团结的力量以及他们生活中对生存和繁殖最重要的其他力量时发明了艺术。

在最后一段，威尔逊做了一个双重错误的转变：首先，从这一关于**起源**的推测性理论转变到一个关于艺术**当前及持续**功用的主张；其次，且更严重的是，从科学领域中的一个关于艺术的情感功用的断言转变到一个对美学领域中的真与美的定义。我或许会欣赏最后这一主张的大胆与出其不意，但空言无补，自然事实或认知事实并不能就艺术应当将什么定义为“美”达成共识，更不用提什么是“真”了。

> 通过艺术，这些力量能被仪式化，并以一种新的、模拟现实的方式来表达。艺术的一致性，来自它们对人性、对情感引导的心智发展的表观遗传法则即算法的忠实表达。它们通过选择最能唤起回忆的字词、形象和韵律，遵照表观遗传法则的情感引导，采取正确的行动，来达到那种忠实。当前艺术仍然发挥着这一原始功能，并且是以几乎相同的古老方式。它们的质量高低由它们的人性化程度（humanness)、它们对人类本性的忠诚度来衡量。在极大程度上，那正是当我们谈及艺术中的真与美时所意指的[第246页]。

转向伦理学后，威尔逊将他的讨论建立在可能立场的二分之上，但在我看来，这些立场在很久以前就已被取代、被渐渐搁置了（除

了一些例外情况，比如克拉伦斯·托马斯〔Clarence Thomas〕在他任职最高法院的听证会上，在解释他的法律观时对“自然法”的辩护；尽管托马斯以极微弱的优势胜出了，但我不认为其证词的这一方面有助于其事业——以及显然的，我也不认为这样的议题与任命大法官这一根本上如此政治的问题有任何关系）。在对比他所称的“先验的”和“经验的”立场时，威尔逊论证，伦理要么记录了人类的经验，代表了我们对切实可行的人类行为法则的有效浓缩（这是“经验的”观点，它将使伦理规则服从于事实判决，和潜在的向着自然科学的还原），要么起源于一个独立于我们生命的“更高的”或更普遍的源头，由某种普遍抽象（universal abstraction）或神圣意志先验地 242
（a priori）施加于我们。威尔逊在讨论的一开始陈述了他对经验选项的支持（第260页）：

> 数世纪以来对伦理起源的讨论可归结为：诸如正义、人权这样的伦理准则，或者独立于人类经验，或者是人类的发明……真正的答案最终将通过客观证据的积累来获得。我相信，道德推理，在每一个层面都内在地与自然科学相融通。

我认为在讨论伦理是否可以（以及如何）与科学握手时，威尔逊这一论证的设定对讨论中的主要问题来说是陌生的，或者说至少是次要的。我毫不怀疑，就可能被纳入“道德人类学”的事实问题而言，经验立场肯定会胜出，无论我们最终给予道德准则的起源和原初意义什么样的演化重构或阐释。也就是说（我几乎不知道，一位现代思考者还能采取其他何种立场，即便是一个非常传统、非常虔诚、从未怀疑过道德真理存在于上帝的布告中的人），我假定如果我们调查世界上的各个文化，发现某些伦理原则趋向于普遍存在，那我们就可以假定，这些原则在社会组织中发挥了有用的功能。如果我们接着发现最适合实践这些原则的行为有任何遗传上的倾向，那我们也可以给这些信仰的起源指定一个生物学上的、演化上的联系。

实际上，自我大学时阅读大卫·休谟（David Hume）、拼命地试图证明他错了但却彻底失败以来，我就强烈支持这一观念，即人类必定拥有某种“道德感”作为我们所称的人性的一个方面，并且它不仅只是类似于视力、听力等其他基本属性。鉴于道德“真理”原则上无法在任何科学所能承认的意义上被证明（这是休谟的观点，如果我正确地理解了他的话），我不知道我们还能如何解释为什么不同的文化都共享着某些偏好，除了提议说它们体现了某种可被合理地称为道德感的东西之外。

但这些提议如何能处理一直以来关于伦理的那个关键且令人心碎的问题：“我们**应当**（ought）如何行为？”——它完全不同于另外一个问题：“我们大部分人是如何行动的？”**道德人类学**（anthropology of morals，一门科学学科）中的“是”（is）完全不能带领我通向**道**
243 **德的道德性**（morality of morals，一门通常被放置在人文领域的非科学学科）中的“应当”（ought）。

威尔逊当然知道，知识库中已经充满了关于事实问题能否被直接翻译为规范判断或道德判断的讨论——著名的（或声名狼藉的）对“是”和“应当”的区分，20 世纪早期的哲学家摩尔（G. E. Moore）

称它为“自然主义谬误”（the naturalistic fallacy），他在发明这个名字时清楚地论证，这样的转变在逻辑上无法完成。但威尔逊只是简单地称，人们显然能从“是”移动到“应当”（不用说，这是他的融通计划成功乃至存在的先决条件），并且他不是很明白所有这些大惊小怪是关于什么的（大意如此），就这样将这个跨时代的问题搪塞了过去。在主张道德人类学与道德的道德性之间可以这样轻易地架起桥梁时，威尔逊为他所称的经验主义立场进行了辩护（第262页）：

> 按照经验主义的观点，伦理就是被整个社会一贯地青睐、足以被表达为一种原则法规的品行。它是由心智发展中世代相传的倾向所驱动的——也就是启蒙思想家们口中的“道德情操”——它们在不同文化中相当趋同，同时又在每种文化中根据历史情境形成精确形态。这些法规在决定哪种文化繁荣昌盛、哪种文化将衰落中起着重要的作用，无论它们在外人看来是好还是坏。经验主义观点的重要性在于它强调客观知识……在先验主义和经验主义之间进行选择，将是新世纪版本的为人类灵魂而斗争。道德推理将要么仍集中于神学和哲学用语，即它现在所处的位置，要么将转向基于科学的物质分析。它定居于何处，将取决于哪种世界观被证明是正确的，或至少哪种被更广泛地**认为是**正确的。

在之后的一个更敏锐的陈述中，威尔逊为将伦理归入自然科学辩护，但接着在最后一行落入了那个经典的、仍然失能（disabling）的谬误中（第273页）：

> 因为如果“应当”不是“是”，那是什么？如果我们注意伦理准则的
> 244 客观意义，那么将“是”翻译为“应当”就是说得通的。伦理准则不太可能是人类之外等待揭示的超凡信息，也不太可能是在非物质的心灵维度摇摆的独立真理。它们更可能是大脑和文化的有形产物（physical products）。从自然科学的融通角度来看，它们不过是社会契约原则被硬化为规则和命令，是一个社会的成员，为了共同的善，强烈希望其他成员遵循且他们自己也愿意接受的行为准则。

如果我们能按照将伦理归入自然科学所必然要求的那样，用客观的、经验的术语定义“共同的善”——它是道德行为的目标，正如威尔逊似乎同意的那样——那么上述论证或许会奏效。因为，一旦人们定义了“共同的善”，接下来经验探索会确定何种行为可能最好地实现所规定的目标，以及社会是否（以及如何）已建立了其伦理准则以达到那些目的。但是我们如何能用科学可以研究的经验术语来定义“共同的善”这个随后所有论证的源头？坦率地说，我不认为我们能——休谟未能；G. E. 摩尔未能；人文领域的众多学者未能（科学领域的也未能，就此而言），他们在这个问题上挣扎了数世纪，并判定，在我们寻求智慧的共同大地上，如果几条独立的溪流与不能融合的水体一起流淌，那么没有一个单一的圣杯（holy grail）能存在。

“共同的善”如何能被经验提出？这一努力在催生了诸如“自然主义谬误”之类术语的问题上跌倒、崩溃。正如我之前在本书中论证的那样（见第 142 页），如果我们发现大部分社会，在大部分时间，都曾宽恕多种多样的信仰和行为，将它们视为正当的（并由伦理规则

确认）——包括弑婴，仇外（有时会一直导向种族灭绝），以及对各种身体上“弱势”的群体包括妇女、儿童的控制和差别对待的惩罚；而这些行为是今天大部分人都强烈否定的，并且认为只有否定它们才能建立一个更好的伦理体系——那么经验主义如何能作为道德的基础而胜出？我们是否可以说，在人类历史的大部分时间中，大部分社会在经验上都一直是错误的——而现在我们更明事理，大概就像我们曾经捍卫地心宇宙但后来学到其实地球绕太阳公转那样？

接下来，还有一个更加令人不安的问题（我怀疑这个问题会在经
验方面找到肯定回答，且太过经常而无法给予我们安慰）：如果我们 245
接着发现，智人的确已对那些我们现在想要批判并发誓弃绝的行为演化出生物倾向，那么经验主义又如何能胜出成为道德的基础？在这个貌似可信的点上，我们能说什么，除了说实证的道德人类学使得大部分社会形成了一套具有演化起源的准则，它们从达尔文式生存的角度看可能曾经很有道理——而大部分人随后决定，更好的道德将带领我们采取完全相反的行为？然后，我们又如何能避免得出这个结论：我们的祖先接受那些现在基于道德理由被认为只适于拒绝的道德准则有其事实原因，而道德的道德性（这是我们决定戒绝人类本性的某个方面的基础）必须在一个不同于那些事实原因的基础上被确证？

在这一点上，我们很难回避那个问题中的问题：如果在事实自然中无法为道德真理找到基础，那么我们能在哪里找到？我并不觉得承认我在意识生活中一直挣扎于这个最深刻的问题是过分难以理解或愚蠢的。并且尽管我可以总结出由我们历史上最好的思想者提出的经典立场，但我却从未能构想出任何新的或更好的东西。毕竟，如

果大卫·休谟和其他比我聪明十倍的人都进行了类似的挣扎，且基本上都失败了，那我无需为无所进展而痛斥自己。我只感到高兴，这个世界上大部分善良且明智的人，似乎都能就少数核心准则达成基本一致，这些准则具体体现在我们所称的尊重、尊严和互惠中，它们是尝试过一种道德的生活所需的充足空间和自由的最小基础。此外，如果这些原则中的大部分听起来是“消极的”，正如“首先，不要伤害”（primum non nocere）一样，或者说它们代表了哲学家们所称的“假言命令”（hypothetical imperatives）而非“绝对命令”（categorical imperatives）（也就是，诸如为人准则〔Golden Rule〕[①] 这样的主张，基于谈判或互惠主义而非先天的绝对原则），那么我会为人类尊严（毫无疑问，它是“道德意识”的一个方面）喝彩，它允许我们在这样一种灵活的、最小的基础上建造有理性的生活。

最后，尽管我认为道德原则不可能从对自然和人类演化的经验研究中推导出来，但我当然不认为，“是”与“应当”之间的界限完全不可渗透，就像主张事实与道德思想可以无关一样（尽管就自然事实直接移动到道德准则而言，我会捍卫一种严格的逻辑上的不可渗透性）。经验数据会进入对道德原则的任何严肃讨论中，有一系列显
246 而易见的原因，这里我将给出两个相当简单且可笑的例子，以此见微知著。首先，如果事实自然宣布某种功绩不可能实现，但我们仍决定将它定义为道德上受祝福的、伦理上必要的，那我们将愚蠢透顶（且注定会彻底失望），尽管这样做在严格意义上并非不合逻辑——就好

① Golden Rule，即《圣经》中的黄金律或者说为人准则，如：你们愿意人怎样待你们，你们也要怎样待人。——译注

像，比如，我们宣布人类美德的首要目标是能以每小时两百英里的速度投出棒球。其次，绝非空洞（相反作为事实约束对道德努力的最重要影响而明显）的一点是，我们需要知道人性的事实生物学，哪怕只是为了在我们正确地断定，道德之所以重要是因为有些行为违反了人类的天生倾向因而难以实现时，能更好地理解什么会是困难的，并避免对我们努力的深度感到失望——比如，按照一个似乎合理的达尔文式推断，某些合作形式会降低我们自己的收入和可见度（noticeability），但不会通过他人对我们的利他行动的关注或尊重而给我们带来明显的好处。

不过，威尔逊似乎仍然觉得，如果他能从经验上详细说明伦理的历史**起源**——我乐观地认为这真有可能——他就解决了道德性的基本问题，从而为在他的宏大融通链内将伦理哲学还原为自然科学打下了基础。比如，他写道（第274—275页）："如果经验主义的世界观是正确的，那么**应当**就只是一种事实陈述的简写，一个指示了社会首先选择了（或被迫）做什么、然后编成法规的单词……**应当**是物质过程的产物。这一解决方案指明了通向客观地理解伦理起源的道路。"

是的，伦理的**起源**将会在我们的客观理解之内。但这类有关历史起源的问题，就其构想而言，位于潜在经验主义者的领域之内。用我的术语来说就是，它们关乎道德人类学而非道德的道德性。此外，如上所述，对伦理起源的一种正确的经验理解无论如何无法揭示其当前功用的本质，即使我们的研究被完全限制在经验领域之内。换句话说，在伦理具有演化起源这一点上我同意威尔逊的观点，但这个议题在学术史和人类生活史上的道德大辩论中处于不重要的外围地带——那些关于存在的意义和善的定义的非经验问题，科学能帮助我们阐明并有效地加以限制，但它们也必须且首先要在人文领域的逻辑和方法框架内来处理。

休厄尔的学科概念，并概述对内在但互补的差异一视
247 同仁的融通

在写作他那本论科学与人文学科间恰当关系的著作时，威尔逊极妙地选择了一个单词作为书名，这个单词因陌生而神秘，其悦耳的发音所隐含的明显意图又足够令人安慰，再加上整个词各音节中对我们大部分人来说显而易见的一些词源学暗示，都使得这个单词充满吸引力：**融通**。正如之前解释的那样，威尔逊复活了休厄尔的这个术语来表达其提议的核心，即通过将熟知的物理科学的还原论模型“一路向上”扩展来实现完全的统一：打破神经学障碍，进入错综复杂的社会结构，最终进入人文领域的核心，包括艺术、伦理，甚至是宗教。这种经由还原的统一形式赋予了人文学科至高无上的地位，视它们为对极复杂、极多样系统的经验研究，由此将它们与科学连接起来。但这种统一也要求人文学科付出极大的代价来“换取”其顶层地位：独立，这一被许多人和许多机构坚定地认为是人文学科最不可剥夺的可敬特质。因为，为了得到几何上的顶点，人文学科必须使它们与众不同的现象学（phenomenologies）服从于依据还原做出的解释，一直还原到调控其极复杂组分的科学原理。

威尔逊用休厄尔那个被遗忘了很久的术语**融通**来命名这种通过

连续归入更易驾驭的“较低”科学原理来进行统一的过程，而那个词的本义是说，依据恰当科学理论的更简单、更抽象的定律来协调说明本不相干的事实，使它们“聚合为一体”。正如之前讨论的那样，还原论和融通并非同义词，不过休厄尔的确选择了经典的成功还原案例（还原为一个“较低”科学的一般理论）作为融通的典型例子，并且他的确强调他希望并期待，最复杂自然系统的“乱作一团的”现象学最终将通过在基础物理和自然科学的更少、更简单且更普遍的定律之下融通而得到简化。

但休厄尔是否共享威尔逊最具争议的主张和他的知识统一计划的必要条件（sine qua non）：将根本上经验的或者说科学的解释形式扩 248
展到那些所有学者都认可属于科学领域的复杂系统之外，进入传统所界定的人文领域之内？因为人文领域中的探索形式和其典型问题的特性似乎会将经验式的解释排除在外——并且，这种解答似乎被基础逻辑所排除，而非仅仅是，由于我们缺乏那些一旦发现后就可能将人文学科的关切还原为科学中的解释模型的数据，所以目前还不存在。事实上，在他的所有主要著作中，休厄尔都直率有力地声明，科学及其经验方法不可能获得如此的霸权。

当我们理解了休厄尔的主要思想自传和他那个时代的普遍信仰（尤其是像休厄尔这样的保守牛津剑桥神职人员的信仰）后，我们很难想象，一个像他这样重要、有如此立场的学者，如何会宽恕将他自己发明的词语扩展到覆盖一种推定的统一形式，而这种统一对他关于宇宙本质的核心观念、对他作为一个信奉传统神学的安立甘宗委任牧师的宗教信仰来说是完全陌生甚至危险的。（正如我之前说过的那样，威尔逊当然有权利将休厄尔的术语扩展到一个不仅在发明者的意图之外，而且与他关于知识之本质的核心观点截然相反的领域。毕竟，一个多世纪以来几乎没什么人用过这个单词，因此任何能想得到的法定时效都早已失效了！）但仍然，这一表面上扩展实则颠覆的讽刺意味应当被记录并加以审视——尤其是为了我更有限的目标（我必须承认这一点），因为休厄尔的实际融通观念和他对科学与人文学科间关系的看法，与本书中所主张的立场极为匹配。*

* 此外，说到讽刺意味，既然威尔逊和我都毫不掩饰达尔文是我们的偶像，并且既然达尔文的演化论证代表了对融通最成功的应用，证明了科学中的一个中心原理（见本书第 211—212 页），我必须指出，休厄尔自己拒绝了达尔文在《物种起源》中的论证，他认为整个演化主题是个诅咒。达尔文在剑桥念大学时，视休厄尔为一位令人尊敬的老师和一位著名的科学学者。休厄尔经常拜访他的朋友兼同事，植物学家约翰・亨斯洛牧师（John Henslow），而后者是达尔文职业生涯中最重要的导师，因此达尔文经常在这些聚会上遇到休厄尔。在晚年写给其孩子且并未打算公开的简短《自传》中，达尔文仅在一处提到休厄尔，他回忆了他与休厄尔共处时获得的愉悦与教导，尤其是在亨斯洛的几次聚会之后，他们一起散步回家："有几位德高望重的老先生有时会拜访亨斯洛，休厄尔博士是他们中的一员，有几次晚上我和他一起走路回家。"

但在达尔文发表《物种起源》之后，他们的智识关系急剧恶化了。有这样一个有名的事件或者说逸事：作为圣三一学院的院长而颇有权势的休厄尔，甚至禁止达尔文的书出现在学院图书馆中。达尔文的儿子弗朗西斯（Francis Darwin）在关于其父亲的三卷本《人生与通信》（*Life and Letters*）中讲述过这个故事。休厄尔曾送给达尔文一张便条，讨论他对《物种起源》一书的最初反应，对此弗朗西斯・达尔文记录道：

> 休厄尔写道（1860 年 1 月 2 日）："……我至少现在还不能皈依。不过你写的东西中有如此多的思想和事实，以至于要反驳必须要仔细地选择提出异议的理由和方式。"

接下来，弗朗西斯俏皮地评论了休厄尔对《物种起源》一书的"非自然选择"，体现为他积极地反对并付诸实际（休厄尔的反对也完全无效，因为这种温和的"审查"形式只会激起对那些本可能会忽视的事物的兴趣）：

> 休厄尔博士以实际行动抗议了好些年，他不允许圣三一学院的图书馆内出现一本《物种起源》。

拉丁语谚语提醒人们，不但要小心恶犬（cave canem），而且也应
该小心某些人：小心只有一本书的人（cave ab homine unius libri）。这 249
句警告有两种相当不同的解读方式，每种在各自独特的意义上都极为
恰当。人们应当小心那些只能写一卷书的人，因为他有且仅有一个想
法。（刺猬至少为它那一大招发展出一个极好的概念；只写一本书的人
通常都试图将整个宇宙纳入他那古怪且特有的迷思中。）但另外一种解
读方式指出了学术或死后声名的危险，而非作者的局限性。有时我们
仅因一本书或一件成就记得一个人，错误地将留存下来的画像等同于
真人的全部，从而错失了这个人更大的、不同的维度。歌德是一个相
当出色的生物学家和地质学家，米奇·曼托（Mickey Mantle）则是棒
球运动中最伟大的缩棒回击手（也是最快的跑垒者）。

休厄尔经常落入我们的第二类误读中，因为他现在的名气主要在
于他在归纳科学的历史和哲学领域的伟大作品——尽管是两部而非一 250
部，每部都有几卷。因此我们视他为第一位在科学史和科学哲学领域
都占据了支配地位的现代人。此外由于他对推理中的模式和成就中的
进步所做的科学分析是如此巧妙空前，休厄尔就仅以这副取得了持久
学术成功的学者形象出现在我们面前。但这个人在他一生中还煎了许
多其他鱼[①]，其中一些相当有技巧（虽然我并不意图将他的多才多艺
推向我最后那句话字面上所塑造的那副可笑形象——一位穿着长袍的
牛津剑桥教师正在当地一家炸鱼和薯条店的柜台后挥汗如雨，这种店
是不同社会地位不同成就的英国人——现在通常是希腊人或巴基斯坦
人——的典型去处）。

① 原文为 fried many other fish，意指休厄尔还涉足其他多个领域。——译注

尤其是，尽管休厄尔并不是一个积极的教区牧师，但他是有正式任命的安立甘宗牧师，并且他认真对待这些委任，在现代人所记得的他那一两本书之外，还写了几本宗教题材的书。这一简单的陈述，完全靠它自身且不附加任何具体分析，实际上保证了休厄尔不可能支持将他自己的术语**融通**扩展到人文领域（尤其是伦理和宗教，除非他将他所有谈话、信件和写作中的那些激进的异议宗教观点删掉），以此来描述它们即将到来的、通过还原为自然科学的统一。休厄尔是一个老练的**科学**分析者。虽然他发明并解释了诸如“事实的综合”和“归纳的融通”这样的优美术语，但他从未想象过，他已为人类所有智识努力——尤其是他的其他日常工作的两个不同主题，道德和宗教——的逻辑和解释构想了一个普遍基础。如果有什么是休厄尔一遍又一遍清楚说明的，那就是他已仔细分析了科学的方式，主要为了表明为什么这一事业**在它自己**的事实自然**领域**取得了如此惊人的成功，以及为什么这样一种解释装置从原则上无法规定其他领域中有着不同逻辑地位的典型主题。

最值得注意的例子是休厄尔于1833年写作的《布里奇沃特论丛》（*Bridgewater Treatises*）的第一卷，这套著名的丛书最终共出版了八卷，是“关于创造中所彰显的上帝的权力、智慧与善”。这一著作者们的财源和传统英国自然神学的最后喘息源于弗朗西斯·亨利阁下（the Right Honorable and Reverend Francis Henry）的临终意愿和大笔遗赠，他是布里奇沃特的伯爵，于1829年2月去世。那些受
251 邀写作这套丛书的著名人士如何可能拒绝邀请，因为伯爵的遗产将每本书认购了1000册，并规定他所支付的利润直接付给作者——基

督徒与财神的身份在他身上结合得极妙且有效。这套书的作者包括了英国最虔诚的地质学家威廉·巴克兰牧师（the Reverend William Buckland），和具有活词典之称的罗杰先生（Peter Mark Roget），他们迅速完成了工作，并且其作品在很大程度上衍生成为一种样板文件，它们所拥护的这种研究自然世界的路径曾经如日中天，但已迅速失去了公众的认可——即所谓的“设计论证”（argument from design），或者说认为上帝的本质和属性或许可以从宇宙的物质特性中推断出来的主张。这些书中的大部分并没有获得显著决定性的成功，这既是因为作者们对重复这些之前已表达过许多次的陈旧概念提不起多少热情，也是因为在许多知识分子包括大部分神学家看来，这些观念本身似乎已经太过时了。（达尔文和他圈子中的成员通常将这一系列称为“废话论丛”〔Bilgewater Treatises〕，至少在私人信件中如此。）

休厄尔写作的那本出版于 1833 年，题为《自然神学视角下的天文学与普通物理学》（*Astronomy and General Physics Considered with Reference to Natural Theology*）。乍看之下，人们或许会认为这本书支持威尔逊的融通观念。毕竟，如果科学史与科学哲学领域的这位著名的安立甘宗牧师兼杰出学者，选择参与一项致力于用物质世界的产物来证明上帝的存在与属性的计划，那么他难道不是必须接受威尔逊扩展形式的融通的核心假设吗，也就是，通过还原为对自然的科学研究来直接证实“最高的”非科学领域中的关键问题（包括上帝的存在）？

但是休厄尔恰恰选择了相反的道路，论证尽管上帝的作品（即物质宇宙，完全服从于科学分析和理解）不能与上帝的言辞（如《圣经》中所透露的或通过一些其他方式为人所知的）相冲突，但这两大事业的探究方法和解释的评判标准迥然不同，以至于无法通过将一个领域归入到另一个之下来实现有意义的统一。相反，当我们认识到，在我们追求更深入地理解我们的生命和周围环境的复杂性与多样性的过程中，它们能从不同角度照亮这一共同探索，那我们就充分利用了这两大领域，使它们服务于我们的最大利益。休厄尔认为，他已就科学方法和程序发展出一套如此深远、精妙且复杂的分析，包括他对诸如归纳的融通此类原理的命名与阐明，不仅编撰、解释了这一概念装
252 置的超凡效力，而且还证明了为什么这些程序只能对科学和物质世界的事实领域中的经验问题有效，而在原则上无法规定他作为牧师的其他日常工作中的学术探究，以及那些坐落于人文领域、植根于伦理或美学议题的宏大壮丽主题中的学术探究。

在《布里奇沃特论丛》一书中讨论道德时，休厄尔总结了反对将融通（按照威尔逊的扩展）延伸到科学的经验领域之外的整体论证。他首先陈述，道德准则既不能从经验自然的力学中产生，亦不能与之相矛盾，因为伦理话语完全取决于另一个基础，通过不同的评判标准来进行证实。休厄尔将会愿意把道德准则的独特基础等同于一种相当传统形式的上帝存在证明；我，与我们时代的大部分西方知识分子一样，将寻求另外一个源头，不过将完全接受休厄尔的一个总的观点，即道德的基础无法通过科学地研究不同的道德标准如何在人类文化的经验世界中运作来确立（为了理解下述引文中休厄尔的要点，人们必须同时认识到，他是在“任何合法的知识形式或主体”这一旧的意义上使用**科学**这一术语的，它来自拉丁语 scientia；并非是在“关于物

质自然的事实探究”这一有限的现代意义上）：

> 理智的世界与道德的世界是同一个创造的一部分，正如物质的世界与意识的世界一样。人的意志受理性动机的左右，其运行方式不可避免地与行为准则相比较；他有一颗辨别对与错的良心。这些是人性的法则，正如其物质性存在或其动物性冲动的法则一样。然而它们牵涉到什么样的全新概念？它们多么难以被分解或同化为单纯物质或单纯意识的结果！道德的善与恶，优点与缺点，美德与邪恶，如果它们曾是严格科学的对象，那它们必定属于一门这样的科学：它看待这些事物不是依据时间或空间，或者机械的因果关系，不是依据流体或以太，神经的应激性或肉体的感觉，而是依据它们自己的恰当概念模式；依据可能将这些概念联系起来的关系，而非其他本性完全不相干的、异
> 质的对象所暗示的关系……机械力和运动的法则与自由道德行为的法 253
> 则之间必定存在着间隔（separation），哲学上没有比这更宽广的间距（interval）了。

或许有人会怀疑，较之于1837年和1840年出版的论归纳科学的专著，休厄尔在面向大众的《布里奇沃特论丛》中所采取的立场没那么细致入微或者说比较极端。但事实上，在1837年《归纳科学史》最后一卷的结尾，在讨论正在兴起的地质学研究时，休厄尔特别有力、清楚地坚持在科学的与非经验的（在这个例子中即宗教）知识形式和验证模式之间做出严格的区分。（休厄尔还坚称，他强调这一分离论证是为了两个学科的利益，当两个领域遵循它们各自的不同路

线、在同一个具体问题上得到同样的基本结论时，这项任务就尤其重要。）休厄尔将他关于科学与其他知识源头有着不可化简的不同特征的最强主张保留在结尾的讨论中，是因为当时还十分年轻的地质学专业已享有了巨大的成功，而这很大程度上是因为其顶尖学者（包括像休厄尔这样的牧师）已公开放弃了早前的推测传统，该传统常常为地质学主张寻求明确的神学支持，从而模糊了边界（参见我在本书第77—78页对17世纪末的一个具体案例的讨论）。

再没有哪个科学领域像地质学一样受到如此强烈的诱惑，并且有着如此强劲的传统，试图将不能融合的对经验性地质记录的观察与《圣经》中据称源自上帝的宣言混在一起。休厄尔主张，即便这两大源头就地球的历史产生了相似的结论，我们也必须仍然保持这两种探索严格分离——当所谓的一致结果威胁着鼓励一种错误的假定，即归根到底不同的致知方式可能代表的是单一正确道路的不同方面时，这一原则需要得到更强有力的维护。休厄尔甚至在论证的一开始就给他自己的教会主题打上了与真正的地质学科学探究“无关”的标签（1837年，第三卷，第584页）：

> 与万物起源之本质无关的考虑和无关的证据，一定不能允许它们影
> 254 响我们的物理学或我们的地质学。我们的地质动力学，正如我们的天文动力学一样，或许不足以把我们带回万物那种状态的起源，尽管它们解释了其进展：但这种不足必定不能通过给自然的地质动力学添加超自然来填补，而要通过在恰当的位置接受由一部分不同特性、不同规则的知识提供的观点来填补。如果我们在神学中纳入了我们为此目的而求助的

推测，那我们必须将它们从地质学中排除。

接着，在下一页，休厄尔有力地拒绝了同样的论证：所有的知识沿着一条复杂性逐渐升高的链条统一，同时所有的现象都服从于同一种解释。威尔逊在160年后提出并用休厄尔自己的术语**融通**来命名的知识理论，正是休厄尔自己明确拒绝了的。休厄尔首先承认，所有形式的真理都必定是一致的，同时继续强调他的主要主张，即结果的一致并不意味着致知方式有一条统一的道路（第586页）："或许有人会极力主张，所有的真理都必定与所有其他真理一致，因此真地理学和真天文学的结果，不会与真神学的陈述相矛盾。必须同意真理与其自身的这种普遍一致性。"

但在这一论述之后，休厄尔立即开始了他对单一融通链（威尔逊意义上的）的攻击，和对致知方式不可化简地不同的辩护，他嘲弄人们可能顺利地从上帝对其宇宙的统治上溯到（或下溯至）对地质变迁的经验记录这一想法。（同样，为了理解休厄尔的论证，我们须得认识到他对某些词语的定义与我们当前的理解有一些关键不同。比如，休厄尔所说的"对世界的统治"指的是上帝之道的非经验领域，而非任何对经济或人类社会组织的据称事实的研究。正如之前指出的那样，我们也必须记得，"科学"指的是任何知识体，而不仅仅是现在采用这一术语的经验领域。）尽管我并不共享休厄尔的神学，因此本会选择一个不同的例子，但我从未读到过一个更好的、反对知识统一的威尔逊式融通的论证——用它来表达**融通**发明者的核心信念会更加醒目（他只打算用这个词更精确地描绘科学的特性，更好地强调它与 255

我们其他智力领域中的论证和证实形式在逻辑上是内在分离的）：

> 期望我们应当清楚地看到，上帝对世界的统治是如何与控制世界之运动和发展的永恒法则相一致……就是期望我们或许可以从地理学和天文学上溯到创造与立法的中心，地球和恒星从这里产生；然后接着再下溯到道德和精神世界，因为其源头和中心与物质创造的源头和中心是同一个……对我们现在所从事的科学的历史与本性进行研究的好处之一是，它警告我们，试图借用科学来理解对世界的统治而不对我们知识的真实性带来任何名誉上的损害，是多么无望，多么自以为是……那些要在神学记录中搜寻地质学叙述的人所犯的错误，在于他们的搜寻举动本身，而非在于他们对可能发现之物的阐释。

因此，最后，如果我们必须拒绝威尔逊对融通的最大限度扩展，将此作为“人类心智最伟大的事业……尝试着关联科学与人文学科”的恰当战略（Wilson, *Consilience*, 1998），那么还有什么替代选项可能更好地符合我们不同智识追求的逻辑，因而更可能在实践中成功？威尔逊复活了休厄尔那个被遗忘的术语，并将其意义远远扩展到作者的原初意图外，扩展为一个休厄尔本身曾强烈反对的计划——因为威尔逊想要将人文学科纳入到单一还原链的最顶层科学中，从而取得经验主义名义下的“知识统一”（第 7 页），而休厄尔认为人文学科（尤其是道德和宗教推理）是一组在逻辑上内在地独立的致知方式。对这一组中所有成员的严肃关注，很可能通过在价值和结果上达成共识来统一我们的精神生活。这些非常不同但同样有效的致知方式，每种都

为智慧之被上的一片负责，片与片之间以华丽复杂的交互模式相互紧
邻并交叉，共识即从它们的独立贡献中、通过大量严肃的对话生长出
来。威尔逊的战略是，在科学的方法和成功的基础上，为所有的学科 256
确立一种单一有效的致知方式，并最终因“人文学科”是最复杂的经
验研究而重视它，而非因它与其他事实领域有任何本质的不同。在这
一战略之下，统一无法出现（逻辑上即被排除，而不仅仅是因为在实
践上有困难）。

因此，如果威尔逊对融通的扩展必定失败，如果我们仍然想将这个词作为对科学与人文学科间恰当联合的可能描述（我一直喜爱并使用这个词，见我在本书第203页的自白），那为什么不尝试一种极为不同的策略？休厄尔的融通本是指归纳科学中的一种验证理论的具体方法，威尔逊将它推广到其可能应用的顶点（ne plus ultra），提议所有的知识学科，包括人文学科，或许可以被统一到植根于科学之经验程序的单一还原解释链中。而我将提议一个相反的概括计划（scheme of generalization），将休厄尔这个概念的最低限度逻辑的最梗概部分应用于科学和人文的诸学科，而非试图将这两大专业统一为一个宏大的、有着单一解释模式的序列。

我意识到最后这句话可能听起来有些神秘，因此让我说得更清楚些吧：休厄尔将“归纳的融通”这一术语界定（并限制）在**一类特殊的**科学之内，有一个明确的且非常有趣的原因。记住，融通的字面意思是将不相干的观察“聚合”在一个唯一的共同解释之下，该解释原则上可将这些观察全部呈现为一个单一过程或理论的结果——休厄尔承认，这是该理论可能有效的一个很好的指示，尽管不是证据。

但为什么以及在哪里人们会想要采用这样一个笨重的经验验证方法？为什么要到处寻找大量复杂的、不协调的碎片，尽管我们不怀疑它们的实在性，但它们之间的相互关系要么从未向任何人显现，要么已被有力地否认，因为事实本身看起来是如此混杂？毕竟，难道我们不是在高中就学到，科学是以一种简单得多且合乎情理得多的方式前进，即从假说中演绎出新的结果，然后检验那些预测以证实假说或将它抛弃（后者常见得多）？正如许多理想化一样，这样一个方法，如他们所言，只是在我们能用它时，才是“令人愉快的”——但这在我们这个一团糟的真实世界中意味着“很少能用”。休厄尔在一本论**归纳**科学的哲学的书中发明融通这个单词并不是出
257 于任性的原因，而是有一个极为恰当的动机，是基于他那本著作所讨论的科学的风格。

在处理物理世界中相对简单的物体的科学中，偶然性很少成为说明的关键组分，突现的问题也不经常出现，基于永恒自然法则之数学的预测常常是扩展理论应用范围的主要手段——换句话说（这同时也是在继续锻造刻板印象），在那些为传统所青睐的、位于还原论链条基部的科学中，这一合理有序的预测和检验程序常常是按照广告所宣传的方式出色地运转的。

但在那些研究极复杂现象、突现原则可能主导、偶然性常常统治的学科中，科学家们通常是如何进行的？在这些情形中——我用了达尔文在设计其自然选择演化论时利用融通来解释的大量事实作为我的主要例子（见本书第 211 页）——在这些鲜少吹嘘有普遍原理或量化法则帮助我们整理或解释的研究领域中，科学家们常常积

累大量记录完备、复杂且明显无关联的事实。休厄尔主要是为这些极复杂科学设计融通原则的，它们——再次借用还原论链条的刻板印象——位于标准序列不受青睐的顶端，这里我们的观察基底中充满了迷人且复杂的现象，且很少有普遍原理施加秩序或给予清楚的理解。

在这种有大量不相干事实且缺少已确立原理的情形中，寻找理论的科学家们应当做什么？休厄尔并没有提议将他的归纳的融通原理作为一般指导，通过在还原论之链中连续归入来简化、统一知识（威尔逊这样建议）。相反，休厄尔将他的融通概念发展为一种策略，用以在那些以复杂系统为研究对象、数据丰富但理论贫乏的艰深科学中设计一般理论。（这样的理论如果成功的话，确实会给予先前由无关联事实构成的混乱系统以极为有益的简明解释。）

这种休厄尔式融通的智识之美主要在于当前流行所称的“顿悟”（aha！）体验带来的激动，甚至是胆怯——混乱突然转变为秩序，不是通过对现存的假说进行系统的、逐步的、演绎的逻辑扩展，随后进行预测和检验；而是通过我们通常无法在我们自己的心灵中重建的直接洞见，因为融通突如其来地在一瞬间击中了我们，使得我们激动地 258
大喊：“天哪！所有那些不协调的、用其混杂折磨了我数年的事实最终的确连贯一致起来了！”——休厄尔称融通是“聚合”，因为有且只有一个理论解释将把总体排列成一个可理解的秩序（并且，在最好的情况下，也会产生一个迷人的、打破传统的理论）。

如果我们聚焦这一真正休厄尔式融通的最普遍特征，或许我们可以为科学与人文之间的恰当关系构想一种更恰当的叙说，无可否认，这是通过扩展休厄尔更有限的意图来完成的。* 想想休厄尔式聚合（Whewellian jumping together）的构成吧：大量的独立事实条目，彼此分离但平等，每个之前都是孤立的，但现在由一个理论或概念联合了起来，这个理论或概念显示了我们想要将它们聚合成一个连贯且互相加强的系统。在如此这般通过融通精心制作统一体时，我们不能指定哪个更高哪个更低，不能指定一条控制链，或者一个还原或归入的序列。威尔逊的统一是有等级秩序的，在这个垂直的逻辑序列中，他给每个学科都分配了位置。与此相反，如果你愿意的话，我们有一个真正的“一视同仁的融通”——一组之前独立的事实条目，每个本身都很有趣，每个都代表了某种不同的、有启发性的东西，彼此甚至可能在一方青睐的解答模式无法给予另一方令人满意的说明这一逻辑意义上不能融合（就科学和人文领域最为不同的那些学科而言）。这样的融通会尊重彼此间必然存在的、有价值的丰富差异性，但同时也寻求阐明所有创造性智识活动共享的更广泛特性，这些特性因我们对学术学科无意义（至少是高度随意）的剖析而受到极大阻挠，且常常被迫隐身。从这样的融通中，科学和人文学科会受益无穷（且没有什么可失去）。对专业的这些划分，也许在一开始建立时有很好的理由，但随着无意义的分离因以下种种因素固化，这些划分在很久之前就变得不适合了——要求优先权，使用自己的行话，彼此间缺乏理解，为大学停车位之类的日常琐事争吵，且缺乏冒险精神，再加上对任何严

* 因为我必须公正地承认，我在提议对休厄尔的术语进行超出原作者用途的扩展，这点与威尔逊是一样的，不过是以相反的方式。我将只论证，我所提议的扩展比威尔逊的更接近于休厄尔含义的精神，且并不违背他关于知识各领域间关系的观点。

肃智力活动来说最大的自然障碍：上帝不幸地将一天限制为 24 小时，而我们的职业生涯不到 70 年。 259

我也寻求一种融通，将科学和人文学科“聚合”起来，取得更大、更富有成果的接触和连贯性——不过这是一种**一视同仁的融通**，尊重彼此固有的差异，承认它们可比较但与众不同的价值，* 理解这两个领域对任何智识上和精神上都“完满”的生命的绝对必要性，并力图强调、滋养无数实际重叠且有着共同关切的区域。因此我借用了我们的国家格言作为警句，选择了最古老的狐狸和刺猬的故事作为图标。当我们能够就一套共同的原则达成一致，并从所有协作组分的不同卓越之处获得我们的主要力量来实现这些原则时，我们最富有成效的统一形式就会出现：合众为一。让热爱学术成为刺猬的一大招，同时让智慧成为那个伟大的目标。让我们编写一份甚至比狐狸的有效且内在不同的策略更长的必要组分清单，同时以科学和人文为支柱，支撑起智慧之幕。

---

* 正如我在本书中多次强调的那样，科学当然对人文学科无所畏惧，但新生科学在 17 世纪末为其与生俱来的权利而战时的昂扬斗志（见本书第一部分）使它养成了一些不幸的习惯，这些习惯受到我们人类偏狭、贬损他者的普遍倾向的支持，已持续了数世纪，尽管早已没有任何正当理由的支持（到了 18 世纪末，随着科学的胜利，支持冲突这一方的任何理由都已消失了）。考虑到现代科学的力量（和花费），一些现代人文主义者的怀疑或许可以说有着更合理的（或者说至少是更直接的）基础。但对不平等的这一忧虑也同样站不住脚。因为每一个所谓的科学的优势，可能也都可以让人想起人文学科的一个相关的且可比较的优势。举一个最明显的例子，科学可声称拥有能够确定事实真理的方法，而人文领域中的伦理辩论并不能希冀有着同样的自信能获得“正确”答案。但我们生活在一个有得有失的世界中。是的，科学获得了事实确证的优点。但即便伦理话语必须牺牲这样一种至善（summum bonum），谁又能否认，关于伦理生活之责任的基本问题对我们的意义和存在来说要重要得多。因此我们用确定性换取了卓越。正如我所言，我们所寻求的融通会一视同仁那些经过考量的公认差异，没有哪一方会缺失。

当我思考令人欣喜的融通的跳跃（jumping and leaping）时，我想起了以赛亚关于回家的一个伟大预言（《以赛亚书》第35章）（此
260 时我的头脑中再现了亨德尔给《弥赛亚》中唱词的配乐）——它可以恰当地象征通过一种一视同仁的融通来实现我们的最高精神和道德可能。我们都将因障碍被移除而更好："于是盲者的眼睛将被打开，聋者的耳朵将不受阻塞：于是跛足者将**跳跃**如雄鹿，哑者将放喉高歌。"接着以赛亚描述了，我们在我们存在的道德和智识方面的融通中获得解放的外在益处："荒野中将喷涌出清泉，沙漠中将出现溪流。焦干的土地将变成水塘，干渴的土地将涌出泉水。"

融通之道将开放以聚集正义之士，但也将挽回不明智者："那里将有一条大路……它将被称作神圣之道……在此间徒步旅行的人，尽管是愚蠢的，但也不会犯错。"最后，我读着第35章的结尾诗篇，听着勃拉姆斯（Johannes Brahms）在《安魂曲》（*Requiem*）中才华横溢的唱词配乐："……他们的头上是欢歌与永恒的喜悦：他们将得到欢欣和喜乐，悲伤和叹息将逃之夭夭。"当然，工作将不允许我们忘记这一幻想的理想化与不可得本性，但难道我们不能通过赞扬任何成功尝试背后的智识与理解，来致敬我们偶尔暂时能得到的最好结果——狐狸的许多条道路通向刺猬的伟大之地，同时科学和人文学科在一种一视同仁的融通中互相关联？所以在你们**所有的**土地上尽情欢呼吧。难道最伟大的启蒙运动文本不是将"追求幸福"包含在那少数几项我们不能为了眼前小利而出卖的权利中，因为这一追求像智力本身一样不可剥夺？

结语 261

欲除伊拉斯谟却未尽，受启发增补《谚语集》的结尾故事

作为一个本质上的随笔作家，我一直相信，对深刻普遍性（deep generalities）最好的、事实上也是唯一有效的讨论始于能够抓住人们兴趣的小趣闻，然后自然地引向它们所例证的广泛议题。如果作者们用完全抽象的概括直接攻击“真理的本质”，很容易就会令读者感到无聊或愤怒于作者的傲慢。但我刚刚违背了自己的信条，以对我自己的融通版本的抽象辩护结束了本书的主体——我提议将此版本作为科学与人文学科间恰当关系的基本模型，与威尔逊的相反描述相对。噢是的，我的确引入了趣闻，关于我们的国家格言和狐狸与刺猬的故事，贯穿在整本书中——但仅仅作为橱窗装饰，而非随笔作家借以展开精彩故事的焦点源头。

所以让我再试一次吧——这是临别时最后一次回归正轨。让我们返回到狐狸与刺猬的故事，但这次会尽可能地具体——也就是，不仅

仅回到那句古老的谚语，不仅仅回到与此有关的伊拉斯谟的诠释，不仅仅回到格斯纳对伊拉斯谟之诠释的概述，和他书中不专业但精彩的
262 展示两个动物的木版插图，而是回到格斯纳著作的某一独特版本，看看它是如何对待伊拉斯谟关于狐狸与刺猬的诠释的。并且如之前承诺的那样，现在我们也将再次请出本书标题中的反派角色，那位无名的审查官，在比萨主教区神圣罗马天主教宗教裁判所的命令下，他遵从了莱利奥·梅迪思博士的指令。

在从事各行各业的职业人士中，职业知识分子所占的比例并不高，仅是一个小小的群体。但“太初有字”[①]，我不会对我们小团体的力量（或至少是顽固的坚持）感到悲观。如果我们落入各种各样的明显陷阱中，它们会抓住我们，但如果我们遵循“合众为一”的道路，联合狐狸与刺猬，即本书所主张的科学与人文学科在互相尊重与经常对话中恰当结合的策略，那我们通常会获胜——或者说至少我们不会逃走。

还有什么比这两者的结合更有力，一个能永不放弃、永不妥协地追求一个清晰的目标（刺猬之道），一个能为了到达指定位置而灵活运用一系列聪明且独特的策略，以便某些人或某些事能成功通过，无论敌人多么警觉、多么足智多谋（狐狸之道）。我将科学与人文学科之间一视同仁的融通视为我们学者小世界中伟大力量的结合，因为真实独立的实体之间的这样一种结合，总是处于紧密的、互相加强的接触中，总是追求一个共同的目标即培育人类智力发展

① 这是《约翰福音》的开篇，英文原文是“in the beginning was the word”，常被译为“太初有道”。——译注

的途径与方式，并且如此灵巧地结合了狐狸和刺猬的不同强项，在这样的结合下，我们必胜（或者说至少会占据优势），只要我们不允许诽谤者破坏我们共同的决心与纽带。（威尔逊的融通模型，通过还原统一为一个单一的等级结构，不仅误解了这两大智识方式中内在的相似性与差异性的本质，而且还将因为在追求错误统一的嵌合体时掩盖了差异，从而妨碍它们灵活地运用各自的才能以卓有成效地联合起来。）

因此我用一个小故事来结束全书，这个故事讲的是某只“狐狸”和某只“刺猬”，通过结合这两个典范生物的对比鲜明的策略取得了胜利——这样做，既是因为讲一个皆大欢喜的故事令人愉悦，也是为了在结束时重申我所选择的象征，它承载了我在本书中的中心论点，即科学与人文学科间的恰当关系应当是和而不同、紧密联系。

如果可以的话，我从一个类比开始。诚实有许多毋庸置疑的优
点，从使人在某些信仰体系中自由地赢得入场券，到华丽的死后地 263
位。但在更抽象的好处中，诚实最大的实用价值当然是在于它使人们能够自圆其说复杂的故事——正如理查德·尼克松（Richard Nixon）和其他许多人那样，当他们试图在相反的道路上蒙混过关时，他们会发现这损害了他们。毕竟，如果你只是诚实地回忆、讲真话，你可能会因记忆的古怪与弱点而出错，但至少你是在直接地做出一致的决定，而撒谎和编造要求你将一个越来越复杂的谎言的所有细微方面都时刻保存在脑海中，以防因未能记起过去谎话的细节而出错，陷入前后不一中。审查会陷入像撒谎那样的实际困境。只要任务相对简单且概念清晰，进行审查删除的人或许可以相当高效地完成他那可憎的任

务。但随着要删除的种类和形式变得更繁多更复杂，尤其是随着删除的原则变得不那么清楚连贯，甚至最尽职的监察人最终都会犯错，一些令人畏惧的光亮将偷偷溜进来，公然反抗。

莱利奥·梅迪思博士的门徒做得相当好，但格斯纳的书足足有1104页那么厚，能让一位审查官忙上很久。回想一下（见本书第56页），分配给这位审查官的是基本上很蠢且无疑非常无聊的任务，即将所有新教徒（包括作者格斯纳本人）和不那么正统的天主教徒的名字都删去。（这并不足以令兴趣之火燃烧。如果是一本致力于为巫师提供明确指导的书，或者一本指导如何描绘奇切斯特主教〔Bishop of Chichester〕[①] 经典形象的书……好吧，那就另说了。）

大致来说，那位审查官所做的只是涂掉名字，成千上万个名字，通常每页都有几个，至于内容则无论什么都没有做出有趣的改动或删除。伊拉斯谟当然是他最大的挑战和难题，因为格斯纳为每个生物都写了几页谚语，而伊拉斯谟是谚语的主要引用来源。此外，不像一些现代历史学家那样，格斯纳在引用时非常一丝不苟地注明了来源。我不知道格斯纳的书明确引用了多少次伊拉斯谟的名字，不过每一次那位饱受折磨的审查官都必须涂掉那些冒犯的字母。

最终那位可怜的审查官如何能战胜格斯纳无意间对狐狸和刺猬策

---

① 奇切斯特是英格兰南部的一座城市，西苏塞克斯郡的首府。有一首关于其主教的著名打油诗，在其中他咒骂科学蛊惑了教会，要求科学离开：

There was an old Bishop of Chichester,
Who said thrice,
"Avaunt and defiance,
Foul spirit called Science,
And quit Mother Church, thou bewitchest her."——译注

略的联合采用——在如此多的地方、以如此多的方式插入那些冒犯的名字，从而降低了每一个都被发现的可能（狐狸的灵活策略）；以及如此多次在同样的基本语境中简单地、令人心烦意乱地重复同一个名 265
字，引自伊拉斯谟的谚语、引自伊拉斯谟的谚语、引自伊拉斯谟的谚语（刺猬的一种顽固模式）。那个可怜人实在无法全面抵抗无聊异端的如此猛攻。猜猜他在哪里倒下了？

如果我们翻到格斯纳《论刺猬》这一章有关谚语的部分，我们会发现，伊拉斯谟的名字被尽责地涂掉了四次（见图 32）。但在那里，就在格斯纳讨论伊拉斯谟如何诠释阿尔奇洛克斯的狐狸与刺猬古老传奇的正中间，比萨的那位审查官终于疏忽了，让伊拉斯谟的名字在最具象征意味的位置通过了。所以，伟大的、正在讨论古老的谜一般的狐狸与刺猬箴言的鹿特丹的伊拉斯谟，让他未被涂掉的名字象征我们最好的智识（和道德）倾向必然胜利吧，只要我们能在我们广阔且有用的多样性中紧密团结在一起，并遵循这两种生物之道，探索通向刺猬所追求的伟大智慧的所有可敬道路。

我在本书的主体部分结束时提到了可敬的杰斐逊先生写下的美国最著名的启蒙宣言（见本书第 260 页）。现在我将引用我们最伟大的启蒙英雄、甚至更可敬的富兰克林先生创造的一句双关语来真正结束本书，这句双关语是人们创造的最妙的英语双关语之一。正如他对美国人民，对“合众为一”的 13 个殖民地所言——并且正如我对科学与人文学科之间美妙而有启发性且皆可能服务于智慧这一伟大目标的差异所言——我们最好团结一致，否则我们无疑将分别被绞死（we had better hang together, or assuredly we will all hang separately）。

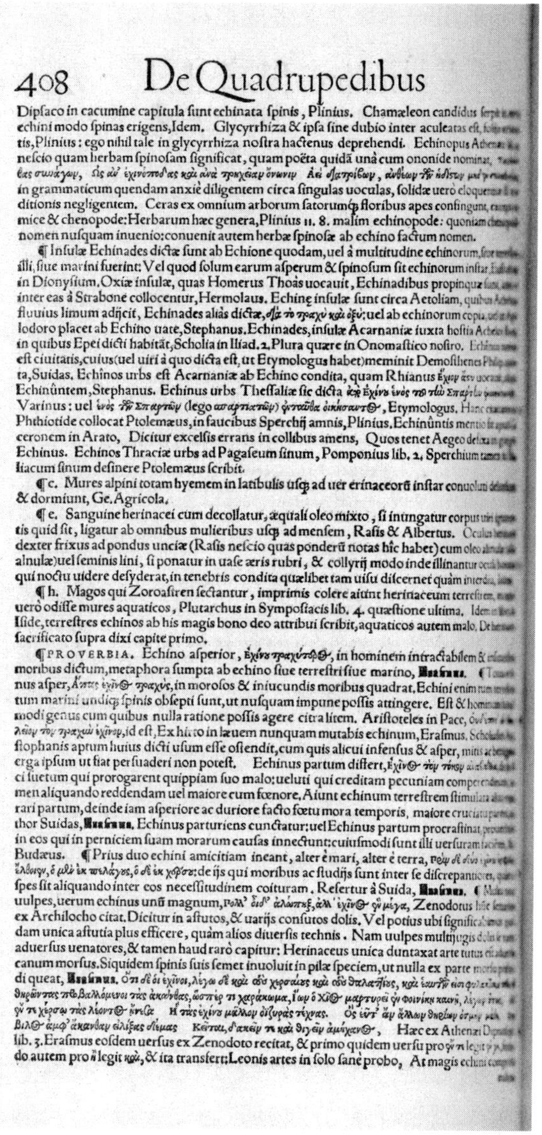

408 De Quadrupedibus

Dipſaco in cacumine capitula ſunt echinata ſpinis, Plinius. Chamæleon candidus [illegible] echini modo ſpinas erigens, Idem. Glycyrrhiza & ipſa ſine dubio inter aculeatas eſt, [illegible] tis, Plinius: ego nihil tale in glycyrrhiza noſtra hactenus deprehendi. Echinopus [illegible] neſcio quam herbam ſpinoſam ſignificat, quam poëta quidã unà cum ononide nominat, [illegible] in grammaticum quendam anxiè diligentem circa ſingulas uoculas, ſolidæ uerò eloquentiæ [illegible] ditionis negligentem. Ceras ex omnium arborum ſatorumq́ floribus apes confingunt, [illegible] mice & chenopode: Herbarum hæc genera, Plinius 11. 8. malim echinopode: quoniam [illegible] nomen nuſquam inuenio: conuenit autem herbæ ſpinoſæ ab echino factum nomen.

¶ Inſulæ Echinades dictæ ſunt ab Echione quodam, uel à multitudine echinorum, [illegible] illi, ſiue marini fuerint: Vel quod ſolum earum aſperum & ſpinoſum ſit echinorum inſtar, [illegible] in Dionyſium. Oxiæ inſulæ, quas Homerus Thoàs uocauit, Echinadibus propinquæ [illegible] inter eas à Strabone collocentur, Hermolaus. Echinę inſulæ ſunt circa Aetoliam, [illegible] fluuius limum adijcit, Echinades aliàs dictæ, διὰ τὸ τραχὺ καὶ ὀξύ: uel ab echinorum copia, [illegible] lodoro placet ab Echino uate, Stephanus. Echinades, inſulæ Acarnaniæ iuxta hoſtia [illegible] in quibus Epei dicti habitãt, Scholia in Iliad. 2. Plura quære in Onomaſtico noſtro. [illegible] eſt ciuitatis, cuius (uel uiri à quo dicta eſt, ut Etymologus habet) meminit Demoſthenes [illegible] ta, Suidas. Echînos urbs eſt Acarnaniæ ab Echino condita, quam Rhianus [illegible] Echinûntem, Stephanus. Echinus urbs Theſſaliæ ſic dicta [illegible] Varinus: uel [illegible] (lego [illegible]) [illegible], Etymologus. [illegible] Phthiotide collocat Ptolemæus, in faucibus Sperchij amnis, Plinius. Echinûntis [illegible] ceronem in Arato, Dicitur excelſis errans in collibus amens, Quos tenet Aegeo [illegible] Echinus. Echinos Thraciæ urbs ad Pagaſeum ſinum, Pomponius lib. 2. Sperchium [illegible] liacum ſinum deſinere Ptolemæus ſcribit.

¶ c. Mures alpini totam hyemem in latibulis uſq; ad uer erinaceorũ inſtar conuoluti [illegible] & dormiunt, Ge. Agricola.

¶ e. Sanguine herinacei cum decollatur, æquali oleo mixto, ſi inungatur corpus [illegible] tis quid ſit, ligatur ab omnibus mulieribus uſq; ad menſem, Raſis & Albertus. [illegible] dexter frixus ad pondus unciæ (Raſis neſcio quas ponderũ notas hîc habet) cum oleo [illegible] alnulæ) uel ſeminis lini, ſi ponatur in uaſe æris rubri, & collyrij modo inde illinantur [illegible] qui noctu uidere deſyderat, in tenebris condita quælibet tam uiſu diſcernet quàm [illegible]

¶ h. Magos qui Zoroaſtren ſectantur, imprimis colere aiunt herinaceum terreſtrem, [illegible] uerò odiſſe mures aquaticos, Plutarchus in Sympoſiacis lib. 4. quæſtione ultima. [illegible] Iſide, terreſtres echinos ab his magis bono deo attribui ſcribit, aquaticos autem malo. [illegible] ſacrificato ſupra dixi capite primo.

¶ PROVERBIA. Echino aſperior, ἐχίνου τραχύτερος, in hominem intractabilem & [illegible] moribus dictum, metaphora ſumpta ab echino ſiue terreſtri ſiue marino, [illegible]. ¶ [illegible] nus aſper, [illegible] ἐχῖνος τραχὺς, in moroſos & iniucundis moribus quadrat. Echini enim [illegible] tum marini undiq; ſpinis obſepti ſunt, ut nuſquam impune poſſis attingere. Eſt & [illegible] modi genus cum quibus nulla ratione poſſis agere citra litem. Ariſtoteles in Pace, [illegible] λεῖον τὸν τραχὺν ἐχῖνον, id eſt, Ex hirto in læuem nunquam mutabis echinum, Eraſmus. [illegible] ſtophanis aptum huius dicti uſum eſſe oſtendit, cum quis alicui infenſus & aſper, [illegible] erga ipſum ut fiat perſuaderi non poteſt. Echinus partum differt, ἐχῖνος τὸν τόκον [illegible] ci ſuetum qui prorogarent quippiam ſuo malo: ueluti qui creditam pecuniam [illegible] men aliquando reddendam uel maiore cum fœnore. Aiunt echinum terreſtrem ſtimulatum [illegible] rari partum, deinde iam aſperiore ac duriore facto fœtu mora temporis, maiore [illegible] thor Suidas, [illegible]. Echinus parturiens cunctatur: uel Echinus partum procraſtinat, [illegible] in eos qui in perniciem ſuam morarum cauſas innectunt: cuiuſmodi ſunt illi uerſuram [illegible] Budæus. ¶ Prius duo echini amicitiam ineant, alter è mari, alter è terra, [illegible] ὁ μὲν ἐκ πελάγους, ὁ δὲ ἐκ χέρσου: de ijs qui moribus ac ſtudijs ſunt inter ſe diſcrepantes, [illegible] ſpes ſit aliquando inter eos neceſſitudinem coituram. Refertur à Suida, [illegible]. ¶ [illegible] uulpes, uerum echinus unũ magnum, πόλλ᾽ οἶδ᾽ ἀλώπηξ, ἀλλ᾽ ἐχῖνος ἓν μέγα, Zenodotus [illegible] ex Archilocho citat. Dicitur in aſtutos, & uarijs conſutos dolis. Vel potius ubi ſignifica[illegible] dam unica aſtutia plus efficere, quàm alios diuerſis technis. Nam uulpes multijugis [illegible] aduerſus uenatores, & tamen haud rarò capitur: Herinaceus unica duntaxat arte [illegible] canum morſus. Siquidem ſpinis ſuis ſemet inuoluit in pilæ ſpeciem, ut nulla ex parte [illegible] di queat, [illegible]. [illegible] Hæc ex Athenæi [illegible] lib. 3. Eraſmus eoſdem uerſus ex Zenodoto recitat, & primo quidem uerſu pro [illegible] legit [illegible] do autem pro ἢ legit καὶ, & ita transfert: Leonis artes in ſolo ſanè probo, At magis echini [illegible]

图 32

索引

注：若页数为斜体则说明该页是插图。

B

C

D

E

F

G

H

I

J

K

L

M

N

O

P

Q

R

S

T

U

V

W

Z

图书在版编目（CIP）数据

刺猬、狐狸与博士的印痕：弥合科学与人文学科间的裂隙 /（美）斯蒂芬·杰·古尔德著；杨莎译．—北京：商务印书馆，2020

（自然文库）

ISBN 978-7-100-18350-5

Ⅰ. ①刺… Ⅱ. ①斯… ②杨… Ⅲ. ①动物—普及读物 Ⅳ. ① Q95-49

中国版本图书馆 CIP 数据核字（2020）第 068570 号

自然文库

刺猬、狐狸与博士的印痕：弥合科学与人文学科间的裂隙

〔美〕斯蒂芬·杰·古尔德 著

杨 莎 译

商 务 印 书 馆 出 版

（北京王府井大街36号 邮政编码 100710）

商 务 印 书 馆 发 行

北京新华印刷有限公司印刷

ISBN 978 - 7 - 100 - 18350 - 5

2020年6月第1版 开本 710×1000 1/16

2020年6月北京第1次印刷 印张 22 3/4

定价：65.00 元